# Psicanálise e esquizoanálise

## diferença e composição

# Psicanálise e esquizoanálise:

*Diferença e composição*

Anderson Santos (org.)


ISBN 978-65-81097-39-4

Embora adote a maioria dos usos editoriais do âmbito brasileiro, a n-1 edições não segue necessariamente as convenções das instituições normativas, pois considera a edição um trabalho de criação que deve interagir com a pluralidade de linguagens e a especificidade de cada obra publicada.

COORDENAÇÃO EDITORIAL Peter Pál Pelbart e Ricardo Muniz Fernandes
DIREÇÃO DE ARTE Ricardo Muniz Fernandes
ORGANIZAÇÃO© Anderson Santos
PREPARAÇÃO Fernanda Mello, Flavio Taam
ASSISTÊNCIA EDITORIAL Inês Mendonça
EDIÇÃO EM LaTeX Paulo Henrique Pompermaier
CAPA Érico Peretta



1ª edição | Novembro, 2022

**n-1edicoes.org**

# Psicanálise e esquizoanálise

## diferença e composição

Anderson Santos [org]
Larissa Drigo
João Pentagna
Florent Gabarron-Garcia
João Perci Schiavon
Kwame Yonatan
Michelle Wendling
Ana Minozzo
Hélia Borges
Daniel Bristow
Sergio Dario Ragonese
Suely Rolnik

n-1 edições

# Por que *escrevivemos* psicanálise e esquizoanálise?
## *Uma breve introdução*

ANDERSON SANTOS

Em abril de 1987, o psicanalista Félix Guattari foi entrevistado[1] por um canal francês de TV para falar sobre seu trabalho com o filósofo Gilles Deleuze em O *anti-Édipo: capitalismo e esquizofrenia* (1972), que rompeu com a ortodoxia freudiana. Apesar da radicalidade da obra, ele nos lembra de que muitos outros produziram o deslocamento de um certo tipo de psicanálise, e que seu projeto não se tratava literalmente de uma ruptura com o campo psicanalítico, mas sim com o estruturalismo na psicanálise, em especial por reduzir as produções do inconsciente a fatos da linguagem.

Para Guattari, o ataque à psicanálise foi necessário em nome da descoberta psicanalítica, para que não continuasse a afundar em conflitos dogmáticos, em capelas, que apresentavam, segundo ele, uma prática de análise cada vez mais pobre e estéril. Portanto, de sua perspectiva, foi preciso escrever O *anti-Édipo* de forma estrondosa a fim de possibilitar uma abertura das janelas do consultório e uma preparação para outros tipos de problemas além daqueles de identificações intrafamiliares.

Cabe lembrar que, segundo Guattari, Deleuze o viu como "uma espécie de ala esquerda do lacanismo",[2] e, assim, "O *anti-Édipo* surgiu como um acontecimento, uma ruptura que reunia

1. Disponível online no site *Clinicand*.

2. Félix Guattari em Kuniichi Uno e Laymert Garcia dos Santos. *Guattari: confrontações*. São Paulo: n-1 edições, 2016, p. 45.

outras contestações potenciais, outras rupturas, outros questionamentos, sob um outro ângulo da psicanálise".[3] Desse modo, no contexto francês pós-maio de 1968 surge a Esquizoanálise, forjada por um psicanalista e um filósofo. Anteriormente, Guattari havia fabricado o conceito de análise institucional para se contrapor à ideia de psicoterapia institucional, porém, nos anos 1980, demonstrou seu incômodo ao perceber que a análise institucional na América Latina havia sido capturada por professores universitários, psiquiatras e psicólogos, que a remeteram "a doutrinas de intervenção, a especialistas, a corpos institucionais especializados".[4]

Como podemos perceber, esse analista, filósofo e militante não temia confrontos nem se aprisionava em conceitos ou capelas. Sabia que, na psicanálise, havia confrontações de classe e, sempre que necessário, inventava novos conceitos, produzia outras possibilidades de intervenção, sem paralisar-se em retornos a tal ou qual mestre.

Pensamos na produção de uma esquizoanálise latino-americana, fabricada em nossa época, território, demandas e potências, mas desejamos não apagar nossas vigorosas origens, o que ainda ocorre nas práticas colonizadoras. Cabe perguntar hoje o que diria Guattari acerca de uma "esquizoanálise" capturada em espaços institucionais, em que se forja um rosto pelo qual a apresentam como uma linha antipsicanalítica ou ainda como "a" mais atual abordagem psicoterapêutica. Basta ler a obra clínica, filosófica e política de Guattari, incluindo suas importantes entrevistas, para saber que em nenhum momento o autor desejou inventar a esquizoanálise para asfixiá-la como uma especialidade "psi", fechá-la em uma capela, como ocorreu com o lacanismo, ou reduzi-la a uma antipsicanálise. Aparentemente, alguns desconsideraram seu alerta sobre a existência de um "falso nomadismo que nos deixa no mesmo lugar".[5]

3. Ibid., p. 47.

4. Comentário feito em uma conversa informal na cidade do Recife em 1982. Félix Guattari e Suely Rolnik. *Micropolítica: cartografias do desejo*. Petrópolis, RJ: Vozes, 2013.

5. Félix Guattari. *Caosmose: um novo paradigma estético*. 2. ed., trad. bras. de Ana Lúcia de Oliveira e Lúcia Cláudia Leão. São Paulo: Editora 34, 2012, p. 170.

O molotov guattariano sempre foi lançado em direção ao discurso de saber-poder dos especialistas que tentavam privatizar o campo do inconsciente e a redução do desejo. Não à toa, como dinamite dentro (e fora) da psicanálise, Guattari forjou uma prática analítica implicada, política e historicamente, com sua época, implodindo e transbordando uma psicanálise futurista, que olha para um inconsciente "voltado para o futuro".[6] Neste sentido, é possível perceber que uma análise pode vir a compreender a força das avaliações, das escolhas, diferenças e composições, sem esquecer que "a vocação primeira da análise, na perspectiva freudiana, era a de uma abertura extremamente grande a todos os problemas sociais, estéticos etc.".[7] A partir dessa perspectiva, a análise é vista como uma análise de futuro, pois o inconsciente tem uma função de futuro, assim como os sonhos dos povos originários. E foi exatamente nessa direção que esse psicanalista apostou, tendo em seu horizonte não um retorno ao passado, mas o encontro com o futuro, o pragmático e o pulsional.

Quando Guattari e Deleuze criticaram a psicanálise, não foi necessariamente para produzir uma antipsicanálise, afinal, eles mesmos escreveram que não escondem que a esquizoanálise seria "uma psicanálise política e social, uma análise militante".[8] Portanto, para nós, psicanalistas que compomos este livro, estes autores marcaram um importante lugar na recomposição do olhar psicanalítico; eles contribuíram com a fabricação de dispositivos críticos em relação à psicanálise e produziram uma dobra ali onde alguns analistas paralisaram. Desde Freud, é sabido que jamais haverá como avançarmos em nosso campo sem uma constante reavaliação de nossa teoria, prática e do movimento psicanalítico.

6. Félix Guattari. O *inconsciente maquínico: ensaios de esquizoanálise*. Campinas: Papirus, 1988, p. 10.

7. Félix Guattari em Kuniichi Uno e Laymert Garcia dos Santos. *Guattari: confrontações*, op. cit.

8. Gilles Deleuze e Félix Guattari (1972). O *anti-Édipo: capitalismo e esquizofrenia*, trad. bras. de Luiz B. L. Orlandi. São Paulo: Ed. 34, 2011, p. 135.

Após a publicação de O *anti-Édipo*, o psicanalista Jacques Lacan afirmou que "a clínica psicanalítica consiste em reinterrogar tudo o que Freud disse"[9] e que "deve nos ajudar a relativizar a experiência freudiana".[10] Nesse sentido, é urgente uma decolonização na/da psicanálise a começar por uma desterritorialização europeizante –, ao mesmo tempo em que é necessário adentrar o debate da memória, da História, pois sua negação é um grave problema no Brasil, em especial no que concerne ao racismo, ao período da ditatura civil-militar e ao colonialismo. Desse modo, adentrar o debate da memória é participar da política, e, ao questionar os fundamentos psicanalíticos, a partir dos desafios que se apresentam em nosso tempo, temos a oportunidade de seguir pensando e inventando dispositivos que possibilitem políticas de composição, políticas para uma vida não fascista.

Se O *anti-Édipo* surgiu quando as coisas não iam bem, hoje escrevemos porque as coisas ainda não vão bem na psicanálise nem no uso que atualmente se faz do que chamamos de esquizoanálise. Trata-se de uma obra produzida para os inconscientes que protestam, demonstrando os protestos dos autores e sua mensagem aos aliados que buscavam, aliados que, como afirmou Deleuze, já existiam e não esperavam por eles.

Sabemos que esta tarefa atual, ética e política, é também uma tarefa de guerrilha. Para tal, durante o período de pouco mais de um ano[11] repleto de encontros e desencontros, constituímos uma matilha com analistas de diversas partes do planeta, agenciamos em/com outras línguas, gaguejamos em nossas palavras, escrevivemos,[12] traduzimos, revisamos, revisitamos perspectivas, nos afetamos e compomos coletivamente um diálogo inacabado entre psicanálise e esquizoanálise, que se iniciou em um debate inaugurado há 50 anos com a publicação de O *anti-Édipo*.

9. Jacques Lacan. Abertura da Seção Clínica. *Ornicar?*, n. 9, 1977, p. 8. [Reproduzido e traduzido em *Traço*, ano 1, n. 0, set. out. 1992]. Disponível online.

10. Ibid., p. 11.

11. 2021-2022.

12. Referência ao conceito "escrevivência" cunhado por Conceição Evaristo.

Consideramos este um diálogo atual, e é importante que exista e permaneça em movimento. Portanto, foi uma grande alegria reunir psicanalistas de diversas gerações e territórios (Argentina, Brasil, França, Inglaterra) nesta coletânea. Com a potência de suas palavras asseveram que o conjunto destas leituras somente poderia ter se tornado uma obra com estilos variados e repleta de flutuações entre as densidades das abordagens que se fazem presentes, que explicita através da escrita individual como essa diferença se apresenta em cada pensamento e como tem sido possível a produção dessa composição sem necessariamente omitir ou excluir a existência do outro.

Não falamos em nome de Guattari, nem de Deleuze, nem de Freud e companhia, mas através deles, com eles, e com o legado que nos deixaram: o compromisso com o campo dos afetos, dos encontros, da diferença e da vida. Evidentemente, aqui nos aliamos às contribuições desses autores, os quais nos afetaram e nos deslocaram de maneira radical da ordem do entendimento como busca neurótica pela Verdade, provocando o corpo a se desanestesiar do campo das representações, inserindo-nos no universo das afetações, no campo das intensidades, das diferenças e da imanência.

Em vista disso, não deixamos de fazer emergir na memória o legado/surgimento da psicanálise e do encontro da radicalidade da esquizoanálise com esta máquina de fazer ver e falar. Nos rastros de maio de 1968, retornamos a uma das pichações mais famosas daquele acontecimento: *sejam realistas, exijam o impossível.* Para alguns é impossível essa composição, mas somos realistas e, por meio da força dessa importante caixa de ferramentas esquizoanalítica, fazemos do impossível um lugar de possibilidades.

Os textos que compõem esta coletânea são perpassados por diversos olhares. Encontram-se olhares críticos sobre a psicanálise, atravessando os escritos acerca dessa revolução dentro da revolução e do desejo, do uso singular da língua. Adentramos a memória e a história de O *anti-Édipo* e seus detratores, caminhando pelas terras freudianas, mergulhando em um devir-esquizoanalista para uma possível psicanálise menor. Mantemos um diálogo constante entre esses pensamentos. No entanto, para irmos além, nós nos aliamos às perspectivas decoloniais de outras autoras e autores que, mediante suas interlocuções com a psicanálise e a esquizoanálise, oxigenaram essas perspectivas heterogêneas, contribuindo, nesse processo, em colocar fogo no racismo, no colonialismo, no edipianismo e nas violências de gênero que ainda persistem em nossos territórios; e construindo em conjunto um viver a partir do inconsciente em entrelaces com uma ética ecofeminista da psicanálise.

Ao passo que se seguem os escritos, inserimos, em certa desordem, os esquizos na psicanálise e levamos a psicanálise aos esquizos, realizando cartografias analíticas. Por fim, esta coletânea se encerra com palavras precisas acerca da fundação da psicanálise em nosso mundo como micropolítica, a composição com a natureza, o ecossistema e os povos originários. Esperamos que as aranhas, os Guarani e os Guattari continuem se espalhando pelo planeta, oxigenando e afetando outros mundos, produzindo uma decolonização do inconsciente.

# Uma revolução dentro da revolução

*Em busca da autonomia*[*]

LARISSA DRIGO AGOSTINHO

## Introdução

O termo esquizoanálise ainda parece uma palavra esquisita no Brasil, embora o país tenha sido um dos poucos lugares no mundo onde ela deu belos frutos. Sua aparente excentricidade diz mais sobre como comumente a loucura é vista e a ignorância em torno da questão do que sobre um verdadeiro julgamento crítico acerca da obra de Deleuze e Guattari, praticamente desconhecidos em certos círculos psicanalíticos, psicológicos e afins. Entre outras razões, isso se deve a um debate que nunca aconteceu, nem na França nem no Brasil, e que deixou as críticas endereçadas à psicanálise freudo-lacaniana sem uma resposta adequada. Guattari explicou certa vez: a razão da desavença era política.[1]

Por aqui, há filósofos que acreditam que ninguém mais lê o Foucault de *História da loucura*, como se o assunto "loucura" ou o termo "encarceramento" fizessem parte de um lugar exótico, adjacente, menor dentro do campo das grandes preocupações políticas e filosóficas. No entanto, para a filosofia, nada é mais evidente do que a loucura para interrogar o que entendemos por razão, na dupla acepção do termo – razão como pensamento, razão como causa.

*. Esse texto é o resultado de uma palestra na Semana de Psicologia da Universidade de São Paulo (USP) em maio de 2021. Agradeço o convite da organização do evento e a Anderson Santos, que me permitiu repensar essa fala.

1. Kuniichi Uno e Laymert Garcia dos Santos. Trad. Hortência Lencastre (entrevista Kuniichi Uno) e Laymert Garcia dos Santos. *Guattari. Confrontações*. São Paulo: n-1, 2016.

Há quem acredite, por apego ilógico a um princípio de negatividade, que a filosofia deleuziana não é nada mais do que um sismógrafo do capitalismo atual, como se sua crítica, que não é vista como marxista, fosse inexistente, pois no Brasil se confunde "positividade" com ausência de crítica. O mais grave é que, como sempre, essa estupidez é sinal de uma profunda ignorância de quem desconhece a história de militância de Guattari – que atravessa décadas de história política, da composição dos albergues de juventude nos anos 1930 e 1940, período do surgimento do antifascismo, passando pela guerra da Argélia, Maio de 1968 – o longo maio italiano –, o nascimento dos partidos verdes europeus e da questão ecológica. Um sintoma de uma filosofia de gabinete muito brasileira, aliás.

A luta antipsiquiátrica (movimento que, como o Maio de 1968, foi mundial), ou o movimento antimanicomial, como é chamado no Brasil, está profundamente ligada à história do marxismo, do comunismo, da anarquia, da esquerda – como preferirem –, mas a uma esquerda que foi, desde o início, *gauchista*, o quer dizer, com os operaístas italianos, e desde o início da "psicoterapia institucional" principalmente, *autonomia*. *Gauchismo*, termo que não tem equivalente em português, indicava antes de tudo uma esquerda fora dos partidos políticos, portanto, não aliada ao Partido Comunista, nem stalinista e, no caso de Guattari, nem maoísta, mas profundamente sartreana. Autonomia significa autonomia da vida social, ou recusa das formas de organização burocráticas, recusa da gestão estatal, um desejo de que as formas vivas da sociedade sejam responsáveis pelo presente e pelo futuro, o que aproxima os *gauchistas* de anarquistas ou libertários. Há aqui, antes de tudo, uma recusa da separação entre governantes e governados; mas, não seria isso uma democracia? Dissenso, diz Guattari.

Há quem acredite que a política é a continuação da guerra por outros meios, de que deve ser pensada sob a lógica da conquista, do consenso, da hegemonia. Mas há também quem pense que uma sociedade democrática é aquela verdadeiramente aberta a se transformar de todos os pontos de vista possíveis – políticos, econômicos, sociais etc. A singularidade de Guattari nesse contexto foi ter colocado a questão da autonomia e do par alienação/emancipação também de um ponto de vista clínico.

***

É muito difícil estar aqui e falar sobre esquizoanálise por duas razões, ou melhor, é difícil de duas formas distintas. Primeiro, há muito a ser dito do ponto de vista prático, clínico, pela forma como a esquizoanálise floresceu no Brasil e na América latina – na França ela não teve tantos desdobramentos. Há esquizoanalistas por todo o Brasil, e diferentes formas de pensar e praticar a esquizoanálise no Brasil e na América Latina, de Baremblitt e do esquizodrama passando pelo trabalho de Suely Rolnik, Peter Pál Pelbart, Monica Silva, o trabalho de Heliana Conde no Rio em torno da psicoterapia institucional, entre muitos outros.

Além disso, a outra dificuldade que a esquizoanálise nos coloca é teórica. Para ser um pouco rigorosa, esquizoanálise é um conceito que aparece pela primeira vez com *O anti-Édipo*, livro de Deleuze e Guattari publicado em 1972 e motivado por Maio de 1968 e suas consequências. Mas o conceito continua a ser elaborado e desenvolvido ao longo de pelo menos duas décadas, principalmente na obra de Guattari, até *Cartografias esquizoanalíticas*, publicado em 1989. Entre as duas obras, temos tanto *Mil platôs* quanto *O inconsciente maquínico: ensaios de esquizoanálise*, *Revolução molecular*, *Os anos de inverno*, *Micropolítica: cartografias do desejo* – escrito em parceria com Suely Rolnik –, entre outros. São três décadas de trabalho clínico e militante, período também do processo de implementação do neoliberalismo. É também nessa época que Guattari passa a se voltar cada vez mais para a noção de ecologia como um desenvolvimento ético e estético de uma clínica que sempre foi voltada para o território ou para os territórios existenciais, e, se vocês me permitem, portanto, que sempre teve o meio (o chão, a terra, a cidade, a clínica) como base de sua reflexão.

O que me interessa em especial no trabalho de Guattari não é a clínica comumente entendida (seja no set clínico, na relação analista-analisando, no espaço de uma clínica como La borde, propriamente dita), nem a teoria em si (seja ela do capital, da prática política ou de sua teoria e filosofia), mas a *relação* que ele estabelece *entre clínica e política*. Para mim, é o que o trabalho de Guattari tem de original no interior da psicanálise e da teoria, seja ela sociologia, ciência ou filosofia política. Por essa razão, gostaria de contar um pouco da história que fez surgir esse encontro entre Deleuze e Guattari, ou melhor, contar a história do que me parece ser o centro da clínica, do trabalho teórico ou da militância de Guattari. Para mim, a esquizoanálise é, sem dúvida, uma tentativa de repensar a natureza do laço social no capitalismo avançado, é uma nova maneira de compreender a função e o papel político da clínica, uma maneira muito particular e interessante, uma maneira bastante original de conceber o que é a política. Espero, assim, ser capaz de lançar aqui algumas hipóteses nesse sentido.

Gostaria de explorar um pouco da história da esquizoanálise no Brasil ela ainda está por fazer , indo um pouco mais longe no tempo e mostrando de que forma ela se coloca no interior da história do movimento antipsiquiatria e antimanicomial. Acho que posso dizer sem temer qualquer equívoco que é uma história mundial, porque podemos falar de reforma psiquiátrica e de psicoterapia institucional do Brasil ao Japão passando pela África. Contarei um pouco sobre essa história a partir de sua vertente francesa, que é a da psicoterapia institucional, e do contexto em que ela surge.

Falar em psicoterapia institucional significa falar da clínica de Saint-Alban, coordenada por Tosquelles e Bonnafé, onde se formou Jean Oury, que mais tarde se tornaria diretor da Clínica La Borde, onde Guattari trabalhou.

## Que dia é hoje?

Antes de começarmos, gostaria de fazer duas ressalvas. Uma sobre a pertinência de voltarmos hoje para essa história, que é bem longa, de quase um século, vocês verão. A segunda ressalva, que tem como intuito fornecer alguns apontamentos sobre o que Guattari entendia por política e clínica, é sobre a relação entre clínica e política.

Por que trazer hoje aqui a história da antipsiquiatria, da luta antimanicomial? E da esquizoanálise? Bom, citei que o termo surgiu em 1972. *O anti-Édipo* foi antes de tudo um livro com o objetivo de compreender de que forma a contestação que produziu Maio de 1968 foi minada, cooptada, recuperada. Por que Maio de 1968 não aconteceu? *O anti-Édipo* visa primeiramente compreender, com um recurso à noção de inconsciente, o que La Boétie chamou de servidão voluntária. Por que desejamos a servidão como se fosse a liberdade? A pergunta foi recolocada por Reich ao analisar o nazismo a partir da psicanálise freudiana. Por que os explorados não se revoltam, por que os esfomeados não roubam? Pensar a política a partir dessa pergunta é o que torna, a meu ver, a abordagem de Guattari clínica. Mas Reich não tinha um conceito como o de máquina desejante, ele pensava os laços sociais a partir das representações dos laços familiares – o que faz da pátria a representação da mãe, o líder aparece como um pai e os laços sociais são sentimentalizados, como quando os romances do século XIX ou as telenovelas reconciliam classes sociais contando histórias de amor.

Deleuze e Guattari procuram repensar a relação entre recalque do desejo e repressão no interior da vida social. Repressão aqui não significa exclusivamente repressão sexual, como em Reich, mas o modo de organização e de gestão da população dentro do neoliberalismo que se instaurava naquele momento. Guattari já pensava essa questão por décadas, ela é produto de um diagnóstico sobre o estado da classe operária nos anos 1960, o papel dos partidos de esquerda, principalmente o PCF, e finalmente o resultado ou o porquê de Maio de 1968 não ter acontecido.

Bom, acontece que, e essa é a minha hipótese aqui, o diagnóstico de Guattari a respeito do Maio de 1968 e do pós-Maio de 1968, sobre o processo de implementação do neoliberalismo, ainda tem muito a nos dizer sobre os dias atuais. Nem que seja pelo fato de que o neoliberalismo continua sendo o processo de desorganização da classe operária iniciada pelo nazifascismo, um processo de destruição de uma cultura política que foi, inclusive, militar. (Falo tanto da ascensão do franquismo e do salazarismo quanto de um general na Presidência da França, sem contar os tanques de guerra na Itália e o processo que colocou fim à autonomia.) Evidentemente, isso foi apenas uma sombra do que foram as ditaduras e governos militares na América Latina, Ásia e África.

Por essa razão, gostaria também de traçar um paralelo entre 1968 e o nosso contexto atual, pós-junho de 2013.

> Não se pode repetir junho, ao contrário do que diziam os gritos do movimento estudantil nos protestos contra novo aumento da tarifa em São Paulo, no início de 2015. O acontecimento não se reproduz, pois o que o caracteriza é a abertura ao desconhecido – um evento cuja força não pode mais do que anunciar o desconhecimento sobre o que vem a seguir. Passadas as eleições presidenciais – dispositivo político onde o que parece estar em jogo é dar corda ao boneco exausto da democracia representativa e à manutenção da monocultura política – e o crescente acirramento da polarização entre governo e oposição, cujo aspecto mais atroz seja talvez a neutralização da parcela da esquerda que nunca quis o poder, parece haver a sensação – quase um consenso – de que a potência de fissurar os protocolos referentes a governar e ser governado está soterrada e asfixiada debaixo dos escombros da política institucional.[2]

Ao descrever o Maio de 1968, Deleuze e Guattari o definiram como um acontecimento, que, aliás não se realizou, pois foi antes de tudo uma revolta contida, esmagada, expropriada, apropriada e reprimida. Um possível que surgiu, uma nova possibilidade que foi bloqueada.

Nesse movimento, foram contestadas as hierarquias sociais, as diferenças de sexo e gênero e outras formas de preconceito,

2. Mariana Ruggieri, "Variações da literatura". *Tese de doutorado*. Universidade de São Paulo, 2018, p. 11. Disponível online.

sobretudo raciais, a herança da colonização que não termina, a reprodução das classes sociais,[3] a manutenção do poder (leia-se $$) dentro de certos grupos e até a alienação estudantil.[4] Mas a mudança não veio. Aqui, como lá, o que se entende por governar e ser governado é posto em questão durante a revolta, mas não há mudança efetiva, pelo contrário, só as formas de repressão ganham novos contornos e formas. Esses dois movimentos históricos também podem ser vistos como acontecimentos que anunciam uma nova forma de fazer política e novos sujeitos políticos.

Um acontecimento anuncia um possível, traz uma alternativa à cena, abre a sociedade para um desejo, como diria Guattari. É o que ele chama de função clínica, tema ao qual voltarei. Portanto, um acontecimento como o Maio de 1968 ou o Junho de 2013 pode nos colocar diante de um possível sem o qual sufocaríamos. "Do possível, senão sufoco", um desejo de mudança, que para Guattari, é o motor da clínica.

O que me interessa salientar aqui é justamente o que Mariana Ruggieri chama de consenso, a ideia de que, tanto dentro quanto fora da política institucional, não parece possível que sejamos capazes de transformar o que significa ser governado e o que significa governar. Ainda mais se a política institucional é mera aparência, incapaz de alcançar um grau mínimo de democracia, com uma sociedade autoritária como a brasileira, tendo ainda uma "neutralização dessa esquerda que nunca quis o poder". Era mesmo uma situação de bloqueio.

O que nos deixa com uma tarefa, como Guattari pensa o pós-maio de 1968: a construção de uma forma de fazer política que não seja essa que deseja o poder, que deseja tomar o poder, ocupar

3. Ver Pierre Bourdieu. *A reprodução. para uma teoria do sistema de ensino*. Vozes: Rio de Janeiro, 2008.

4. Ver *De la misère en milieu étudiant considérée sous ses aspects économique, politique, psychologique, sexuel et notamment intellectuel et de quelques moyens pour y remédier* (Strasbourg, 1966) Disponível online. Louis Althusser. *Sobre a reprodução*. Vozes; 2, ed. (1 jan 2008). Pierre Bourdieu et Jean-Claude Passeron. *Os herdeiros: Os estudantes e a cultura*. Florianópolis: Editora da UFSC, 2018.

o poder para, em seguida, deixar-se aniquilar por esse mesmo poder, ou para continuar repetindo as mesmas formas de opressão e exploração dentro da vida social.

Talvez, tanto o Maio de 1968, que para Deleuze é um fenômeno mundial,[5] quanto o nosso junho nos colocam diante da tarefa de pensarmos novos modos de organização política. O que é isso então que Guattari entendia por política?

Vou começar com uma citação de *O inconsciente maquínico*, livro publicado em 1979: "Que olhemos para o Oeste, para o Norte ou para o Sul, a questão continua a mesma: como organizar a sociedade de outra forma?".[6]

Política diz respeito, portanto, à maneira como vivemos em sociedade. Guattari coloca duas condições para que uma mudança real e efetiva aconteça. A primeira deveria ter como objeto a destruição das relações de exploração e o fim da divisão da sociedade em classes, castas, raças etc. A segunda é particularmente interessante por ser posta por um homem e estabelece uma ruptura com todos os valores de certa micropolítica do músculo, do falo, do poder territorializado.[7] Uma certa cultura, portanto, da violência patriarcal, e da violência da vida militarizada que é essa do nosso regime capitalista.

E como Guattari compreende a relação entre clínica e política?

> O campo do inconsciente é o dos possíveis, em todos os domínios (...), se não houver fusão entre as práticas analíticas das formações do inconsciente e as práticas políticas das formações sociais, reproduziremos sem cessar as mesmas atitudes, a mesma gregariedade dogmática, as mesmas hierarquias, as mesmas relações de exclusão e de dominação. Uma ação política deve se tornar sinônimo de análise e inversamente.[8]

Guattari nos coloca diante de um problema político posto por Sartre, a questão da serialidade e dos grupos fusão. São duas

5. Ver: aula 1 do curso de Deleuze sobre Foucault, *O poder*. Disponível online no site *Editorapoliteia*.

6. Félix Guattari. *L'inconscient machinique*. Paris: Éditions Recherches, 1979, p. 14.

7. Félix Guattari. *L'inconscient machinique*. Paris: Éditions Recherches, 1979, p. 217.

8. Félix Guattari. *L'inconscient machinique*. op. cit., p. 179.

composições distintas. Um grupo serializado é como uma fila de ônibus, se as pessoas na minha frente desistirem, melhor para mim; mas, quando estamos interessados em uma ação comum, precisamos de um grupo, pois não posso sozinha tomar a Bastilha. No caso desses grupos fusão, uma vez alcançado o objetivo, eles tendem a se serializar, cindidos por divisões internas ou pela paranoia que sempre busca o traidor que colocará tudo a perder, quer dizer, uma vez conquistado o poder, a questão se torna como mantê-lo, o que desencadeia uma lógica bélica.

Guattari estava justamente preocupado em pensar uma forma de organização tal que não caísse na serialização, que pudesse evitá-la, da mesma forma que Clastres observou nas sociedades Tupinambá ou Guarani, uma forma de lutar contra a instauração de um Estado. Foi por essa razão que Guattari criou os conceitos de grupo sujeito e grupo assujeitado. Para evitar a hierarquização e a gregariedade dogmática, um grupo tem que se determinar a partir de seu interior, e não da paranoia em relação ao outro grupo. Essa distinção é também efeito de um diagnóstico sobre Maio de 1968 e a classe operária francesa. E já é um diagnóstico sobre o desgaste da política institucional, o baixo grau de democracia no interior desse sistema republicano do norte do Ocidente.

É importante lembrar que o Maio de 1968 começou com estudantes, não foi uma invenção de intelectuais, mas um movimento global, se o inserirmos na contestação que produziu o Vietnã, a Revolução Cubana, Chinesa, a Primavera de Praga etc. Ele começou com estudantes franceses porque a classe operária estava com a imaginação política paralisada, o que não significa que não a tenha tocado, pois foram 6 milhões de grevistas. Com a contestação contida, os operários tiveram um aumento significativo de salário, e só. Do movimento não surgiu uma nova forma de organização política, até porque o Partido Comunista impedia que a extrema esquerda entrasse nas fábricas ocupadas. Desde então, a função da esquerda no poder tem sido, justamente, conter suas derivas. O que Guattari criticava nas formas tradicionais de política partidária ou sindical era essa forma de fazer política em que sabemos exatamente como as coisas terminam.

Para ele, a classe operária tinha se limitado e a política tinha se restringido a uma cobrança quase ressentida de que as autoridades cumprissem com suas obrigações, de que os governos assumissem suas responsabilidades etc. Ora, isso significa submeter o desejo ao regime da demanda, e não há alienação maior do que cobrar das autoridades, esperar das autoridades, para que possamos nos isentar da nossa responsabilidade enquanto indivíduos de uma sociedade pretensamente democrática. Um dos elementos fundamentais que definem a alienação subjetiva para Guattari é justamente a definição de si através de um outro. Um grupo assujeitado sempre se define no interior de uma relação paranoica e de projeção em relação a um outro externo do qual ele se diferencia. Age sempre de forma reativa em vez de definir-se a partir de seu interior, em vez de criar para si seus objetivos, suas práticas, sua própria forma de funcionamento.

## Dos sonhos

Quero acrescentar mais alguns pontos. Primeiro, uma ressalva para justificar um pouco a necessidade dessa história, sua importância. Uma ressalva metodológica com nome de: Walter Benjamin. Benjamin diz, em suas *Passagens*, que precisamos olhar para o passado como quem acorda de um sonho.

Aparentemente, Benjamin olhava assim para o século XIX no momento da ascensão do nazifascismo na Europa (é também nesse período que, podemos dizer, começa a história da psicoterapia institucional no contexto da luta antifascista na Espanha). O nazifascismo era, a meu ver, o nome da destruição de uma classe, de uma cultura operária na Europa, mas não apenas. Digo isso porque em suas teses sobre a história, Benjamin era muito crítico tanto em relação aos sociais-democratas alemães quanto aos nazistas, porque tanto à esquerda quanto à direita viam-se um culto do trabalho e uma inversão que funda essa nova forma de alienação, sem a qual o neoliberalismo não conseguiria se firmar, uma inversão cultural sobre o sentido da luta política. Já não se tratava de vingar os antepassados mortos, mas de lutar por um futuro melhor para as novas gerações. Assim, a classe operária teria, segundo Benjamin, desaprendido a odiar.

Em 1936 começou a Guerra Civil Espanhola, enquanto na França foi um ano de uma grande vitória. Em julho, mês em que Maiorca foi bombardeada, era aprovada a lei da jornada diária de oito horas de trabalho com quarenta horas semanais e férias pagas. Guattari falava sempre que uma formação política, o "complexo de 36" – que designava a esquerda frequentadora de albergues da juventude, trotskistas, alguns anarquistas e um ou outro membro do Partido Comunista –, fora responsável por essa conquista.

Jean Oury, diretor da La Borde, então com 12 anos, viu tudo muito de perto, pois seu pai trabalhava na fábrica de automóveis Hispano-Suiza, e Guattari cresceu nesse meio, com as reuniões de Fernand Oury, seu professor e irmão de Jean Oury.

Para Tosquelles, os trotskistas, setor mais avançado e independente da luta comunista na França, eram os católicos do movimento revolucionário. Tosquelles cresceu na Catalunha diante de um palácio extraordinário (ele dizia que por essa razão tinha começado na psiquiatria aos 4 anos de idade); esse palácio do povo foi criado por anarquistas no final do século XIX e contava com duas salas de teatro, uma biblioteca para crianças e outra para adultos e um imenso subsolo com um grande salão, onde havia restaurante, espaço para encontros etc.

Tosquelles era membro do POUM (Partido Operário de Unificação Marxista) e deixou a Espanha após a vitória de Franco na guerra civil. Instalou-se na clínica de Saint-Alban e passou a trabalhar ao lado de Bonnafé, no local que se tornaria reduto da resistência. Por lá passaram também Canguilhem, Fanon e Jean Oury, que fundaria a La Borde alguns anos mais tarde. Tosquelles virou notícia no jornal da cidade ao fornecer picaretas aos pacientes para que destruíssem uma ala do hospital; ele dizia que a clínica deveria ser um espaço de encontro e favorecer a vagabundagem.[9] Foi ele quem criou os clubes, a constelação e percebeu, ao alterar o regime de hierarquia da clínica, que a fala circulava mais livremente. Além disso, também começou a repensar a questão da transferência, defendendo que a mais importante não se passa entre o médico e o paciente, mas entre os próprios pacientes. [10]

Sem o método e as ideias de Tosquelles, Guattari jamais poderia afirmar que o inconsciente está em toda parte, que não é uma questão de especialistas: "A análise só terá sentido se ela deixar de ser a questão de um especialista, de um indivíduo psicanalista, ou mesmo de um grupo analítico, porque todos eles se constituem em formações de poder". [11]

A análise deve se tornar o resultado de processos, "que não é composto por indivíduos, mas que dizem respeito também a um funcionamento social, econômico, institucional, político e micropolítico". Ele cita como exemplo desse tipo de agenciamento o Grupo 22 de Março, que desencadeou o movimento de maio de 1968 em Nanterre e a rádio Alice em Bolonha.[12]

***

Em 1955, Guattari se instala definitivamente na clínica La Borde, integra o GTPSI (Grupo de Trabalho em Psicoterapia e Socioterapia Institucional), organizado por Jean Oury. Uma década depois, Guattari cria ao lado de Oury o grupo FGERI (Federação de Grupos de Estudo e Pesquisa Institucionais), que, sob o princípio da transversalidade, integra psiquiatras, psicólogos, psicanalistas, urbanistas, enfermeiros, arquitetos e antropólogos. Surge também nesse período a oposição de esquerda, braço político da FGERI.

9. Ver: Tosquelles: *Une politique de la folie*. Documentário de Daniele Sivadon e Jean-Claude Pollack (1989) Disponível online.

10. Daí o elogio de Guattari ao movimento do S.P.K. na Alemanha. Ver: *Revolution moleculaire*. Paris: Prairies ordinaires, 2012.

11. Guattari, entrevistado por Jacky Beillerot. In: Jacques Ardoino, Jean Dubost, André Lévy, Félix Guattari [et al.], *L'Intervention institutionnelle*. Paris: Payot, 1980, p. 118.

12. *Idem.*, p. 120.

Tudo começou com a tentativa de ir além da psicoterapia institucional e propor uma análise institucional. Guattari recusava uma definição muito restrita da psicoterapia institucional, assim, o espaço da clínica se expandia, utilizando a psicanálise para compreender relações "institucionais" das mais distintas naturezas – ou seja, todas as relações que, por repetição, produzem grupos. O que Guattari desejava era estudar e desenvolver relações entre práticas similares à da psicoterapia institucional em outros domínios, como o da pedagogia, do urbanismo, do militantismo e, principalmente, no do movimento estudantil com o qual estava ligado, a l'UNEF (União Nacional de Estudantes da França), e no da Mutual Nacional dos Estudantes da França.

> Além disso, eu pensava que nós não podíamos avançar nessa nova 'disciplina' a não ser na medida em que ela se instituiria em conexão com questões políticas mais largas, como: aquelas, por exemplo, da oposição comunista, da renovação das formas de luta revolucionária etc. Essa tentativa durará até maio de 68. Uma 'grande ilusão' que não renego. Em certa medida, foi um sucesso incontestável.[13]

Guattari descreve os encontros organizados pela FGERI como ambientes de uma "fermentação bastante impressionante". Ali se cruzavam pessoas tão diferentes quanto Françoise Dolto, Fernand Deligny, Tosquelles, Jean e Fernand Oury, Roland Dubillard, Maud Mannoni, Laing, Cooper, Tourriba, Gentis e, mesmo às vezes, Jacques Lacan, além de inúmeros estudantes militantes que foram muito ativos em 1968. Mas o trabalho que Guattari realizou ao lado de Deleuze foi outro, e ele se tornou necessário *após* maio de 1968. Como muitos dos que participaram ativamente do FGERI fizeram também no movimento de maio, rapidamente perceberam que *transformações microssociais de um novo tipo* se revelaram após maio de 1968. Guattari as nomeou "revolução molecular", e iam muito mais longe do que o FGERI poderia imaginar.

O tempo da análise institucional tinha ficado para trás. A questão agora era compreender a junção entre as revoluções moleculares e

13. *Idem.*, p. 110.

a revolução social, compreender, do ponto de vista teórico e prático, o que estava faltando e o que proibia ou atrasava essa junção. O que impedia as revoluções moleculares, as lutas de desejo, como Guattari as nomeava – que iam do movimento feminista ao movimento negro e se uniam às lutas pelo fim da colonização na África e na Ásia –, de se transformarem em uma verdadeira revolução social? Assim, a própria noção do que seria uma revolução se transformou, e o termo revolução social ganhou um novo sentido.

Imediatamente após criar a teoria que pensava o capitalismo como um processo esquizofrênico e que entendia que todas as formas sociais contribuíam no processo de repressão do desejo, Guattari parece se deparar com os limites das dicotomias em operação no interior do *anti-Édipo*, como paranoia e esquizofrenia, desejo fascista, desejo revolucionário. Até porque essa distinção só é possível se entendermos que a força do capitalismo está justamente em "desterritorializar" o desejo, ou seja, em destruir os territórios e formas de vida que não se adequam a ele. Ele libera assim um desejo que em seguida é capturado e contido pelas representações que o capitalismo oferece. Esse teria sido, inclusive, o papel "ideológico" da psicanálise ao tomar o desejo como propriedade de um sujeito, de um indivíduo, da pessoa sexuada, produzindo assim aquela forma de sociedade que Margareth Thatcher definia com precisão, ao afirmar que algo como sociedade não existe, o que há são apenas os indivíduos e suas famílias. A grande contribuição de Guattari, nesse caso, consiste em mostrar que o desejo não tem um objeto privilegiado nem uma forma *a priori*, ele deve ser criado, produzido, às vezes do nada.

O inconsciente estaria, assim, por toda parte em torno de nós – nos gestos e objetos cotidianos, como na televisão, no ar do tempo e, sobretudo, nos grandes problemas da hora. Portanto, um inconsciente que trabalha dentro dos indivíduos, em sua maneira de ver o mundo, de experimentar seu corpo, seu território, sua sexualidade, no interior dos casais, da família, da escola, do bairro, das fábricas, dos estádios etc.[14]

Não se trata de afirmar que o desejo circula entre pessoas ou entre objetos que as pessoas portam, o desejo não tem objeto privilegiado, porque sua forma é a da repetição maquínica. Nesse processo, um sujeito se reduz ao resto da máquina, o que deve ser entendido do ponto de vista libidinal, mas também no interior das relações de trabalho. Assim, o desejo parece consequência do processo de expropriação capitalista. A questão que se coloca aos sujeitos é a de como sair desse processo, dar consistência ao fora, conquistar outras formas e materiais de expressão, tocar outros corpos, construir novas formas de expressão, novas sensibilidades.

Sobre essa questão do inconsciente, do desejo, tem um princípio, uma ressalva, interessante, e gostaria de trazê-lo aqui, porque o último dos princípios ou ressalvas ou referências que são como balizas para uma orientação mínima é justamente a ideia de que toda ideia de princípio deve ser suspeita. Quando o desejo está em questão, audácia e precariedade caminham lado a lado:

> 2 – "*Quando acontece alguma coisa, isso prova que acontece alguma coisa*". Tautologia fundamental para marcar aí, igualmente, uma diferença essencial com a psicanálise cujo princípio de base quer dizer que: "*quando não acontece nada, isso prova que acontece, na realidade, alguma coisa no inconsciente*"; princípio que serve para o psicanalista justificar sua política do silêncio e das esperas indefinidas. Na verdade, é pouco frequente que aconteça *verdadeiramente alguma coisa* nos agenciamentos do desejo! Convém, também, guardar todo seu relevo para tais acontecimentos e toda sua vitalidade para *os componentes de passagem que são a manifestação desses acontecimentos.* Os psicanalistas queriam que nós acreditássemos que eles estão em relação constante com o inconsciente, que dispõem de uma ligação privilegiada que os reúne a ele, uma espécie de telefone vermelho, como o de Carter e de Brejnev! O despertar do inconsciente sabe se fazer compreender por ele próprio. O desejo inconsciente, os agenciamentos que não se exprimem pelos sistemas dominantes de semiotização, manifesta-se por outros meios *que não enganam.* Aqui não se precisa de porta-voz, de intérpretes. Que mistificação é essa de pretender

14. Félix Guattari. *L'Inconscient machinique., op. cit.*, p. 8.

> que o inconsciente trabalhe em segredo, que não se possa dispensar um certo tipo de detetive para decifrar suas mensagens e, sobretudo, afirmar que ele está sempre vivo, latente, repelido, quando na verdade ele estaria visivelmente entorpecido, esgotado, morto, e que não haveria mais outro recurso a não ser o de reconstruí-lo, algumas vezes partindo quase do zero? Que alívio, um pouco covarde, como o de encontrar alguém que lhe dê crédito, contra toda aparência, de uma riqueza inconsciente, inesgotável, enquanto tudo ao seu redor – a sociedade, a família, sua própria resignação – parece ter conspirado para exauri-lo de todo desejo, de toda esperança de mudar sua vida! um tal serviço não tem preço e compreende-se por que os psicanalistas cobram tão caro![15]

Bem, fico tentada a terminar por aqui, nessa questão de o que significa mudar a vida, talvez. Onde mora esse desejo de mudar a vida? Do ponto de vista social, evidentemente. O poeta Mallarmé afirmava que é um engano imaginar que possamos ser contemporâneos de nós mesmos, só as massas tem tamanho impudor. Portanto, a beleza dessa resposta não encontraremos em um livro, e sim nas ruas.

***

No mesmo *Inconsciente maquínico* em que Guattari anuncia essas ressalvas ou princípios suspeitos, ele distingue entre uma esquizoanálise generativa e uma esquizoanálise transformacional, e utiliza como exemplo o romance proustiano *Em busca do tempo perdido*. Guattari quer entender o que distingue Swann do narrador, o que distingue um homem que foi infeliz no amor até alcançar as raias da loucura e um escritor que transformou o que viveu. Não é isso o que está em questão, na verdade. Se eu tivesse que assinalar uma diferença entre a psicanálise lacaniana e as proposições de Guattari, a situaria nesse ponto. O limite da clínica lacaniana é o ato e suas falhas. Guattari procura pensar *a transformação como um processo*, tanto do ponto de vista clínico quanto do ponto de

15. Félix Guattari. *L'Inconscient machinique.*, *op. cit.*, p. 218.

vista político, trata-se aqui da constituição de um território existencial, um espaço de liberdade. "Não cabe à esquizoanálise atrasar ou forçar os acontecimentos, ele nunca perde de vista que os compromissos, os retrocessos, os avanços, as rupturas, as revoluções dizem respeito a processos que não se podem pretender controlar, mas acompanhar semioticamente ou maquinalmente."[16]

Acompanhar semioticamente um acontecimento significa analisá-lo do ponto de vista dos signos e seus sistemas de expressão, ou seja, do conjunto dos meios de expressão, representação, comunicação, de subjetivação ou conscientização que tornam possíveis uma capacidade de leitura particular, a construção de um ponto de vista, o surgimento de uma nova sensibilidade. Já o termo maquinalmente concerne aos materiais, à matéria da mudança, uma espécie de "matéria à opção" que o acontecimento traz consigo. Guattari sempre insistiu muito na mudança dos meios de expressão como uma saída clínica e no duplo movimento de transformação, que, ao mesmo tempo em que cria uma nova sensibilidade, uma nova forma de expressão, libera um material, traz à cena um conteúdo igualmente novo.

Os componentes de passagem nos falam sobre o que Espinosa chamou de *afecção*, ou melhor, afeto. Na maior parte das vezes, quando Espinosa é evocado para se falar em afetos, fala-se em aumento ou diminuição de potência de vida, alegria e tristeza como se fossem sentimentos e da afecção como se fosse uma nova lei da ação e reação. Não se trata disso. Existe uma diferença entre afecção (*affectio*) e afeto (*affectus*).

> "Em regra geral, a afecção se diz diretamente do corpo, enquanto que o afeto (*affectus*) diz respeito ao espírito. Mas a verdadeira diferença não está aí. Ela está entre a afecção do corpo e sua ideia que engloba a natureza do corpo exterior por um lado, e por outro, o afeto que engloba para o corpo e para o espírito um aumento ou diminuição da potência de agir. A afecção diz respeito ao estado do corpo afetado e implica a presença de um corpo que afeta, enquanto que o afeto diz respeito a passagem de um estado a outro, levando em conta a variação

16. *Idem.*, p. 207.

> correlativa dos corpos que afetam"[17], daí decorre essa ideia de que: "por afetos, entendo as afecções do corpo pelas quais a potência de agir desse corpo aumenta ou diminui, é favorecida ou impedida."[18]

Os componentes de passagem são, portanto, dessa natureza, "afetos ou paixões da alma, uma ideia confusa pela qual o espírito afirma uma força de existir de seu corpo maior do que a que teve até então". Definição da parte III da *Ética* para o personagem de Proust, Swann, esse componente de passagem era uma música, uma música que fez Swann sentir que sua vida podia mudar, que ele podia rejuvenescer. Mas essa possibilidade não se concretiza ao longo da história, muito pelo contrário, Swan se apaixona loucamente e vive uma paixão que vai se fechando em torno de si mesma até se esgotar completamente, como se as possibilidades fossem se limitando, as imagens se reificando e restringindo, como se ela girasse em torno de um buraco negro.

Além da distinção entre os afetos tristes e os alegres, aqueles que aumentam ou diminuem a nossa potência de agir, há outra distinção entre paixões e ações. As paixões, porque estão ligadas a uma causa exterior, ainda nos separam da nossa capacidade de agir. O exercício da liberdade é um exercício de autodeterminação, de autonomia, como diz muito bem Marilena Chauí.[19] Liberdade aqui não é vontade de escolher ou de criar ou mesmo de realizar um modelo ou adequar-se a ele, não estamos falando da liberdade do tirano ou do legislador, mas de um agir de acordo com a necessidade de nossa natureza, uma natureza que não está dada de antemão, mas que é preciso criar, assim como quem vive sua vida. E, de preferência, de acordo com um paradigma estético. Determinar a si mesmo a agir, para que não terminemos como joguete das paixões, significa desejar a liberdade nela mesma, sem transformá-la em um meio para um fim determinado. O que podemos nos define apenas depois que os dados foram lançados.

17. Gilles Deleuze. *Spinoza: philosophie pratique*. Paris: Minuit, 1981, p. 69.

18. *Idem*.

19. Marilena Chauí. *A nervura do real: liberdade e imanência em Espinosa*. São Paulo: Companhia das Letras, 1999.

## Psicanálise e esquizoanálise

*Duas pesquisas afins em torno do desejo e do uso singular da língua*

JOÃO PENTAGNA

Passados cinquenta anos da primeira publicação de *O anti-Édipo*, nos meios esquizoanalíticos no Brasil fala-se muito, e de um modo às vezes fetichista, sobre o desejo edipiano e faltoso da psicanálise, contrapondo a ele, de maneira sentenciosa, o desejo maquínico e esquizofrênico pensado por Deleuze e Guattari. Já a psicanalista Monique David-Ménard, por outro lado, parece supor ter ajustado as contas com Deleuze e refutado a esquizoanálise, concebida por ele e Guattari, apontando-a como um mal-entendido dos filósofos que, por não interrogarem as paixões tristes, passam ao largo da clínica, não compreendendo que o paciente claudica. Além disso, segundo ela, Deleuze teria feito uma leitura equivocada da ideia kantiana de conflito ou oposição real, identificando-a com a contradição dialética, aproximando Kant injustamente de Hegel e colocando a psicanálise na linhagem filosófica que ele ataca, mas cuja lógica seria proveniente dessa falsa mistura.[1]

No entanto, apesar de toda a erudição e do corajoso empreendimento da autora suspendendo o silenciamento à esquizoanálise que a injunção de Lacan havia imposto aos seus alunos desde a década de 1970, soa defensivo o modo como David-Ménard conduz

1. "[...] Deleuze põe juntos Freud e Kant pelo fato de que o termo conflito figura nos dois autores. E como este é, em Kant, empregado como sinônimo do termo oposição, ele faz de Hegel o continuador de Kant, ou de Kant o precursor de Hegel, para opor em bloco a essa orientação o infinitesimal leibniziano, que daria um melhor acesso a um inconsciente das pequenas percepções." (DAVID-MÉNARD, Monique. *Deleuze e a psicanálise*. São Paulo: Civilização Brasileira, 2014, p. 258).

essa crítica, mesmo com a admiração, a leitura e o comentário de algumas obras de Deleuze. Será que o projeto de Deleuze e Guattari é apenas uma filosofia (mesmo que prática) e a psicanálise apenas uma clínica? Será que a psicanálise e a esquizoanálise formam uma oposição inconciliável como querem seus adeptos mais ortodoxos? Será que, no máximo, Deleuze poderia ensinar aos psicanalistas algumas percepções sobre a temporalidade nas psicoses, como quer David-Ménard?

Pensamos, ao contrário, que psicanálise e esquizoanálise são afins e que ambas contêm, ao mesmo tempo, apesar dos focos mais ou menos predominantes, uma clínica, uma ética, uma política, uma estética, uma antropologia e uma filosofia. Isso não quer dizer que sejam a mesma coisa ou semelhantes, o que exigiria tornar preciso o ponto impossível de sua identidade e da sua parecença, e seria um grande equívoco apagar as diferenças, embora haja uma aliança possível a partir dos seguintes aspectos: 1. pensam o humano e seu critério de avaliação singular implicado no real (campo pulsional ou campo de imanência e satisfação intensiva); 2. são pragmáticas do desejo, do uso da língua e das relações perspectivistas.

Se o desejo pulsional e sua satisfação foram emboscados, reprimidos e transformados em sintomas e mecanismos de defesa pelo recalcamento, pela introjeção dos interditos, pelo complexo de Édipo, a castração etc., mantendo-se ainda insubordinado e resultando na angústia e no mal-estar, a partir do entendimento e da prática da psicanálise;[2] o desejo maquínico também encontra condições de estratificação que colocam impasses ao seu funcionamento esquizo em *O anti-Édipo*, havendo ainda o reconhecimento da existência dos desejos manifestamente fascistas e, de maneira geral, o da existência das categorias ideais, espécies de motores estacionários que se assentam sobre o corpo intenso e o campo metapsicológico. Assim é que ambas as perspectivas

2. Ainda que o *isso*, o estranho que bate à porta, fosse mal compreendido quando reduzido à vertente da pulsão de morte e da repetição do mesmo.

pensam um desejo processual, suas correntes, impasses e o risco concernente às categorias ideais que nos alienam da condição de avaliação imanente ao desejo, fixando-o em imagens.

Em Deleuze e Guattari, as máquinas desejantes estão diretamente ligadas ao funcionamento do que, na psicanálise, chamaram de pulsões parciais. Tanto as máquinas desejantes quanto as pulsões, apesar da anarquia e da multiplicidade das fontes e dos objetos – e por isso mesmo –, são orientadas pelo critério íntegro da satisfação intensiva.[3] Porém, para Deleuze e Guattari, em uma operação de raspagem do inconsciente, é necessário tanto deslocar a atenção dos objetos parciais e das zonas erógenas para os fluxos e as máquinas que os cortam quanto não subordinar as pulsões parciais a um processo desenvolvimentista ou estrutural de edipianização a partir de um uso transcendente, ilegítimo, excludente e limitativo das sínteses do inconsciente, uso que na psicanálise implicava: fixar o sujeito onde não há senão processo, tratar os fluxos como pessoas globais ou objetos completos, e admitir apenas a máquina binária: homem-mulher, desejo heterossexual-homossexual, bissexualidade etc., em lugar de reconhecer o polimorfismo da sexualidade, os *n* sexos produzidos sobre uma superfície de registro que nos individua à maneira de acontecimentos.[4] A psicanálise teria descoberto e, em seguida, obstruído e se tornado surda, de maneira ainda mais insidiosa, às máquinas desejantes.

Perdendo-se a dimensão do que é a força e do que é a fraqueza, o que é o desejo criador e o desejo já capturado (demanda), a

3. Seria necessário diferenciar o esquizo como personagem conceitual, *bricoleur* que pratica esse critério intensivo e que monta variadas máquinas acoplando-se e desacoplando-se na medida em que avalia perspectivamente e segue os fluxos; do perverso, este que escapa do Édipo e da neurose, mas apenas para ser capturado em outras territorialidades artificiais ligadas aos fetiches. "Já sabíamos que o perverso não se deixa facilmente edipianizar: e por que o faria, se ele inventou novas territorialidades ainda mais artificiais e mais lunares que a de Édipo? Sabíamos que o esquizo não é edipianizável porque está fora de toda territorialidade, porque levou seus fluxos até o deserto." (Gilles Deleuze e Félix Guattari. O *anti-Édipo, Capitalismo e esquizofrenia 1*. São Paulo: Ed 34, 2011, p. 94).

4. Todas essas questões são postas à psicanálise e trabalhadas à maneira esquizoanalítica no segundo capítulo de O *anti-Édipo*. Cf. Gilles Deleuze e Félix Guattari. O *anti-Édipo*, op. cit, p. 73 a 110).

ética ou a moral, isto é, na desorientação quanto à direção vitalista do desejo, fica compreensível um dos maiores desajustes entre as duas perspectivas e que se relaciona ao problema da cura na psicanálise, a qual acaba sendo referida, em uma observação polêmica de Deleuze e Guattari sobre a teoria e a prática psicanalítica, à passagem da neurose à... normalidade. Depois da extrapolação de Édipo, esse seria o segundo paralogismo da psicanálise, o duplo impasse em que ela cai:

> [...] o "*double bind*" não é outra coisa senão o conjunto do Édipo. É neste sentido que Édipo deve ser apresentado como uma série, ou como oscilando entre dois polos: a identificação neurótica e a interiorização dita normativa. [...] E se um esquizo se produz aqui como entidade, é apenas como único meio de escapar a essa dupla via, na qual a normatividade é tão sem saída quanto a neurose, e na qual a solução é tão obstruída quanto o problema. [...] Parece que o próprio Freud teve uma viva consciência do quanto Édipo era inseparável de um duplo impasse, no qual ele precipitava o inconsciente. Com efeito, lê-se numa carta de 1936 dirigida a Romain Rolland: 'Tudo se passa como se o principal no sucesso fosse ir mais longe que o pai, e como se fosse sempre proibido que o pai fosse ultrapassado'. Isto é ainda mais visível quando Freud expõe toda a série histórico-mítica: num extremo, Édipo está ligado pela identificação assassina, no outro, ele está religado pela restauração e interiorização da autoridade do pai ('restabelecimento da ordem antiga num novo plano'). [...] Fica claro, portanto, que só se deixa um polo de Édipo para passar a outro. Não se questiona sair desta alternativa: neurose ou normalidade.[5]

Mesmo com os desvios por meio dos quais algumas psicanálises nos desnorteiam, largando-nos perplexos e incomodados no duplo impasse que remete a uma incapacidade de avaliar segundo o critério pulsional, já que somos empurrados da indistinção fusional e imaginária à castração simbólica e ao reconhecimento da falta, sofrendo da interiorização e da culpabilização proliferante da "latência", capturados pela sociedade dos irmãos que colocou o Capital no lugar de Deus e do pai, "O *ouro é como o espírito da*

5. Ibid., p. 110.

*sociedade*",[6] no entanto, é necessário considerar que a prática psicanalítica também pode operar, e de fato opera, ao mesmo tempo, a partir da montagem de máquinas desejantes, da denúncia do mestre, da pragmática da língua e das formações do inconsciente, suas virtudes originárias. A psicanálise trabalha com os sintomas, sonhos, lapsos, chistes, atos falhos, negativas, como rastros e sinais de um inconsciente-problema, um inconsciente produtivo e a associação livre como instrumento para acessar um plano virtual, explorar os bloqueios e a medida desejante, avaliando sempre o sentido como direção perspectiva para além do senso comum e da normalidade, conduzindo o dizer por uma linha abstrata.

Atenção à sintomática e à cartografia do fantasma, para onde isso vai? A clínica implica procedimentos analíticos relacionados às "linhas de um destino", à criação de estilos, de línguas menores, à emergência de atos livres e à produção de diferentes modos de existência – às vezes à revelia do analista e das suas concepções do desejo ou do complexo de Édipo. É uma questão de tendências, não só pensando diferentes analistas, mas as múltiplas tendências em cada um, os predomínios e as subordinações. Acreditamos que a psicanálise "edipiana" denunciada por Deleuze e Guattari seja uma caricatura, como faziam os expressionistas, pois exagerando certos traços eles obtêm um efeito de crueldade mais contundente, como o "estalar das correias do chicote de um carroceiro em fúria".[7] O que não invalida a possibilidade de vez ou outra a própria caricatura entrar pelas portas da clínica. Talvez houvesse uma ideia fixa desse tipo nos anos 1960, uma proliferação absurda de Édipo diante do qual o desejo revolucionário ainda era posto em termos de revolta contra o pai, ou mesmo contra o Nome-do-Pai. Talvez houvesse uma espécie de mentalidade de seita, na qual os sectários estavam meio paralisados em torno do mestre, como se Lacan fosse uma serpente e seus discípulos fossem pássaros hipnotizados esperando

6. Paul Valéry. *Monsieur Teste*. São Paulo: Ática, 1997, p. 29.

7. Henri Michaux. *Misérable miracle: la mescaline*. Paris: Galimard, 1984, p. 126 apud Gilles Deleuze. *Foucault*. 2. ed.: São Paulo: Brasiliense, 1991, p. 130.

o bote: "Vocês não me ajudam!", Lacan teria dito. Bom, aí está sua ajuda, manifesta na radicalidade que atravessou Deleuze e Guattari. Nada de soluções de compromisso! E, apesar disso...

Deleuze e Guattari oscilam paradoxalmente entre atração e repulsão em relação à psicanálise: combate ou agência real, maquínica e perspectivista. Os livros anteriores de Deleuze, sobretudo *Sacher-Masoch: o frio e o cruel*, cuja publicação original data de 1967, *Diferença e repetição*, de 1968, e *Lógica do sentido*, de 1969, estabeleciam um profundo e prolífico diálogo com a psicanálise, sendo lidos inclusive por Lacan, que os citava elogiosamente em seus seminários. Lacan chegou a convidar Deleuze para uma conversa, mas eles não estabeleceram uma amizade. Talvez o efeito-Guattari tenha produzido em Deleuze uma ruptura mais profunda com a psicanálise do que aquela que perturbava o próprio Guattari. Este último, aluno e analisando de Lacan, encerrou sua análise pessoal no ano da publicação de O *anti-Édipo*, porém continuou exercendo sua prática psicanalítica.

No trabalho conjunto, eles vão notando os avanços teóricos e clínicos, mas também apontando o que acreditam ser alguns limites e impasses teóricos e práticos da psicanálise. Deleuze chegará a dizer, anos depois de O *anti-Édipo*, que a esquizoanálise como cartografia e experimentação de agenciamentos coletivos de enunciação é uma antipsicanálise,[8] todavia Deleuze e Guattari reconheceram que Freud e, com mais razão ainda, Lacan souberam ver que os pais não eram organizadores estruturais, como é sugerido pela ideia do complexo de Édipo no seu sentido mais ordinário. Os pais são apenas indutores e, como indutores, podem ser substituídos por outras pessoas ou objetos, o que se deu a perceber quando Lacan e seus discípulos introduziram a distinção entre imaginário e simbólico e a função da mãe e o Nome-do-Pai.

8. "A tarefa de uma verdadeira análise, de uma análise antipsicanalítica, é descobrir esses agenciamentos coletivos de enunciação, esses povos que estão em nós e nos fazem falar, e a partir dos quais nós mesmos produzimos enunciados. É nesse sentido que opomos todo um campo de experimentação, de experimentação pessoal ou de grupo, às atividades de interpretação psicanalítica." (Gilles Deleuze. *A ilha deserta e outros textos*. David Lapoujade (Org.). São Paulo: Iluminuras, 2006, p. 347).

Mas ainda aí é como se fosse preciso sempre recorrer a um "terreno", à representação orgânica filogenética ou simbólica que constituiria o estofo de uma vida.

> É fácil reconhecer que as figuras parentais são indutores quaisquer, e que o verdadeiro organizador está alhures, do lado do induzido e não do indutor. Porém, é aí que começa a questão, a mesma do ovo biológico. Com efeito, nessas condições, haveria outra saída que a restauração da ideia de um 'terreno', seja sob a forma de um inatismo filogenético de pré-formação, seja sob a forma de um a priori simbólico cultural ligado à pré-maturação? [...] Os pais foram postos no seu devido lugar no inconsciente, que é o de indutores quaisquer, mas continua a se confiar o papel de organizador a elementos simbólicos ou estruturais que são ainda os da família e de sua matriz edipiana. E mais uma vez não se consegue sair disso: foi tão somente encontrado o meio de tornar a família transcendente.[9]

Para Deleuze e Guattari, o organizador está do lado do induzido, cujo processo produtivo conecta, registra e consome múltiplos estímulos para produzir uma mais-valia das suas condições. Aí entramos na questão fascinante do influxo germinal: o ovo esquizo, cuja história é semelhante à do ovo biológico, ambos teriam sido mal compreendidos. Achava-se que a constituição do ovo biológico era provocada por "organizadores" específicos; no entanto, percebeu-se que diferentes indutores, ou as substâncias variáveis, provocavam os mesmos resultados. Além disso, as partes do ovo tinham componentes potenciais que eram independentes dos estímulos.[10] Esse conceito é a maneira de Deleuze e Guattari pensarem uma vida esquiza imanente à produção primária e ao campo pulsional, como condição maquínica da estrutura, a qual indicava um critério ainda neurótico de avaliação. As estruturas, em vez de organizadores universais, são territorialidades artificiais que sujeitam o maquinismo e que, portanto, tentam subordinar a esquize a um limite intransponível. Mas, além do limite, o ovo esquizofrênico, semelhante ao ovo biológico, não é percorrido senão por gradientes e concentrações, velocidades e lentidões, fluxos e

9. Gilles Deleuze e Félix Guattari. *O anti-Édipo*, op. cit., pp. 127-128.
10. Ibid.

cortes de fluxos, o ovo é uma multiplicidade apreendida como simulação incessante, a qual, assim considerada, sofistica o que se entendia na psicanálise por meio dos processos de identificação:

> Se a identificação é uma nomeação, uma designação, a simulação é a escrita que lhe corresponde, escrita estranhamente plurívoca, diretamente no real. Ela leva o real para fora do seu princípio, ao ponto em que ele é efetivamente produzido pela máquina desejante. Ponto em que a cópia deixa de ser uma cópia para devir o Real e seu artifício. Apreender um real intensivo tal como é produzido na coextensão da natureza e da história, vasculhar o império romano e os continentes descobertos para deles extrair esse sempre-mais de realidade, e formar o tesouro das torturas paranoicas e das glorias celibatárias – sou todos os pogroms e também todos os triunfos da história, como se alguns acontecimentos simples e unívocos se desprendessem dessa extrema plurivocidade: segundo a fórmula de Klossowski, é esse o "histrionismo" do esquizofrênico, o verdadeiro programa de um teatro da crueldade, a encenação de uma máquina produtora de real. Longe de ter perdido não se sabe qual contato com a vida, o esquizofrênico está mais próximo do palpitante coração da realidade, a tal ponto que se confunde com a produção do real.[11]

O ovo é referido em *Mil platôs*, de modo mais geral, à construção de um Corpo sem Órgãos: "você tem um (ou vários) [...] você faz um [...] é um exercício, uma experimentação inevitável".[12] Na outra borda do platô, há uma passagem em que os autores o remetem ao que Freud chamava "plasma germinal quase imortal", com a diferença, eles dizem, que Freud não teria entendido esse conceito de Weissmann por tomá-lo ainda pela via de uma representação orgânica. O ovo não é orgânico, nem é o óvulo ou a carga genética de ambos os pais, como o apresentam as representações conscientes, mas uma força inorgânica, um germe intenso que atravessa e faz coexistir as durações em múltiplos níveis virtuais, conectando-nos ao que Bergson chamava a totalidade do passado. Simultânea e paradoxalmente o Corpo sem Órgãos é

11. Gilles Deleuze e Félix Guattari. *O anti-Édipo*, op. cit., pp. 121-122.
12. Gilles Deleuze e Félix Guattari. *Mil platôs: capitalismo e esquizofrenia*, v. 3. São Paulo: Ed 34, 2012, p. 11.

também "pedaço de placenta extraído à mãe", que "arranca da forma orgânica da mãe uma matéria intensa e desestratificada, sua ruptura perpétua com o passado, sua experiência, sua experimentação atuais",[13] selecionando os fluxos segundo suas próprias condições desejantes a partir de graus de potência estranhos ao organismo, submetendo o organismo a acontecimentos dilacerantes os quais só se pode viver em estados larvais, isto é, ao modo do devir e da transformação.

A pulsão em Freud e Lacan, as máquinas desejantes e sua integridade de critério em *O anti-Édipo* e a construção do CsO em *Mil platôs* são conceitos pelos quais pensamos a condição de avaliação do real, por onde a vida, portanto, pode entrar na linguagem de maneira mais precisa, já que são discernidos os falsos problemas e as misturas entre a pulsão e suas imagens, entre a construção de um corpo pleno e os riscos de neurotização, vício, paralisia, cristalização, quebra, fragmentação, catatonia etc. Em um de seus últimos textos, após passar pelo acontecimento, o transcendental, o esquizo, o CsO, a imanência, Deleuze chamou *isso* de "uma vida".[14]

O esquizo foi, portanto, um modo de Deleuze e Guattari repensarem a visão de mundo neurótica que orientava a psicanálise. Seguindo o que já fizera Jung, e de modo diferente dele, que sob o Édipo descobriu um inconsciente ideal, coletivo e povoado de arquétipos, eles recorrem ao esquizo não para submetê-lo ao Édipo ou justificá-lo por uma fixação pré-edipiana na qual a psicanálise o situa, como se ele fosse o resultado de uma privação ou de um repúdio à introjeção do Nome-do-Pai, mas para afirmar sua radicalidade anedipiana, a conectividade ou fluxão da produção primária, o critério do intensivo e o desejo revolucionário. Sabe-se que foram muito mal compreendidos e por isso será necessário distinguir o esquizo como personagem conceitual do esquizofrênico cronificado, como veremos.

13. Ibid., p. 31.

14. Gilles Deleuze. *Dois regimes de loucos*. São Paulo: Ed. 34, 2016.

Ora, Deleuze e Guattari nos dizem que a questão não é se o Complexo de Édipo existe ou não existe, porque temos certeza de que existe, de que está aí como produção social que serve às forças repressoras, capturando e desfigurando a produção desejante por meio da família, desviando o desejo ao submetê-lo a categorias ideais: interditos e prescrições. O complexo de Édipo é um dos acontecimentos (Jung diria arquétipos) da história-mundial que nos atravessa e estrutura, de saída estamos capturados no interior dele; o problema se torna, então, questionar se o desejo pode desejar outra coisa que não o incesto e seus sucedâneos imaginários e simbólicos e se uma vida pode se individuar de outras maneiras que não a maneira do Édipo, para além da onipotência destrutiva que o desejo incestuoso impele e que a castração simultaneamente fixa e interdita. Aí entram as máquinas desejantes e suas relações de afinidade potencial, de composição e decomposição entre múltiplas perspectivas e os fluxos que passam entre elas. O próprio complexo de Édipo e o interdito ao incesto, aqui, vão se aprofundar e horizontalizar na Terra ou evolar-se no Cosmos, nas grandes migrações, nas fases críticas de uma vida, nas passagens, na mudança das estações, na fome e na produção de alimentos, na convivência com os outros viventes, na amizade, no amor, nos fluxos de matérias intensas, nas pandemias, nas guerras, nas convulsões políticas, nas mudanças climáticas, no fim dos mundos, na queda do céu... ontologia plana, já que o que está em jogo no recalcamento originário não é o desejo da (ou) pela mãe e seu interdito, mas o interdito e o ofuscamento sobre o real pela incidência de ideais inadequados à vida, bem como uma condição de escolha e uma percepção mais ou menos estiradas, a dimensão do transpessoal como tem dito Suely Rolnik, cujo rigor exige de nós uma micropolítica ativa orientada pelo desejo revolucionário e pelo uso singular da língua. É esse campo imanente e os efeitos dele nos nossos corpos, os encontros das multiplicidades sobre essa pele coletiva, comum, compartilhada e transespecífica, que estão em jogo no mal-estar, no adoecimento, mas também na lucidez e na precisão de uma vida e de um processo analítico.

O esquizo, como um personagem conceitual e prática do desejo, foi muito mal compreendido. Deleuze e Guattari perderam amigos e admiradores, foram duramente atacados por supostamente desejarem fazer do esquizofrênico o novo herói revolucionário: "Honorável professor francês, bom esposo, excelente pai de dois filhos encantadores, amigo fiel [...] queres que teus alunos e teus filhos sigam na 'vida real' o caminho de tua vida, ou por exemplo o de Artaud que tantos escrevinhadores invocam?"[15] Mas seria preciso ouvir o devir de Van Gogh e outros esquizos que aprendem a navegar no deserto: "Tenho afinidade com o sol". O esquizofrênico cronificado descreve na carne não esse processo, mas a parada ou a finalidade equivocada do processo. O autismo, por exemplo, seria uma interrupção deste tipo, deriva que faz derrapar e cristalizar o esquizo em um encapsulamento cujo limite tende à apatia, à despersonalização e à catatonia, justamente quando diante da desintegração psíquica alguém é possuído por um ideal inadequado (força e representação) sobre a própria vida.

> O esquizofrênico aparece tanto mais específico e personificado quanto mais se imobiliza o processo ou quando se faz dele um alvo, ou ainda quando o fazemos operar no vazio indefinidamente, de modo a provocar esse "horrível extremo em que corpo e alma chegam a perecer" (O Autismo). O famoso estado terminal de Kraepelin... Ao contrário disso, desde que se consigne o processo material de produção, a especificidade do produto tende a dissipar-se, ao mesmo tempo que aparece a possibilidade de uma outra "efetuação". Antes de ser a afecção do esquizofrênico artificializado, personificado no autismo, a esquizofrenia é o processo da produção do desejo e das máquinas desejantes. Como se passa de uma coisa à outra? A respeito deste e de outros pontos, Jaspers deu indicações as mais preciosas. Opondo o conceito de processo ao de reação ou de desenvolvimento da personalidade, ele pensa o processo como ruptura, intrusão, fora de uma relação fictícia com o eu, substituindo-a por uma relação com o demoníaco na natureza. Falta-lhe somente conceber o processo como realidade material econômica, como processo de produção na identidade Natureza = Indústria, Natureza = História.[16]

15. Gilles Deleuze. *A ilha deserta*, op. cit., p. 89.
16. Gilles Deleuze e Félix Guattari. *O anti-Édipo*, op. cit., p. 41.

Retenhamos essa "outra efetuação" ou essa contraefetuação ao compreendermos a diferença entre um processo desejante, avaliador, sem finalidade que corresponde a ela; e a parada deste processo quando ele é possuído e ancorado em um ideal, ou quando gira exasperado no vazio. Retenhamos ainda a relação com o "demoníaco na natureza" que substituiria uma relação fictícia com o eu por uma perspectiva da ruptura de uma integridade processual e a intrusão de forças incorporais estrangeiras. Não estamos distantes da concepção presente nos indígenas amazônicos, mas também em D.H. Lawrence,[17] do roubo de alma. Sem o espaço necessário para desenvolver esta hipótese, mas lançando-a como uma semente, a partir dos trabalhos do psicanalista João Perci Schiavon, do antropólogo Eduardo Viveiros de Castro e das filosofias indígenas, questionamos se a força pulsional – voltando ao centro da psicanálise, perfazendo o circuito em retorno no qual ela contorna os objetos, lugar que é seu lugar sem lugar, dando notícias do real – não situa também o próprio campo analítico em uma base antropológica perspectivista e xamânica, sobre a qual cada pulsão singular convive com muitas outras forças do corpo e do espírito, humanas e não humanas.

As bases antropológicas da psicanálise até então foram sacrificiais (ligadas ao imaginário, à indiferenciação ou ao incesto com a mãe e à pulsão de morte assassina de Édipo) ou totêmicas (ligadas ao simbólico, à castração e à instauração da linguagem, ao interdito ao incesto, às regras de parentesco e à monogamia). Seria possível pensá-la por meio de uma base perspectivista e real? Pensar a clínica como um devir-xamânico da língua? Parafraseando Pierre Clastres: seria possível pensar uma psicanálise contra o Estado?[18] Seria possível agenciar o xamanismo, a psicanálise e, por que não, a esquizoanálise: "Nós, feiticeiros...",[19]

17. Cf. D. H. Lawrence. *Estudos sobre a literatura clássica americana*. Rio de Janeiro: Zahar, 2012.

18. Cf. Pierre Clastres. *Sociedade contra o estado*. São Paulo: Ubu Editora, 2017.

19. Gilles Deleuze e Félix Guattari. *Mil platôs: capitalismo e esquizofrenia, v. 4*. São Paulo: Ed. 34, 2012, p. 20.

levando em conta que essas perspectivas de diferentes maneiras operam com a prática de avaliação das afinidades potenciais, o devir molecular da percepção e a criação de uma microlíngua?

Lembremos – acreditem, é preciso – que nem Freud e Lacan, nem Deleuze e Guattari são deuses que sentenciaram verdades instituídas desde sempre e nas quais deveríamos acreditar inquestionavelmente. Quando se avança, o horizonte recua. Não precisamos fazer suas ideias se baterem e se anularem umas às outras, mas podemos compô-las na medida em que servem ao nosso propósito clínico. Não há nada mais desagradável que a besteira envolvida nas mentalidades de seita. Esses dias escutei um psicanalista dizer que os ataques e as propostas provenientes da esquizoanálise são interessantes, mas inúteis, ela seria impraticável, que não se pode atacar a psicanálise, pois o dispositivo da associação livre é de uma contundência conclusiva e histórica, a partir da ultrapassagem da hipnose e da sugestão, para as quais não podemos voltar. Porém, tampouco a associação livre é a única ou a última palavra. Pensar assim é reificar e cristalizar a teoria e a prática da psicanálise, o que o próprio Freud afirmava não desejar. Tomar a experimentação proposta pela esquizoanálise como pura sugestão não é apenas imbecilidade, mas má-fé. É traduzir mal um conceito e uma pragmática de uma perspectiva para outra. A análise dos estratos ou cartografia das linhas de uma vida promovidas pela esquizoanálise segue os rastros e sinais de um desejo latente e uma escuta de mundos porvir. A experimentação analítica é a construção em conjunto, em multiplicidade – pois ninguém, nem mesmo sozinho, fala sozinho –, de um agenciamento que funcione e que produza diferença em uma vida. Como fazer isso sem esmagar as máquinas desejantes com enunciados antropocêntricos e morais? Talvez a experimentação e a cartografia das linhas propostas pela esquizoanálise sejam um meio de tornar mais precisa a própria noção de associação livre. Assim, para estarem à altura da radicalidade da psicanálise, Deleuze e Guattari precisaram construir os conceitos de agenciamento maquínico de desejo e agenciamento coletivo de enunciação, o "falar com" ligado diretamente ao contágio de grupo e à possibilidade da emergência do desejo revolucionário (ainda que orientado por uma máquina abstrata singular), colocando-se contra a incansável e às vezes lamurienta análise do fantasma em que nos arriscamos a ser rebatidos de um polo ao outro do complexo de Édipo: onipotência e impotência do imaginário fusional – castração simbólica e reconhecimento do desejo como falta-a-ser.

Sem apostas desejantes provenientes do inconsciente-órfão e aventureiro que emerge na relação analítica não há movimento. As apostas convocam atos, tentativas, gestos inusitados, como também derrapam no erro, no equívoco, na claudicação, os quais, ainda assim, reorientam o automovimento do desejo, expresso como aquilo que manca nos sintomas, e que se expressa de maneira mais refinada no uso pulsional ou uso menor da língua. Ignorar que as bases antropológicas sacrificiais e totêmicas da psicanálise implicam uma maneira de compreender e agir ou não agir no mundo é não compreender que elas são o prolongamento teórico do antropocentrismo e o legitimam, sendo este então aparelhado por conceitos como falta, castração, desejo edipiano, interdito ao incesto e ideias como a da disjunção natureza-cultura, animal-humano e, portanto, da transcendência do desejo humano. O complexo de Édipo e o rochedo da castração nos isolam em um mundo humano em que "o animal", este outro qualquer, foi há um longo tempo, no início da era cristã, posto por Deus sob o domínio do Homem, que deveria nomeá-lo.[20] O desconhecimento do real chegou a tal ponto que os múltiplos animais, como signos da alteridade, corpos vivos, palpitantes e inquestionavelmente produtores de afetos violentos, passaram a ser, nos nossos sonhos, ou mais provavelmente nos sonhos dos psicanalistas

20. Jacques Derrida. *O animal que logo sou*. São Paulo: Ed. da Unesp, 2002.

ortodoxos, repetições e efeitos sintomáticos do deslocamento e da condensação, tão somente fantasmas dos pais, derivados das séries representacionais do pai e da mãe.[21]

Aquilo que segue sendo determinante quando se monta uma máquina analítica é a importância das formações do inconsciente,[22] as quais indicam a produção desejante funcionando subordinada às condições das forças sociais repressoras. As formações do inconsciente são formações micropolíticas, afirma João Perci Schiavon, o que nos permite pensar a articulação entre os espaços intra, interpsíquicos e transpsiquícos como também os efeitos das forças coletivas sobre nossa integridade pulsional. Os sintomas, como em maior profundidade as estruturas, implicam graus mais ou menos graves de cisão psíquica. Mas, ao indicarem o desejo recalcado ainda nas condições do recalque, as formações do inconsciente seriam rastros a seguir, ensaios da sublime-ação,[23] momentos de um dizer em curso que, na escuta pulsional, poderia atingir seu grau mais elevado de lucidez, o que Lacan chamou de "o bem dizer",[24] manifesto no amor cortês e no misticismo, e que aqui compreenderemos, implicando-o na literatura e na própria análise, como o ato de dizer em si, ligado à satisfação e a autoafecção. Portanto, o desprendimento da língua, a afinação

21. Ver as análises que Deleuze e Guattari fazem do caso do pequeno Hans e do Homem dos lobos em "Um só ou vários lobos", no volume 1 de *Mil platôs* (São Paulo: Ed. 34, 2000) e no texto "O que dizem as crianças", em *Crítica e clínica* (São Paulo: Ed. 34, 2011).

22. "As formações do inconsciente são dizeres tateantes, semiocultos, pelos quais se esboçam campos de experiência expressiva, territórios afetivos e de domínios existenciais. Estes, de modo geral, encontram-se fora do alcance de uma prática esclarecida. O peso dos recalques é imenso. 'O idioma é a única porta para o infinito, mas infelizmente está oculto sob montanhas de cinzas.' O lapso ou outra expressão privilegiada, ao mesmo tempo que desterritorializa pelo efeito de não senso ou de excesso de sentido, é signo de expansão territorial, anuncia novos estratos discursivos, evoca regiões de saber ainda inexploradas. Chave esotérica, abre portas secretas de entendimento e visão. É um bruxuleio de luz na noite escura" (João Perci Schiavon. *O pragmatismo pulsional*. São Paulo: n-1, 2019, p. 49).

23. Nas suas aulas na PUC-SP, as quais ouvi de 2015 a 2019.

24. No livro *Psicanálise sem Édipo?*, ao proporem uma patoanálise como alternativa à psicanálise edipiana, os psicanalistas Thomas Geiskens e Philippe Van Haute retomam esse conceito, principalmente no capítulo 6, "Lacan e a jovem homossexual: entre a patologia e a poesia?". Cf. Thomas Geiskens e Philippe van Haute. *Psicanálise sem Édipo? Uma antropologia clínica da histeria em Freud e Lacan*. Belo Horizonte: Autêntica, 2017.

da fala para além da falta e a cartografia dos sintomas e sinais provenientes do inconsciente e do campo social confrontam a compulsão à repetição, afirmando a singularidade da produção do desejo. Empenha-se o corpo inteiro no dizer.

É considerando a atividade singular e extrapessoal do dizer; os agenciamentos coletivos de enunciação produzidos a partir das alianças que fazemos (a consideração das oscilações potenciais entre "falar com", ser falado por ou falar por); e a avaliação ética e desejante das composições a serem feitas, que – ao contrário dos psicanalistas que recusam a esquizoanálise e esmagam o estreito vínculo da clínica com a política com o peso do Édipo universal e dos esquizoanalistas que se limitam à crítica caricata da psicanálise, perdendo a dimensão clínica do trabalho justo quando fica evidente ser a sintomatologia um produto da colisão do desejo com o campo social e o dispositivo analítico uma máquina potencialmente revolucionária – compomos aqui ambas as perspectivas, levando em conta o empreendimento de Deleuze e Guattari como um aprofundamento e um aumento de precisão e consistência adquiridas por uma pesquisa afim da psicanálise. Afinidade não quer dizer aqui identidade, mas ressonância, sedução e afetação recíproca. Não seria a hospitalidade para com o estranho, em vez da hostilidade e do repúdio, a condição do pensamento e do exercício clínico? A questão vem sempre do estrangeiro, ela é posta de fora, emerge das relações de força entre os pontos de vista. João Perci Schiavon diz também, meio que brincando, mas sem se valer de metáforas, que assim como a física quântica ainda é física, a esquizoanálise ainda é psicanálise. Igual e diferente, disjunção inclusa. E acrescenta que a esquizoanálise submete a psicanálise a um banho de real.[25] Diríamos ainda: a esquizoanálise é um devir da psicanálise e vice-versa, que não envolve superposição, identificação ou conflito covarde, no qual se denega o adversário, mas uma implicação mútua que mantém provocações e potencialmente oscila da amizade à inimizade.

25. Em suas aulas na PUC-SP.

O guerreiro extrai a força do inimigo para se tornar cada vez mais preciso, mais íntegro, mais ágil, mais forte, mais resistente, mais vidente, mais impecável, para dizer como Castañeda.[26] Está em jogo, no perspectivismo clínico, o que os gregos chamavam Agon: esse demônio presente nos concursos, nos conflitos e nas disputas, sob a influência do qual os outros nos forçam a ser melhores, já que nos seus desafios convocam nosso próprio outro, o verdadeiro aliado.

Enfim, não nos interessa tampouco limitar a pragmática de uma língua menor que cava sulcos onde quer que haja uma língua dominante sob tal ou qual jurisdição – por isso não guardamos escrúpulos em nos aliar com os elementos que nos servem em cada perspectiva ao operar sua heterogênese de mão dupla. Transversalidade, sempre.

Tal imanência analítica,[27] antes de tudo, parte da convivência de todas as singularidades e modos de vida em um diagrama de forças, um campo de combate perspectivista; e de uma exigência ao mesmo tempo clínica e cosmopolítica, exercida em alto grau no ato afectivo de simbolizar e no uso eficaz das palavras, expressões de um dizer e de uma condição de avaliação desejante em curso. Freud, como nos ensina Suely Rolnik, foi um dos inventores da micropolítica. Foi ele quem primeiro analisou os efeitos micropolíticos que manifestavam na linguagem, por meio dos sintomas, dos sonhos e de outras formações do inconsciente, o mal-estar histórico, político e ecológico de que padecemos, estes sim os verdadeiros problemas. Naquele momento, mediante a escuta, ele praticava essa virtude superior da palavra: a hospitalidade incondicional ao estrangeiro. Coube a Lacan e depois (às vezes antes ou simultaneamente) a Deleuze e Guattari esgarçar as linhas desse pensamento disruptivo na direção de uma ciência do real e de uma vida (um dizer) para além do Eu e do Supereu.

26. Carlos Castañeda. *A erva do diabo*. São Paulo: Best Seller, 2013.

27. Conceito desenvolvido por João Perci Schiavon em *O pragmatismo pulsional*, op. cit.

Ademais, ao escutar de um amigo que Vladimir Safatle teria recentemente dito que a esquizoanálise é uma psicanálise heterodoxa, recordei-me da seguinte passagem formulada por Deleuze e Guattari:

> A esquizoanálise não se propõe a resolver Édipo, não pretende resolvê-lo melhor do que a psicanálise edipiana. Ela se propõe a desedipianizar o inconsciente para chegar aos verdadeiros problemas. Ela se propõe a atingir essas regiões do inconsciente órfão, precisamente, "para além de toda lei" [...] Consequentemente, não compartilhamos o pessimismo que consiste em crer que essa mudança e essa libertação só possam ocorrer fora da psicanálise. Ao contrário, acreditamos na possibilidade de uma subversão interna que faça da máquina analítica uma peça indispensável do aparelho revolucionário. E mais: para tanto, as condições objetivas parecem atualmente dadas.[28]

Subversão interna? Deleuze e Guattari desejaram a reorientação da psicanálise e que esta pudesse transformar-se em "peça indispensável do aparelho revolucionário". Certamente não sem um dedicado gesto de amizade, paradoxalmente simultâneo ao ataque, uma raspagem esquizoanalítica dos ideais neuróticos vigentes na psicanálise, que ainda permitiam abrigo ao conservadorismo, produção de subjetividade capitalista, microfascismos, e obscureciam a prática perspectivista do eu real.

Eis algumas das questões que têm orientado nosso pensamento para a agência entre o desejo avaliador, a língua menor e a máquina analítica, diante dos impasses e desafios surgidos no tempo presente e de uma aparente oposição inconciliável no processo da afinidade revolucionária que perpassa a psicanálise e a esquizoanálise.

28. Gilles Deleuze e Félix Guattari. O *anti-Édipo*, op. cit., p. 113.

# O anti-Édipo e seus detratores*

FLORENT GABARRON-GARCIA

> Estamos em busca de uma "vitalidade". Mesmo a psicanálise tem necessidade de se dirigir a uma "vitalidade" no doente, uma vitalidade que o doente perdeu, mas a psicanálise também. A vitalidade filosófica está muito próxima de nós; a vitalidade política também. Estamos próximos de muitas coisas e de muitas repetições decisivas e de muitas mudanças.
>
> GILLES DELEUZE[1]

O *anti-Édipo* consiste em um diálogo crítico e próximo à psicanálise: às vezes provocativo, mas frequentemente repleto de humor. Uma das diferenças essenciais que o distingue da disputa conduzida por Castel, que lhe é mais ou menos contemporânea,[2] é que não acontece fora do campo analítico ou em nome de razões sociológicas, mas, pelo contrário, *no interior do espaço analítico e em nome da clínica*. Com efeito, trata-se de colocar em evidência os efeitos normativos da teoria analítica na clínica para poder

*. Traduzido por Anderson Santos. Revisão de Alan Belém. O artigo original compõe um dos capítulos do livro *L'héritage politique de la psychanalyse* (ed. La Lenteur, 2018) publicado pelo autor.

1. Utilizamos neste trecho a tradução realizada por Sandra Corazza e Tomaz Tadeu na entrevista com Deleuze em "Sobre Nietzsche e a imagem do pensamento" (1968), publicada em *A ilha deserta: e outros textos / Gilles Deleuze*, edição preparada por David Lapoujade; organização da edição brasileira e revisão técnica por Luiz B. L. Orlandi – São Paulo, Iluminuras, 2006 (4. reimpressão, 2019). [N. T.]

2. Aliás, Robert Castel saúda a obra de Deleuze e Guattari. Cf. Robert Castel (1973). *Le Psychanalysme. L'ordre psychanalytique et le pouvoir*, Paris, Champs-Flammarion, 1981.

se reconectar "com a inventividade originária da psicanálise".[3] Assim, como indica o título da obra, não se trata de fazer antipsicanálise, mas de construir uma "máquina de guerra" contra a abordagem clínica adotada por certas práticas psicanalíticas quando lidam com a psicose e recorrem precipitadamente ao complexo de Édipo e à teoria da foraclusão.

Sem dúvida, objetar-se-á que os psicanalistas não se utilizam apenas de Édipo. Eles não dispõem de outros "conceitos fundamentais" e até mesmo de outras mitologias? Além disso, alguns essenciais conceitos psicanalíticos não assumem inevitavelmente o caráter de mitos, como o próprio Freud declara a propósito da "pulsão"?[4] E, uma vez que o estruturalismo considera sobretudo funções simbólicas e não a existência de figuras parentais imaginárias, por que colocar sobre o mesmo plano o conceito lacaniano de foraclusão e o conceito freudiano de complexo de Édipo? Por fim, em psicanálise, as coisas não são infinitamente mais complexas do que sugerem Deleuze e Guattari, e o "anti-edipianismo" hoje não beira a um bordão baseado em conceitos psicanalíticos mal compreendidos, de velhas ideias revolucionárias, devaneios *sex-gauchistes*[5] e outros absurdos de "anarlistas" [sic] incapazes de "suportarem sua própria angústia" [resic]?

Na realidade, O *anti-Édipo* não foi o único a ser alvo de tal processo antiquado. Na década de 1980, seguindo os passos de François Furet, cuja leitura reacionária da Revolução francesa dominou a cena intelectual da época (a ponto de atrasar o lançamento da obra de Hobsbawm até o final dos anos 1990), ou antecipando a de Francis Fukuyama, que alguns anos mais tarde ganhou as

3. Félix Guattari. Édito. *Chimères*, n. 1, printemps 1987, p. 3.

4. "A teoria das pulsões é, por assim dizer, nossa mitologia. As pulsões são entidades míticas, magníficas em sua imprecisão" (ver: Sigmund Freud. *Nouvelles Conférences d'introduction à la psychanalyse*, Paris, Gallimard, 1984, p. 129).

5. Em diálogo com o autor para melhor traduzir esse conceito, ele nos informa que os "sex-gauchistes" [sex-esquerdistas] geralmente se referem a analistas reichianos ou à ideia de que a libertação virá através do sexo, porém se trata de uma palavra utilizada pelos conservadores para estigmatizar seus inimigos. [N. T.]

manchetes por anunciar o "fim da História",[6] os historiadores e neofilósofos gostaram de descrever os anos 1968 como anos "de errância", "cegueira" e "excesso".[7] Isto se tratava de voltar a ser "razoável". Os efeitos deletérios desse vasto movimento de difamação estão longe de terem desaparecido dos dias atuais, apesar do surgimento de trabalhos que colocam as coisas em seu lugar.[8]

Todavia, geralmente, a doxa tomará cuidado para não se envolver nos caminhos da análise histórica. Muitas vezes é em nome da complexidade teórica de sua disciplina que o publicista reacionário, surdo a todas as novas propostas, pode, depois de uma leitura estritamente exegética, ter um prazer malicioso em descartar certos desvios da pluma do autor, para argumentar que este último não entendeu nada, que leu mal as obras em que se baseava e que, em última análise, se enganou, pois, na verdade, tudo já estava escrito na obra do mestre.[9] Aos olhos destes exegetas,

6. François Furet. *Penser la Révolution française*, Paris, Gallimard, 1978 / Francis Fukuyama. *La Fin de l'histoire et le Dernier Homme*, Paris, Flammarion, 1992.

7. Jean-Pierre le Goff. *Mai 68, l'héritage impossible*, Paris, La Découverte, 1998 / Phillipe Mengue. *Deleuze et la question de la démocratie*, Paris, L'Harmattan, 2003. Esta retórica aos acentos vingativos que o livro de Luc Ferry e de Alain Renault leva ao nível da caricatura (Luc Ferry, Alain Renault, em *La Pensée 68*, Paris, Gallimard, 1986) combatida desde o fim dos anos 1970 por Deleuze, onde será relida a crítica dos "novos filósofos" e do aumento em potência de uma relação reacionária com a História em "A propósito dos novos filósofos", *Deux régimes de fous*, Paris, Éditions de Minuit, 2003, pp. 127-134 / Gilles Deleuze e Félix Guattari. Mai 68 n'a pas eu lieu, *Chimères*, n. 64, 2007, pp. 215-217.

8. Enzo Traverso. "Révolutions, 1789 et 1917 après 1989. Sur François Furet et Arno J. Mayer", em *L'Histoire comme champ de bataille*, Paris, La Découverte, 2011 / Eric Hobsbawn. *Aux Armes, historiens. Deux siècles d'histoire de la Révolution française*, Paris, La Découverte, 2007. Sobre a reavaliação de O *anti-Édipo*, ver: Eric Alliez. *Gilles Deleuze, une vie philosophique*, Paris, Les Empêcheurs de penser en rond, 1998 / Guillaume Silbertin-Blanc. *Deleuze et L'Anti-Œdipe: la production du désir*, Paris, PUF, 2010 / Yann Moulier-Boutang (Org.), "L'effet Guattari", *Multitudes*, n. 34, 2008 / Franck Fischbach. *Sans objet. Capitalisme, subjectivité, aliénation*, Paris, Vrin, 2009; e sobre a pertinência dos conceitos deleuzo-guattarianos para pensar o processo de "mundialização", ver: Manola Antonioli. *Géophilosophie de Deleuze et Guattari*, Paris, L'Harmattan 2004.

9. Retomo aqui o fio de uma discussão com Joel Birman, convidado em 2009 por Christian Hoffmann no âmbito de seu seminário doutoral de psicopatologia clínica em Paris VII. Birman explicava como a suposta pureza da exegese lacaniana impedia leituras fecundas de Lacan. Ele realizou sua argumentação através de seu livro onde cruza Lacan e Foucault (*Foucault et la psychanalyse*, Paris, Parangon, 2007), porém acabou sendo alvo de um tiro defensivo por parte de alguns estudantes em formação de escolas psicanalíticas.

antigos mestres na arte de separar o joio (dos pais fundadores) do trigo (de sua posteridade crítica), *O anti-Édipo* tornou-se um livro "onde podemos ver nitidamente que os autores não entenderam nada de Lacan e da psicanálise", ou mesmo que "voltaram" a uma concepção pré-freudiana do inconsciente.[10] Clinicamente anterior ao advento da psicanálise e, em última instância, politicamente obsoleto, ele combinaria uma regressão do ponto de vista metapsicológico e uma desorientação política. No melhor dos casos, este seria realmente um "livro de filosofia". É assim que cai a guilhotina da suprema desqualificação. É de fato uma coincidência que o nome do filósofo Gilles Deleuze, oculte constantemente o de Félix Guattari, o qual era psicanalista e clínico. Desse modo, a ênfase é sorrateiramente no prestígio filosófico do primeiro para melhor ocultar a legitimidade clínica do segundo. E, assim, *O anti-Édipo* se torna uma obra de filosofia sem muita relação com problemas clínicos. No entanto, Félix Guattari é aquele a quem devemos a matéria-prima de *O anti-Édipo*, como Stéphane Nadeau mostrou ao desenterrar os arquivos do livro.[11]

Outro processo, o inverso do primeiro, consiste em utilizar o "mal encontro" de Deleuze com Guattari. Desta maneira, desvalorizam o período em que Deleuze colaborou intimamente com Guattari, estabelecendo uma espécie de ruptura epistemológica na obra de Deleuze. Alguns irão até refinar o processo de deslegitimação de *O anti-Édipo*, expressando o sutil pesar de que, em vez de Guattari, Deleuze não encontrou um "bom analista". Contudo, mesmo que Deleuze não fosse um clínico, ele conhecia bem a psicanálise. Seu estudo sobre *Sacher-Masoch* se tornou um

10. *O anti-Édipo* seria, na verdade, "l'anté-Œdipe". Segundo André Green, Deleuze e Guattari apenas se referem ao "primeiro Freud", aquele anterior ao nascimento da psicanálise (ver: GREEN, André. "Deleuze et Guattari, Réflexions critiques", *Revue française de psychanalyse*, n. 3, 1972). No início dos anos 2000, em um seminário no Departamento de Psicanálise da Paris 8, o lacaniano Serge Cottet afastou o conjunto das propostas teóricas de *O anti-Édipo*, impondo que de algum modo estes autores se voltaram a uma concepção do inconsciente pré-freudiana, a de D. H. Lawrence.

11. Stéphane Nadaud (Org.). Félix Guattari: *Écrits pour L'Anti-Œdipe*, Paris, Lignes-Manifeste, 2004.

clássico,[12] e várias de suas obras ganharam elogios de Lacan.[13] Sem falar que sua obra está repleta de referências à psicanálise, com a qual ele dialoga constantemente. Então, por que deveríamos ler apenas algumas de suas obras, ou as únicas passagens mencionadas por Lacan, sem perguntar se a crítica que ele dirige à psicanálise não merece, a priori, a consideração de que seus reconhecidos textos sobre filosofia deveriam ter? É assim que uma certa doxa lacaniana sentia prazer em citar *Le Schizo et les Langues*, de Louis Wolfson, visto que em seu prefácio Deleuze se baseou sobre a noção lacaniana de foraclusão, ou se resignava a mencionar as suas "máquinas psicanalíticas" com o propósito de mostrar como a ideia de maquinismo já se encontrava em Lacan. Porém, existe algo mais grave. Com a "virada" que *O anti-Édipo* constituiria, não falaríamos mais do esquizo, mas sim do "esquizo dele",[14] do esquizo de Deleuze, fazendo um duplo impasse, tanto sobre a complexidade das relações da filosofia deleuziana com a psicanálise (ao contrário do que muitas vezes se sugere, não podemos de forma alguma dizer que haveria um Deleuze lacaniano e depois um Deleuze antilacaniano) quanto sobre a contribuição de Guattari e seu trabalho em La Borde. Aqui, a questão clínica fica de lado: se é correto que Deleuze utiliza a noção de foraclusão no prefácio de Wolfson, não é para constatar uma "falha"; pelo contrário, é a melhora do estado do dito "psicótico" que lhe interessa! Estranha diplopia da doxa lacaniana, que vê no prefácio de Deleuze apenas o que convém, ainda que a análise do livro de Wolfson por Deleuze, pela contribuição que dá a uma renovação da abordagem da psicose, prefigure as teses de *O anti-Édipo*.[15]

12. Gilles Deleuze. *Présentation de Sacher-Masoch*, Paris, Éditions de Minuit, 1961.

13. Na aula de 12 de março do seu seminário intitulado *D'un Autre à l'autre*, Lacan fala de *Logique du sens* como um "livro capital", em aliança ao que ele próprio tentava elaborar (ver Jacques Lacan. *Le Séminaire. Livre XVI, D'un Autre à l'autre*, Paris, Seuil, 2005). Pouco antes, ele havia desafiado seus discípulos a produzirem uma análise tão brilhante quanto a de Deleuze sobre *Sacher-Masoch*.

14. Serge Cottet. Deleuze, son schizo et l'angoisse. *Quarto*, n. 86, 2006.

15. Um breve trecho: "[...] é esta a aventura da linguagem psicótica. O caráter fundamental não é tratar as palavras como se fossem coisas, mas, por um lado imbricar as coisas nas

Este é o quadro geral que pode ser traçado daquilo que deve ser chamado de uma não recepção de *O anti-Édipo*: porque, ao olhar mais de perto para este quadro, se revela uma posição beirando a uma tensa resistência, até mesmo a uma espécie de denegação epistemológica. Os psicanalistas que na época ousaram se engajar na esteira deleuzo-guattariana foram pouco a pouco marginalizados, até que nos anos 1980 foram atingidos pelo verdadeiro ostracismo.[16] *Os anos de inverno* estavam por se instalar demoradamente.[17]

No entanto, se a paisagem intelectual parece estar mudando lentamente, deve-se notar que as recentes pesquisas em psicopatologia e psicanálise acerca desses temas permanecem raras e muitas vezes mostram a excessiva prudência francesa.[18] Em última análise, esta obra é frequentemente reduzida no campo psicanalítico a um motivo antipsicanalítico. Hoje, os estudantes de psicologia se surpreendem com o fato de *O anti-Édipo* não aparecer na bibliografia de *O livro negro da psicanálise*!

Porquanto, se é verdade que este livro contém uma crítica, não é tanto em relação à psicanálise, mas em relação ao seu uso indevido. Uma leitura rápida e simplista tenderia levar a crer que a crítica de Deleuze e Guattari consiste essencialmente em dizer que a psicanálise se perde nas ficções do mito de Édipo, enquanto

palavras (seguindo a lei dos pedaços sobre os pedaços do objeto parcial ou da palavra estilhaçada), por outro lado, insuflar o conhecimento nas palavras (seguindo a lei fluxo no fluxo do objeto completo ou da palavra indecompostável)" (ver: Gilles Deleuze. Prefácio à Louis Wolfson, em *Le Schizo et les langues*, Paris, Gallimard, 1970, p. 23). Tradução nossa.

16. Podemos citar aqui os psicanalistas que participam da *Chimères*, revista de esquizoanálise fundada por Deleuze e Guattari: Jean-Claude Polack, Danièle Sivadon-Sabourin, Annick Kouba, Paul Brétécher, Zorka Domic... Destacam-se também dois livros fundadores: Jean-Claude Polack, Danièle Sivadon-Saourin. *La Borde ou le droit à la folie*, op. cit., e, sob a mesma autoria, *L'Intime utopie: travail analytique et processus psychotiques*, Paris, PUF, 1991.

17. Félix Guattari. *Les Années d'hiver*, Paris, Les Prairies ordinaires, 2009. Ver também: François Cusset. *La Décennie. Le grand cauchemar des années 1980*, Paris, La Découverte, 2008 / Gilles Châtelet. *Vivre et penser comme des porcs*, Paris, Gallimard, 1999; e Didier Éribon. *D'une Révolution conservatrice et de ses effets sur la gauche française*, Paris, Leo Scheer, 2007.

18. Contrasta com a emulação em curso no Brasil, onde, desde o final da década de 1990, um instituto de esquizoanálise subsidiado pelo governo intervém no campo social com público jovem e produz pesquisas específicas, e onde a Universidade Federal de Minas Gerais, em Belo Horizonte, dá lugar ao ensino deleuzo-guattariano.

para eles se trata de mostrar pacientemente como certa prática clínica e teoria analítica constituída como um dogma conduzem sistematicamente a este impasse. *É em nome da complexidade do campo teórico-clínico da psicanálise que se faz a crítica antiedipiana.*[19] Seguindo Didier Anzieu, eles lembram que o próprio pai da psicanálise "não atribui nenhuma especificidade ao mito". Quanto mais Freud se volta para os problemas da segunda tópica e da relação entre desejo e instituições, mais ele se desinteressa por uma exploração sistemática dos mitos.[20] Como podemos verificar, o problema que nossos autores levantam consiste precisamente em recordar certos aspectos da teoria analítica que os próprios analistas tendem a ocultar.

## Repressão do legado político da psicanálise

De qualquer forma, não faltam argumentos hábeis quando se trata de evitar a leitura atenta de um trabalho exigente e de uma discussão clínico-teórica fundamental. Essa atitude consensual atesta uma ideologia que vai muito além das estruturas institucionais onde é mais visível, pois, embora se expresse aqui com a maior força e visibilidade, realmente permeia, como um ritornelo incessante, seções inteiras do campo da instituição analítica. Não era isso que Deleuze e Guattari já estavam constatando nos anos 1970?

> E não se pense que aludimos a aspectos folclóricos da psicanálise. Não é por haver da parte de Lacan uma outra concepção da psicanálise que

19. Nesse sentido, podemos saudar o debate organizado por Maurice Nadeau quando o livro foi publicado como parte de *La quinzaine littéraire* (n. 143, 16-30 de junho de 1972, pp. 15-19). Na discussão, muito rica, longe de futuras caricaturas, estiveram representantes da psiquiatria, psicanálise, filosofia e etnologia, com, entre outros, François Châtelet, Horace Torrubia, Pierre Clastres, Roger Dadoun, Serge Leclaire "*Deleuze e Guattari se explicam*", em *A Ilha Deserta* ..., op. cit., pp. 301-319.

20. Didier Anzieu. Freud et la mythologie, em *Incidences de la psychanalyse*, n. 1, 1970, pp. 126-129. Acerca desse tema, Anzieu é citado duas vezes em O *anti-Édipo*, pp. 396 e 402. Deste ponto de vista, a crítica de André Green ao O *anti-Édipo* é mais do que parcial: a aposta do livro, como eu já disse, não se reduz a um "retorno a Freud antes de Freud" (ver: GREEN, André. "Deleuze et Guattari, Réflexions critiques", *Revue française de psychanalyse*, n. 3, 1972, p. 494).

> se deve minimizar o tom reinante nas associações mais reconhecidas: vejam o Dr. Mendel, os Drs. Stéphane, o estado de raiva em que se encontram, sua invocação literalmente policial, assim que surge a ideia de que alguém pretende subtrair-se à ratoeira de Édipo.[21]

Notaremos aqui que Deleuze e Guattari falam de um "lado de Lacan" do qual não partiríamos desta forma, onde "[aceitamos] uma outra concepção da psicanálise". Nesse sentido é importante não ir muito depressa para evitar preconceitos e caricaturas: o que é este "lado de Lacan"? É o próprio Lacan ou são os lacanianos que têm uma ideia diferente da psicanálise? Por fim, como podemos entender que eles persistem em poupar parcialmente o "mestre" quando, além disso, criticam sua teoria da foraclusão por mostrar que ela apenas repete melhor a lição edipiana?

As coisas são bem mais complexas do que afirma a vulgata oficial. A resistência feroz a que uma leitura séria de *O anti-Édipo* estava sujeita (resistência que até então impedia qualquer leitura) logo seria abalada. Os trabalhos recentes do historiador versado na "História da atualidade" iriam permitir restabelecer a objetividade dos fatos:[22] isso porque, até então, a história da psicanálise era muitas vezes construída e veiculada por seus atores principais, que prontamente "esqueceram" a grande importância de Guattari no movimento psicanalítico francês. Analisado por Lacan, de quem foi um dos primeiros companheiros na *Escola Freudiana de Paris*, Guattari não foi apenas psicanalista,[23] mas codirigiu a clínica La Borde com Jean Oury. Muito ativo no meio psiquiátrico (embora não fosse psiquiatra), promoveu uma psiquiatria laica na qual o papel do psiquiatra é relativizado e as tarefas clínicas compartilhadas. Membro do *Grupo de Trabalho de Psicoterapia e Socioterapia Institucional* (o GTPSI reúne, entre outros, Georges Daumezon, Jean Ayme, Hélène Chaigneau, François Tosquelles,

21. *O anti-Édipo*, p. 112.

22. François Dosse. *Gilles Deleuze et Félix Guattari: biographie croisée*, Paris: La Découverte, 2007.

23. "Aliás, Guattari é reconhecido como analista profissional e de obediência lacaniana, membro de sua escola. Em 1975, três anos após a publicação da obra, ele ainda mantém uma clientela de 35 pessoas" (*ibid.*, p. 223).

Jean Oury etc.),[24] participou da fundação da *Sociedade de Psicoterapia Institucional* em 1965, a qual manteve estreita relação com a *Escola Freudiana de Paris* dirigida por Lacan. Em seguida, fundou o *Centro de Estudos de Pesquisa e Formação Institucional* (CERFI) em 1966, que culminará na fundação da revista *Recherches*, cuja atividade se estenderá até o início dos anos 1980. A revista (cuja maioria dos membros trabalha em La Borde)[25] não apenas produzirá uma contribuição sem precedentes à psicoterapia institucional, à psicanálise, à psiquiatria e às questões relacionadas ao tratamento da psicose ou do autismo[26] como também abrirá suas páginas a diversas pesquisas em filosofia e ciências humanas. Inclui, entre outros, as contribuições de François Châtelet, Jean-Paul Sartre, Michel Foucault, Guy Hocquenghem, Jean Genet, Michel Anselme, Georges Lapassade, Jean Starobinski, René Schérer, Daniel Guérin etc.

Uma vez restaurados esses poucos fatos elementares, a paisagem intelectual e o campo da prática clínica encontram uma complexidade não reconhecida pela História oficial. Se Guattari inventou seu próprio caminho teórico com Deleuze, foi sobre o pano de fundo de seu engajamento no debate teórico e clínico aberto pela psiquiatria francesa do pós-guerra, alimentado em grande parte pelo marxismo, pela psicanálise lacaniana em seu processo, bem como as contribuições da filosofia contemporânea, notadamente a de Foucault.

Muitas vezes esquecemos que a crítica marxista da alienação era muito radical e se encontrava presente desde os anos do pós-guerra entre os psiquiatras que se engajaram em uma crítica

24. Vários coletivos nasceram no período fecundo do pós-guerra, incluindo o de "Dr. Batia", pseudônimo de Ajuriaguera (resistente espanhol como Tosquelles) que significa *esperança* em basco. Encontramos Lacan, Bonnafé, Henry Ey, Louis Le Guillant, Paul Sivadon, Swen Follin etc. Em seguida, será criado o grupo Sèvres e, finalmente, o GTPSI. Sobre o GTPSI, ver: O. Appril, *Une avant-garde psychiatrique: le moment* GTPSI, Paris, EPEL, 2013.

25. Entre os membros fundadores que trabalham na La Borde: Lion Murard, François Fourquet, Michel Rostain, Georges Préli, Liane Mozère etc.

26. Centradas em questões "psi", as edições dos anos 1960 ao início dos 1970 são editados por Guattari, M. Mannoni, Michaud, Oury... Paumelle, Bonnafé, Lacan, Loureau, Basaglia, entre muitas outras contribuições.

política da psiquiatria. Esses psiquiatras, alguns dos quais eram psicanalistas, até marxistas, estiveram envolvidos na resistência. No pós-guerra, tratava-se de continuar suas lutas com o objetivo de destruir, nem mais, nem menos, as "estruturas alienantes do hospital psiquiátrico". O grupo de Sèvres, formado por iniciativa de Daumézon, carrega esta marca. A carta fundadora de 1957 não deixa dúvidas quanto à orientação a que aspira: "Não há revolução sem doutrina revolucionária, não há revolução sem partido, ambos resultam de uma análise lúcida da situação em que vivemos".[27] O eco desse compromisso pode ser encontrado até mesmo na publicação muito séria do jornal *L'Information psychiatrique*. Seu editor-chefe, ninguém menos que Henri Ey, publicou em 1949 o artigo de Bonnafé, "Um ensaio sobre a interpretação do fato psiquiátrico segundo o método histórico de K. Marx e F. Engels", e também o de Swen Follin, "O método em psiquiatria à luz do materialismo histórico".[28] É neste fecundo contexto, onde a questão do "acolhimento à loucura" é retomada com novos custos, que se criará primeiro o Setor (ao qual se dedica um número da *Recherches*), que primeiramente desligará a psiquiatria da neurologia em 1968,[29] e depois realizará um certo número de experimentos até o final da década de 1970. A partir daí, novas abordagens clínicas se tornaram possíveis: da psicoterapia institucional com Oury e Guattari (na esteira de Tosquelles e de Lacan) na clínica em La Borde[30] à antipsiquiatria com Maud Mannoni, Franco Basaglia, David Cooper, Ronald Laing à rede internacional "alternativa à psiquiatria" com Mony Elkaim, Jacques Pluymaekers, Marie Langer, Félix Guattari, Robert Castel, Franco

27. Citado por J. Ayme, em "Le groupe de Sèvres", VST, n. 71, 2001, p. 51.

28. Esses dois artigos foram publicados em *L'Information psychiatrique*, Paris, 1949. Para uma história das relações do Partido Comunista (PC) e do marxismo com a psiquiatria e a psicanálise no nível do estabelecimento de redes institucionais, ver Y. Gigou, M. Ciardi, "Le PCF et l'inconscient", *loc.* cit.

29. O decreto de 30 de dezembro de 1968 do Ministro da Educação Nacional e do Ministro de Estado dos Assuntos Sociais, que cria um certificado de estudos especiais em psiquiatria, coloca um fim à existência do diploma em neuropsiquiatria

30. Além dos escritos já citados (Oury, Delion etc.), ver J.-C. Polack, "La Borde en son temps: Chronique d'une clinic critique", *Multitudes*, 2004.

Basaglia, Roger Gentis etc., diga-se de passagem, se dedicaram a recapturar este movimento em todos os seus componentes, através do desalienismo de Bonnafé[31] e por meio de Foucault, do qual muitas vezes esquecemos que foi, antes de tudo, o colaborador e até mesmo o protegido de Henry Ey, antes que o relacionamento entre eles se transformasse em polêmica no início dos anos 1970. Essa também foi a época em que Basaglia costumava visitar frequentemente a clínica La Borde. Maud Mannoni, por sua vez, estava organizando o colóquio sobre a infância alienada, o qual Winnicott originalmente deveria comparecer e onde Lacan, Laing, Cooper, Oury, Michaud e Lefort se encontram, entre outros. Depois, ela fundou a Escola Experimental de Bonneuil com Robert Lefort e sua esposa Rosine, Yves Guérin e Pierre Fédida. As revistas psicanalíticas estão a todo vapor: *Études freudiennes* e *Topique* dedicam vários números à crítica aos hospitais psiquiátricos.[32]

Até mesmo a crítica de Cornelius Castoriadis ao estruturalismo lacaniano e à noção de "desejo" se origina de um materialismo preocupado em reintroduzir a História e, com ela, opor um "imaginário radical" ao primado do simbolismo e da repetição.[33] No entanto, observemos de passagem que, se sua reabilitação do imaginário atinge o alvo ao reatualizar a dimensão "poética" da História e a perspectiva revolucionária, Castoriadis parece ignorar que os últimos desenvolvimentos da psicanálise em torno do real resultaram amplamente em resultados comparáveis.

Ao longo desse período marcado por grande emulação, Guattari é atravessado por todas essas questões. Implicado no campo da clínica das psicoses (será até o fim de sua vida), ele faz parte da corrente de atores mais preocupados em pensar a relação da psicanálise com a loucura e o hospital. Além da relação

31. L. Bonnafé, *Désaliéner: folie(s) et société(s)*, *op. cit.* Voir également VST, n. 83, "Désaliénismes", 2004.

32. Para uma revisão mais extensa dos periódicos, consulte J.-F. Bert, "Les HP aussi! Une institution battue en brèche: antipsychiatrie et désaliénation en France", *Cahiers d'Histoire, revue d'histoire critique*, n. 107, 2009.

33. C. Castoriadis, *L'Institution imaginaire de la société*, Paris, Seuil, 1975.

com Lacan que divide os membros dessa corrente, surge uma discordância, que já mencionamos, quanto à própria natureza da psicanálise e a sua relação com a instituição. No final da década de 1960, Paumelle, Diatkine, Racamier (a escola do 13º distrito) defendiam a ideia de que a direção do tratamento analítico deveria ser confiada apenas aos especialistas (médicos e psicólogos), excluindo, portanto, enfermeiros e, no que se refere ao psicólogo, sempre em colaboração com um psiquiatra, denominado então "bifocal".[34] Em vez disso, Tosquelles, Oury e Guattari argumentam que a psicose revela uma "transferência dissociada" e que não apenas as enfermeiras não precisam ser excluídas da clínica (fenômenos transferenciais importantes podem muito bem ocorrer com uma enfermeira durante uma oficina e, por outro lado, em nenhum momento no consultório de um psiquiatra), mas que o lugar da transferência deve ser estendido a toda a instituição. Enquanto, no primeiro caso, a psicanálise é "aplicada" à instituição (onde se trata de acomodar o tratamento padrão), no segundo, o tratamento psicanalítico padrão é questionado à luz da experiência psicótica e institucional. Criticando a "psicanálise adaptada" de Paumelle, Oury chega ao ponto de dizer que "a psicanálise, em última análise, só poderia ser um setor da psicoterapia institucional".[35] A morte de Lacan em 1981 e as brigas de seus discípulos sobre seu legado espiritual trarão sua cota de gelo para os "anos de inverno" que estão por vir.

Vemos, portanto, que, ao marginalizar Guattari, ao ignorar sua contribuição e sua inserção no campo da prática clínica, sua participação ativa nos debates da Escola Freudiana de Paris,[36] *toda uma parte da história política* da psicanálise é esquecida. E não é a primeira vez! Porque, basicamente, Guattari se junta nessa

34. Ver P.-C. Racamier, *Le psychanalyste sans divan...*, *op. cit.*

35. Ver P. Delion, "Thérapeutiques institutionnelles", *Encyclopédie médico-chirugicale, Psychiatrie*, Paris, Elsevier-Masson, 2001 (repris sur le site de la revue *Institutions, Revue de psychothérapie institutionnelle*); R. Castel, "L'institution psychiatrique en question", *Revue française de sociologie*, n. XII, 1971.

36. Suas contribuições foram reunidas no livro *Psychanalyse et transversalité. Essais d'analyse institutionnelle*, *op. cit.*

perspectiva a Reich (e, em menor medida, à psicoterapia institucional ou à antipsiquiatria) na mesma carroça, aqui empurrada pela "neopsicanálise" dos anos 1980, impaciente para liquidar o legado político da psicanálise. A operação do psicanalismo sobre a obra de Guattari ou Reich foi revelando sua verdadeira natureza. Não se tratava somente de minar as obras descredibilizando-as epistemologicamente. A denegação epistêmica foi apoiada por outra denegação muito mais grave. Essa operação não dizia respeito nem mais nem menos do que à própria história da psicanálise, da qual os nomes de Guattari ou Reich são apenas alguns dos tênues fios. Esses nomes e o destino que lhes é reservado no campo contemporâneo acabam por indicar, no mínimo, uma repressão do legado político da psicanálise. Essa descoberta, de fato, não é nova. Russel Jacoby já mostrava o destino da psicanálise norte-americana atingida por uma real repressão quanto à sua história. A partir do final dos anos 1980 ele pode declarar que "a psicanálise contemporânea (americana) não consegue nem engolir os nomes apropriados: freudianos de esquerda, psicanalistas marxistas, psicanalistas políticos",[37] que, no entanto, caracterizam os principais atores de sua história. Ora, somos obrigados a dizer que isso é verdadeiro para a maioria dos psicanalistas franceses atualmente em exercício... e pior, o "esquecimento" que os atinge relaciona-se não apenas com a sequência do período entreguerras, mas também com a sequência do pós-guerra e a filiação que os une.[38] Talvez aqui não seja apenas uma questão de simples repressão. Que a tese do chamado "indiferentismo" de Freud[39] amplamente difundida nos círculos acadêmicos seja sustentada por observações que Jones atribui a ele, segundo as quais sua "única cor política" era a da "carne",[40] talvez não seja indiferente. Não

37. R. Jacoby, *Otto Fenichel...*, *op. cit.*, p. 21.
38. Quando nos lembramos da sequência da década de 1920 e do lugar que Freud ocupa, não vemos como certos manuais podem afirmar que Freud ficou surpreendido com o movimento psicanalítico por volta de maio de 1968. São estas observações que nos surpreendem...
39. P.-L. Assoun, "Freudisme et indifférentisme politique", *Hermès*, n. 5-6, 1989.
40. E. Jones, *La Vie et l'œuvre de Sigmund Freud*, tome III, Paris, PUF, 2006, p. 389.

apenas porque a posição e as práticas promovidas por Freud não podem ser reduzidas a ela, mas também porque, como Jones, e no modelo de sua historiografia e seus "arranjos para salvar a psicanálise", o psicanalismo contemporâneo se submete a silenciar o projeto de realização de uma política de "justiça social" levada a cabo pelos analistas durante as fecundas sequências da história da Psicanálise. Para além da simples negação epistemológica sistematizada em algumas obras, surge uma estratégia revisionista que consiste em apagar a história da disciplina.

Aliviados de qualquer dívida com o passado comprometido da psicanálise,[41] os "novos analistas" poderiam jogar suas capelas uns contra os outros à vontade. Hoje podemos ver as consequências desastrosas dessa repressão da História: em todos os lugares a psicanálise está em declínio. E, à medida que o mal-estar sociopolítico cresce (que nunca passa sem uma ruptura no campo psicanalítico), alguns, em vez de se recomporem diante da gravidade da situação, a agravam ainda mais em uma espécie de fuga precipitada. Com efeito, temos o direito de sentir certa vertigem face à "adaptação" de certas escolas às "exigências" dos tempos modernos: elas não cessam de se fazer constantemente reconhecidas pelo Estado e validar "formações" mais próximas do

41. No entanto, surge um mal-estar quando, por exemplo, Jacques Hochmann (em um seminário "d'Utopsi") não hesita em tratar clínicos tão variados quanto Mannoni, Deligny, Tosquelles, ou autores como Foucault, idealistas excessivos ou "rousseaunistas", e qualificar a época da militância na psiquiatria como um parêntese infeliz na história, quando sabemos, além disso, que em sua própria juventude, ele persistiu em um ensaio que defendia uma "psiquiatria comunitária" (J. Hochmann, *Pour une psychiatrie communautaire*, Paris, Seuil, 1971). Tal atitude faz pensar: será que Hochmann não está falando de seus próprios "erros da juventude" em uma época em que certamente foi pego nos "excessos da crítica dos anos setenta" para onde ele, hoje, "razoavelmente" retorna? Essa provável "reviravolta" não é, obviamente, exclusiva dele. Outros, na vulgata lacaniana em particular, se destacaram particularmente nela. Na virada reacionária da década de 1980, além dos livros de historiadores já mencionados, ler ou reler o panfleto de Hocquenghem, *Lettre ouverte à ceux qui sont passés du col Mao au Rotary* (1986), Marseille, Agone, 2003.

clientelismo do que dos ideais freudianos fundadores.[42] A história já mostrou em que conduz inevitavelmente o realismo cínico no qual se apoia esta atitude que pretende "salvar a psicanálise".

É assim que a psicanálise, a qual perdeu sua memória, tem se mostrado singularmente impotente nos últimos tempos para compreender o mal-estar contemporâneo indissociável do mundo neoliberal e encontrar uma resposta aos seus múltiplos golpes. A questão sócio-histórica abandonada por esses psicanalistas, que se destacaram mais por suas contribuições para alimentar uma leitura reacionária da História do que os próprios historiadores, que a haviam abandonado e posto em causa há muito tempo,[43] voltou para nós "de fora" em uma enxurrada de escritos de filósofos que se reapropriaram de Lacan.[44]

## Da crítica de Édipo ao anti-Édipo

Após elucidar parcialmente as questões históricas e políticas, são lançadas novas leituras. Vamos verificá-las no papel trazendo à luz a filiação lacaniana da crítica ao Édipo, tão verdade é que a redução da obra de Guattari a um viés antipsicanalítico não supôs apenas que poderíamos reduzir a psicanálise a sua versão antiedipiana (mesmo que seja estrutural), mas também que "esquecemos" que a crítica de Édipo, também, já havia sido amplamente esboçada pelo próprio Lacan antes de *O anti-Édipo*.

42. O "manifeste pour la psychanalyse" é a esse respeito a posição mínima que se pode ter o direito de esperar. S. Aoullié, P. Bruno, F. Chaumon, M. Plon, E. Porge, *Manifeste pour la psychanalyse*, Paris, La Fabrique, 2010.

43. Reconheceremos aqui um certo número de ensaios de "psicanálise aplicada" à Revolução Francesa, cuja orientação se une, a seu modo, à corrente reacionária da disciplina histórica que mencionamos e que consistiu em pensar a revolução pelo episódio de terror. Melhor do que o próprio Furet, a psicanálise mais refinada sempre se destaca. Cf. P.-L. Assoun, *Tuer le mort, le désir révolutionnaire*, Paris, PUF, 2015; J. André, *La Révolution fratricide*, Paris, PUF, 1993.

44. Infelizmente sem qualquer relevância clínico-teórica... Os exemplos mais divulgados: S. Žižek, *Subversions du Sujet. Psychanalyse, philosophie, politique*, Rouen, Presses universitaires de Rennes, 1999, et *Bienvenue dans le désert du réel*, Paris, Flammarion, 2005; A. Badiou, *Lacan, l'antiphilosophie* 3, 1994-1995, Paris, Fayard, 2013.

Foi Lacan o primeiro a alertar os analistas no início dos anos 1960: "O Édipo, porém, não pode acompanhar indefinidamente as formas de sociedade em que o sentido da tragédia se perde cada vez mais. [...] não basta um mito para não suportar nenhum rito, e a psicanálise não é o rito do Édipo".[45]

Isso porque, "mascarada sob o mito do Édipo", a investigação analítica deveria almejar alcançar "o que há de verdadeiro por trás desse engodo":[46] primeiro reconhecida sob o termo de "a coisa" – a "coisa" freudiana, o *Das Ding* do Esboço, o corpo materno escapando de qualquer julgamento possível por parte do *infans* desprovido de linguagem[47] –, essa "verdade" tomará posteriormente o nome de "objeto *a*". Recordemos que, no seminário *A angústia*, Lacan indicou não somente que o Édipo era contrário à "experiência", mas que se tratava de dar um "passo a mais", de sair dos domínios da "comédia edipiana".[48] Na mesma década, ele também falava da ideologia edipiana:

> O apego específico da análise às coordenadas da família é um fato a ser aquilatado em diversos planos. É extremamente notável no contexto social. Parece ligado a uma forma de interrogação da sexualidade que corre o grande risco de deixar escapar uma conversão da função sexual que se opera diante de nossos olhos.[49]

As ocorrências da crítica lacaniana ao Édipo são numerosas e será justamente desse distanciamento cada vez mais crítico do Édipo que surgirá a ideia do inconsciente real. Desde o início da década

45. Jacques Lacan. *Écrits*, Paris, Seuil, 1966, p. 813 et 818.

46. Jacques Lacan. *Le Séminaire. Livre* x, *L'Angoisse* (1962-1963), Paris, Seuil, 2004, p. 98. SEMINÁRIO 10, A Angustia, p. 98.

47. Em relação ao corpo da mãe que ocupa o lugar da Coisa, podemos, portanto, entender que "fazer um" com a Coisa seria sair do campo do significante e da subjetividade e equivaleria, segundo uma leitura estrutural, ao incesto. Mas o que importa aqui é antes o movimento de abstração que esse conceito permite em relação a qualquer representação familiar imaginária. A Coisa aparece como o Real para além de todas as representações que o sujeito tem dela, seja do Édipo, seja do que a cadeia significante veicula.

48. *Ibid.*, p. 232.

49. Jacques Lacan. "Proposition du 9 octobre 1967 sur le psychanalyste de l'École", in J. Lacan, *Autres écrits*, Paris, Seuil, 2001, p. 587./ J. Lacan, Outros escritos (pp. 139-171). Rio de Janeiro, RJ: Jorge Zahar. (Trabalho original publicado em 1953.)

de 1970, Lacan declarou que o Édipo "não serve aos psicanalistas": para ele trata-se de se distanciar da visão político-antropológica obsoleta de Freud em *Totem e tabu*, qualificado de "distorcida"[50] – Deleuze e Guattari também citam este seminário.[51]

Parece evidente que foi em Lacan que Deleuze e Guattari encontraram uma das razões mais poderosas de sua crítica ao Édipo (cuja aposta é principalmente a clínica das psicoses), e que, longe de atacar o próprio Lacan, é no estruturalismo do significante reconstruído e defendido pelos discípulos de Lacan que eles reservam seus ataques mais agudos. Além disso, em *De uma questão preliminar a todo tratamento possível da psicose*,[52] Lacan não se preocupou em dizer que não se referia ao Édipo, mas da "metáfora paterna"? Com esse primeiro gesto de radicalização estruturalista da leitura freudiana, ele colocou em descrédito uma abordagem ingênua da psicose centrada na relação do ego com a realidade, libertando assim a psicanálise de sua matriz normativa: o pai não sendo mais o pai do patriarcado, o pai da realidade sempre mais ou menos incoerente, mas uma "metáfora" pela qual o simbólico se sustenta, será uma questão de "dispensá-lo", de prescindir de sua ordem ou da sua lei; porém, Lacan acrescenta não sem ironia, sob a condição de "saber como usar". No entanto, não há provas de que a mensagem foi transmitida aos seus discípulos. Brandindo as elaborações estruturais de seu mestre, eles as esvaziam de sua carga subversiva para melhor reinstaurar Édipo e excluir o esquizo: "Não é por acaso que a ordem simbólica de Lacan foi desviada, utilizada para apoiar um Édipo de estrutura aplicável à psicose, e para estender as coordenadas familistas para fora do seu domínio real e mesmo imaginário".[53]

50. Jacques Lacan. *Le Séminaire. Livre XVII, L'Envers de la psychanalyse*, Paris, Seuil, 1991, pp. 128-129.

51. Além disso, o fazem (cf. O *anti-Édipo*, nota 1, p. 72 ao propor uma versão diferente de todas as que já existem e provavelmente cortadas em vários lugares. Talvez sejam estas as notas de Guattari, que comparecia regularmente ao seminário).

52. Jacques Lacan. "D'une question préliminaire à tout traitement possible de la psychose", in J. Lacan, *Écrits*, *op. cit.*

53. O *anti-Édipo*, p. 477.

Enquanto Lacan busca salvar a psicanálise da trindade edipiana, alguns dos seus discípulos aproveitam-se de suas elaborações refinadas para melhor restaurá-la. Diversos lacanianos são nitidamente visados aqui por Deleuze e Guattari. Este último sabe do que está falando: trabalha em La Borde com esquizofrênicos desde os anos 1950 e conhece muito bem os meios psicanalíticos parisienses. Respondendo à questão de saber a partir de quais experiências concretas passou para elaborar sua pesquisa, ele indicava: em primeiro lugar, a prática psiquiátrica, a psicanálise e, mais particularmente, o estudo da psicose. Em seguida, Guattari acrescenta mais:

> [...] no âmbito dos sistemas repressivos de hospitalização, não se tem acesso à esquizofrenia. Temos acesso aos loucos que se encontram dentro de um sistema que os impede de expressar a própria essência da loucura. Exprimem apenas uma reação à repressão de que são alvos, que são obrigados a sofrer. O resultado é que a psicanálise é praticamente impossível no caso das psicoses.[54]

Foi nessa época que Serge Leclaire escreveu a sua tese,[55] na qual formalizava uma clínica de foraclusão, se baseando amplamente na "*Questão preliminar a qualquer tratamento da psicose*". Tendo se tornado a bíblia da prática analítica no hospital, autoriza-se nesta tese para "perseguir a foraclusão",[56] o que dá lugar a práticas como a "apresentação de doentes", das quais delineei um quadro suficiente acima, mas também as mudanças institucionais pendentes, das quais o mínimo que podemos dizer é que estão muito distantes daquelas que encontrei na clínica de La Borde. Ora, é contra uma interpretação idealista e errônea do "dito" de Lacan sobre psicose e foraclusão que Deleuze e Guattari se levantam:

54. Félix Guattari, Gilles Deleuze, "Capitalisme et schizophrénie", in *L'Île déserte...*, *op. cit.*, p. 325-326. Tradução nossa.

55. S. Leclaire, *Principes d'une psychothérapie des psychoses*, Paris, Fayard, 1999 (tese de medicina, 1958).

56. Je reprends ici la formule et la lecture critique de J.-C. Polack qui connut bien ces années, étant lui-même psychiatre et psychanalyste: J.-C. Polack, Épreuves de la folie, op. cit, p. 52.

"mesmo uma tentativa tão profunda como a de Lacan para sacudir o jugo de Édipo foi interpretada como uma forma inesperada de o tornar ainda mais pesado, e de o fechar no bebê e no esquizo".[57]

O que emerge aqui é, de fato, toda a questão problemática da relação de uma hipótese com a clínica e a técnica que ela abre, até mesmo a micropolítica que ela implica. No entanto, Lacan teve muito cuidado em especificar sua posição. Como a aposta certamente não era "dizer o que podemos fazer neste terreno",[58] ele alertou sobre o uso que poderia ser feito de suas proposições teóricas sobre a foraclusão: "Não está demonstrado. Não é tampouco uma hipótese. É uma articulação do problema. A primeira etapa não é uma etapa que vocês têm de situar em alguma parte na gênese".[59]

*Nem demonstração nem hipótese*, o que está em jogo é a articulação de um problema. Todavia, Lacan não pode ser mais explícito. Portanto, além disso, é totalmente irrelevante e inútil tentar verificar empiricamente aquilo de que ele fala:

> A noção *de Verwerfung* indica-lhes que deve haver já previamente alguma coisa que falta na relação com o significante na primeira introdução aos significantes fundamentais. É, bem evidentemente, uma ausência irreparável para toda pesquisa experimental. Não há nenhum meio de apreender, no momento em que isso falta, alguma coisa que falta.[60]

Para Lacan, uma "superação de Freud" não estando na pauta pelo que é a foraclusão, portanto, "para pegar com pinça", como um simples instrumento colocado à disposição daqueles em quem ele depositou suas esperanças de ver o avanço da terapia psicanalítica da psicose, ou seja, todos aqueles que, como Oury e Guattari em La Borde, ou Claude Jeangirard em La Chesnaie, praticavam

57. L'Anti-Œdipe, pp. 206-207.

58. "[...] pois, dizer o que poderíamos construir sobre esse terreno seria prematuro, porque seria ir agora "para-além de Freud", e não é uma questão de se ir além de Freud, quando a psicanálise segundo Freud regride [...]". J. Lacan, "D'une question préliminaire à tout traitement possible de la psychose", *in Écrits, op. cit.*, 1966, p. 583.

59. Jacques Lacan. *Les psychoses*, Paris, Seuil, 1981, p. 94. SEMINÁRIO 3, AS PSICOSES, p. 98.

60. Jacques Lacan. *Les Psychoses, op. cit.*, p. 286. SEMINÁRIO 3, AS PSICOSES, p. 286,

outra clínica de psicose baseada em "A outra concepção da psicanálise de Lacan". Sem exclusividade, porque todos sabiam que existiam "outros modos de fazer", o que despertou o interesse de todos. Entre os grandes nomes da psicanálise que lidam com a psicose, uma não lacaniana como Gisela Pankow se autoriza a criticar abertamente Lacan.[61] Em um livro recente, Françoise Davoine também indica:

> Em nossa escala modesta [...] na década de 1970 na França, éramos também espectadores do ceticismo geral em torno da psicose. Com algumas exceções, essa questão se limitou a comentários teóricos, apresentações de pacientes ou mesmo casos que serviam mais para apoiar a teoria do que a transferência.[62]

O mau uso das concepções lacanianas e o contrassenso clínico em que se enganam certos "doutores lacanianos" são, no entanto, identificados. Ginette Michaux testemunha nesta direção:

> [...] lembro-me de uma frase de Lacan, dita em circunstâncias muito específicas, com a fúria que às vezes era sua. Alguém lhe perguntou se a foraclusão era ou não reversível no tratamento dos psicóticos: "O que diabos estamos fazendo, então, ouvindo-os!" O que quer que alguém tenha dito, escrito ou publicado sobre isso, Lacan disse e eu ouvi, e outros comigo...[63]

Por fim, outras interpretações, outras leituras dos conceitos são propostas. Este é o caso de Oury:

> É verdade que fiquei rapidamente exasperado com esta recitação da foraclusão do Nome do Pai. [...] O que Lacan entende por foraclusão é um não-registro, um *Un-bejahung*. Mas a inscrição supõe como pré-requisito

61. Isso é o que aprendemos com J.-C. Polack, que foi analisando de Lacan e estava no controle de Pankow. Quando ele falou com esta última sobre seus pacientes em La Borde e o que Lacan disse sobre eles, Pankow declarou sem rodeios: "De qualquer forma, Lacan não era psicanalista".

62. F. Davoine, J.-M. Gaudillière, *Histoire et trauma*, Paris, Stock, 2006, p. 173.

63. G. Michaud, Figures du réel..., op. cit., (cité dans J.-C. Polack, Épreuves de la folie, op. cit., p. 57). É nos tempos da Escola Freudiana de Paris, em 1976, em Estrasburgo, que Lacan teria indicado essa questão, precisa Ginette Michaud em seu livro posterior, Essais sur la schizophrénie et le traitement des psychoses, Toulouse: Érès, 2005, p. 9.

> a função foraclusiva, que é a implementação da rejeição que permitirá a inscrição... A foraclusão de que fala Lacan situa-se em um nível lógico secundário. Isso pode ser chamado de falha da função foraclusiva.[64]

É toda a questão do destino de *Verwerfung* entre os lacanianos na França e as práticas que a acompanham que se encontram aqui em questão. Nos anos 1980, Georges Lantéri-Laura havia mostrado como a teoria do simbólico estruturalista no campo psiquiátrico poderia retornar, em suma, a uma caracterologia normativa digna da psiquiatria do século XIX.[65]

## Do real ao inconsciente maquínico

À luz desses questionamentos em torno do mito de Édipo e da prudência expressa por Lacan a respeito de sua própria hipótese de foraclusão, *O anti-Édipo* não aparece mais como um antilacanismo. Mas a obra ergue-se, não sem força e ruído, contra uma interpretação unilateral de Lacan, Freud e suas consequências clínicas. Por isso, neste momento em permanente elaboração, com a qual Deleuze e Guattari entram em diálogo, interrogam constantemente o sentido da obra lacaniana. O problema que colocam é o seguinte: devemos entender a foraclusão como uma falha do Simbólico (como fazem os lacanianos estruturalistas), ou questionar a distinção estrutural entre o Imaginário e o Simbólico, que justifica apenas que a foraclusão surja como uma "falha"? Basta dar mais um passo para perceber que, efetivamente, a operação que Lacan almejava era bem diferente daquela que esses discípulos lhe atribuíam: ela se relaciona com o Real e abre novas possibilidades clínicas para o tratamento da psicose.

Assim, a partir de 1972, enquanto a moda intelectual está no estruturalismo triunfante, Deleuze e Guattari, atentos às linhas de

64. J. Oury, M. Depussé, *À quelle heure passe le train?*, *op. cit.*, pp. 78-79.

65. Podemos nos referir a seu artigo original: "La connaissance clinique: histoire et structure en médecine et en psychiatrie", *L'Évolution psychiatrique*, n. 47, 1982, ou G. Lantéri-Laura (com M. Gros, Ph. Chaslin), *Essai sur la discordance dans la psychiatrie contemporaine*, Paris, EPEL, 1992.

fuga já presentes na obra lacaniana, procuram precipitar a dúvida quanto à primazia desse modelo que faz depender o sujeito de inconsciente do significante promovido pelos discípulos. Longe de ter ouvido as advertências do mestre, esses últimos fazem de Édipo "uma espécie de símbolo católico universal além de todas as modalidades imaginárias" que deve operar na clínica:

> Ela faz de Édipo um eixo de referência tanto para as fases pré-edipianas como para as variedades paraedipianas e para os fenômenos exoedipianos: a noção de "foraclusão", por exemplo, parece indicar uma lacuna propriamente estrutural, graças à qual o esquizofrênico é naturalmente recolocado no eixo edipiano, remetido à órbita edipiana, na perspectiva das três gerações, segundo a qual a mãe não pôde *firmar* seu desejo em relação ao próprio pai, nem o filho, então, em relação à mãe.[66]

Nota-se aqui o uso do verbo "aparecer" em conexão com a noção de foraclusão, que equivale, de certo modo, a um condicional. Se a noção de foraclusão no modelo simbólico "parece indicar uma lacuna", é porque poderia ser de outra forma, ou, pelo menos, que não é certo que a foraclusão seja necessariamente uma "lacuna". Não são os lacanianos que se enganam quando a operação de Lacan é bem diferente? Deleuze e Guattari têm a ideia que o sentido profundo da teoria estrutural desenvolvida por Lacan não era fechar o inconsciente. E, de fato, através da operação de estruturação, para Lacan tratava-se, antes de tudo, de mostrar que Édipo não tinha um privilégio fundamental, mas designava uma situação simbólica entre outras. Desde o seu primeiro seminário, ele declarou que era apenas uma "chave muito pequena" em um "molho de chaves" proposto por diferentes culturas. "Fantoche da rivalidade sexual" no Ocidente, o Édipo como mito até parecia pálido em comparação com os mitos de outras regiões do mundo (Lacan evocava o Sudão).[67] Daí em diante, o Sujeito era, portanto, menos o Sujeito de Édipo do que o dos sistemas míticos. E era a universalidade da função simbólica revelada por um Édipo

66. O *anti-Édipo*, p. 74.

67. Jacques Lacan, *Les Écrits techniques de Freud* (1953-1954), Paris, Seuil, 1975, p. 101.

contingente e não um Édipo que revelava o sujeito do inconsciente. Assim, este momento de reaproximação com Lévi-Strauss viu sobretudo uma secundarização do Édipo e não a sua promulgação universal. Ora, temos que concordar com Deleuze e Guattari que "mesmo essa profunda tentativa de Lacan para sacudir o jugo de Édipo" foi contraproducente! Embora Lacan tenha usado sobretudo o simbólico como *função* para *se opor ao universalismo edipiano de Freud*, sua tentativa foi interpretada de modo a poder melhor reconduzi-lo. O Édipo desvalorizado como imaginário foi ainda mais promovido como verdade simbólica universal. Essa foi uma "maneira inesperada" de "se fechar sobre o bebê e no esquizo". Talvez seja, em parte, devido a esses mal-entendidos por parte de seus discípulos, que aproveitaram sua audácia teórica para reificar melhor o Sujeito na prática, que Lacan continuará a inovar e a propor novos conceitos para ir mais longe. Longe, em direção ao Real? Do mesmo modo Deleuze e Guattari avançam precipitando o questionamento em curso de Lacan: não seria necessário dar a prevalência à categoria do Real para fazer "explodir" o estruturalismo edipiano portador de uma norma onipotente?

Antes de lançar luz sobre à qual concepção de inconsciente essa questão leva, vejamos como fazem isso. Passo a passo, eles procedem para derivar a metapsicologia estrutural e sua norma dominante. Em primeiro lugar, retomam a crítica clássica do imaginário, típica de um discurso lacaniano estrutural que denuncia "ilusões imaginárias" em proveito da "ordem simbólica":

> Nossa crítica precedente a Édipo corre o risco, portanto, de ser julgada totalmente superficial e mesquinha, como se ela se aplicasse apenas a um Édipo imaginário e incidisse sobre o papel das figuras parentais, sem afetar em nada a estrutura e sua ordem de lugares e funções simbólicas.[68]

Mas isso é, de certa forma, uma "manobra". Porque, se eles assumem essa postura que faz da ordem simbólica a categoria central, é para carregar melhor o ferro quente de suas críticas. Na verdade,

68. *Ibid.*

a diferença essencial não é entre o Simbólico e o Imaginário: "Porém, o problema para nós é saber se é por aí que passa a diferença". Se grande parte dos estruturalistas lacanianos apoia sua prática da primazia de uma concepção do Simbólico, para os autores de O *anti-Édipo*, "Lacan traçara uma via totalmente distinta. Ao contrário de um esquilo analítico, ele não se contentava em girar na roda do imaginário e do simbólico, do imaginário edipiano e da estrutura edipianizante".[69] E se referem a Lacan, citando-o:

> Portanto, seria preciso ouvir as advertências de Lacan sobre o mito freudiano do Édipo, que "não poderia permanecer indefinidamente em evidência nas formas de sociedade em que se perde cada vez mais o sentido da tragédia...: um mito não se preserva se ele não sustenta algum rito, e a psicanálise não é o rito do Édipo".[70]

Por fim, acrescentam: "E mesmo quando remontamos das imagens à estrutura, das figuras imaginárias às funções simbólicas, do pai à lei, da mãe ao grande Outro, estamos, na verdade, *apenas adiando a questão*".[71]

Poderíamos ainda multiplicar as passagens em que Deleuze e Guattari nos dizem que a diferença essencial não é antes de tudo a do Simbólico com o Imaginário. Trata-se de deslocar as categorias lacanianas em benefício do Real. Ora, esse deslocamento existe no próprio Lacan. Se Lacan descobriu que o inconsciente está estruturado como uma linguagem e que deriva de determinado código, é porque, por outro lado, não é um código, nem uma linguagem:

> Deve-se a Lacan a descoberta do rico domínio de um código do inconsciente envolvendo a ou as cadeias significantes. [...] Mas este é um estranho domínio em virtude da sua multiplicidade, a tal ponto que não se pode continuar falando de uma cadeia ou mesmo de *um* código desejante. Diz-se que as cadeias são significantes porque são feitas de

69. O *anti-Édipo*, p. 405.
70. *Ibid.*, p. 115.
71. *Ibid.*, p. 116.

> signos, mas estes signos não são propriamente significantes. O código se parece menos com uma linguagem do que com um jargão, formação aberta e plurívoca.[72]

Para onde, então, deveria se voltar o olhar do analista? É preciso, de fato, pensar no lugar de formação da própria estrutura. E, mais uma vez, é o próprio Lacan quem o indica e mostra que esse domínio não diz respeito a nenhuma significação, a nenhum significante. Portanto, eles citam Lacan para apoiar seu ponto em uma nota:

> [...] uma exclusão proveniente destes signos enquanto tais pode ocorrer apenas como condição de consistência numa cadeia a ser constituída; acrescentemos que a dimensão na qual se controla essa condição é unicamente a tradução da qual é capaz uma tal cadeia. Demoremo-nos ainda um instante neste jogo. Isto para considerar que é a inorganização real pela qual estes elementos são misturados, no ordinal, ao acaso, que na ocasião da sua saída nos faz tirar à sorte...[73]

Em suma, o que deve interessar ao analista acima de tudo deve ser essa "inorganização real" da qual todo significado possível se sustenta. Há a questão das condições de possibilidade de produção do próprio Simbólico. Serge Leclaire tocou precisamente nesta questão da qual disse que "tudo nos leva a não o enfrentar". Tratava-se de considerar um sistema de "singularidades puras" cujos elementos se ligam precisamente "pela ausência de qualquer ligação natural, lógica ou significativa".[74] Ora, não foi

72. *Ibid.*, 1972, pp. 57-58.

73. Esta é a nota 33 de O *anti-Édipo*, p. 58 acerca de Lacan, "Remarque sur le rapport de Daniel Lagache", em *Écrits*, Paris, Seuil, p. 658.

74. S. Leclaire, "La réalité du désir", em *Sexualités humaines*, Paris, Aubier, 1970, pp. 242-249. Mas, assim que este vasto domínio foi descoberto, Leclaire rapidamente o reindexou em um conjunto estruturado "pela unidade do Falo como um significante de ausência". Como explicar esse rebaixamento? Não foi precisamente por causa de seu audacioso avanço teórico que Leclaire estava ainda mais "desejoso" [soucieux] para retornar ao "conhecido" e dentro dos limites circunscritos da psicanálise dominante, perguntem a Deleuze e Guattari (L'Anti-Édipo, p. 476)? Pois, aquele Leclaire pode ter a audácia de tal hipótese para recair imediatamente nas áreas demarcadas da lógica simbólica e que ao mesmo tempo, e alhures, pode permitir, por alguns de seus trabalhos acima mencionados, a "caçada pela foraclusão", ou seja, enquistar a prática na matriz de um conformismo

a teoria do objeto *a* (que eles qualificam de "admirável")[75] e do Grande Outro de Lacan que já permitia apontar o Real, isto é, o reverso da estrutura?, perguntam-se Deleuze e Guattari.

A partir dos anos 1950, com "a Coisa", depois com "o objeto *a*", o primado do simbólico, se é que nunca existiu em Lacan, estava rachando por todos os lados. Irrepresentável, somente podemos apreender o objeto *a* na forma de "fragmentos parciais" do corpo: o objeto de sucção (o seio), o objeto de excreção (as fezes), a voz, o olhar. Reconhecemos aqui uma série que dá conta do corpo em suas partes *destacáveis* (a voz, o olhar, o seio, as fezes): isso porque o objeto *a* é elaborado a partir da Coisa (*Das Ding*) que designou as primeiras relações indistintas do *bebê* com o Outro materno. É da Coisa, nome de um tempo "acoisa" [*l'achose*] em uma única palavra, que Lacan traz à tona o objeto *a*.[76] O objeto *a* é, portanto, o objeto *a*-bsoluto: além de qualquer objeto, qualquer imagem, qualquer símbolo, é entendido como a *função* que dá conta da possibilidade de qualquer objeto, qualquer imagem, qualquer símbolo para um Sujeito. Embora inacessível a este último, é a causa de suas representações. Como vemos, o Sujeito não pode mais encontrar unidade no eu [*moi*], mas é marcado pelo golpe do objeto que o divide. Colocando o Sujeito em uma posição de "exclusão interna ao seu objeto", o objeto *a* ultrapassa toda a lógica simbólica e aponta o fora das imagens e da cadeia significante para o domínio do corpo e do gozo. Foi exatamente o movimento desse avanço denormativo que interessou a Deleuze e Guattari. Iria até levar Lacan em seu texto *Ciência e verdade*, no final dos anos 1960, a afirmar *contra Lévi-Strauss* desta vez, e para além de qualquer estruturalismo, a consistência de uma causalidade comum ao psicanalista e ao xamã, causalidade

normativo clínico, na realidade apenas atesta um aparente paradoxo entre teoria e prática clínica, que também falha, como veremos, Melanie Klein. Por isso que, com Deleuze e Guattari, faremos a gênese freudiana desse paradoxo.

75. O *anti-Édipo*, p. 43.

76. Isso quer dizer que não se funde com ela, mas vem em seu lugar como a "causa do desejo" do sujeito, *substituto* da Coisa.

que explica a *eficácia* do ato analítico e que escapa à causalidade estrutural científica. Aqui se apresenta a dimensão do real. Isso porque é da Coisa, na medida em que nenhum significante pode representá-la, isto é, o encontro do sujeito com a opacidade dos efeitos do corpo e o gozo, que a eficácia na psicanálise pode ser sustentada (a eficácia não seria mais primariamente simbólica). Essa dimensão da realidade indicada pelo objeto *a* se tornaria progressivamente central no campo do inconsciente investigado por Lacan.[77] Esta é a razão pela qual Deleuze e Guattari puderam dizer: "É todo este avesso da estrutura que Lacan descobre, com o "a" como máquina, e o "A" como sexo não humano".[78]

Mais ainda do que a estruturação de Édipo, o objeto *a* permitiu ir mais longe e apreender o inconsciente para além de qualquer norma edipiana, imaginária ou simbólica. E, enfim, questionam-se Deleuze e Guattari: não deveria a *Spaltung*, produzida pelo objeto *a*, ao invés de "edipianizar o campo psicótico", visar ao aprofundamento da investigação analítica e "esquizofrenizar o campo analítico"? Consequentemente, a diferença não diz respeito ao Simbólico e ao Imaginário, mas sim ao Real. Desse modo, Deleuze e Guattari perguntam:

> A verdadeira diferença não estaria, antes, entre um Édipo, estrutural ou imaginário, e outra coisa que todos os Édipos esmagam e recalcam, isto é: a produção desejante – as máquinas do desejo que não se deixam reduzir nem à estrutura nem às pessoas, e que constituem o Real em si mesmo, para além ou aquém tanto do simbólico como do imaginário?[79]

77. Para uma exploração mais aprofundada da discussão entre Lacan e Lévi-Strauss, podemos nos reportar ao nosso artigo: F. Gabarron-Garcia, "De l'anthropologie de la psychanalyse à la psychanalyse de l'anthropologie. Étude comparée de la fonction symbolique chez Lévi-Strauss et chez Lacan", *Journal des anthropologues*, n. 116, 2009. E, na continuidade deste artigo, para aprofundar a perspectiva relativa às relações da "Coisa" no sujeito da psicanálise, sua relação com o advento da ciência e as modalidades de gozo historicamente determinadas: F. Gabarron-Garcia, "Pensée magique et inconscient réel: jouissance et politique dans la psychanalyse chez Lacan et chez Deleuze/Guattari", *Cliniques méditerranéennes*, n. 85, 2012.
78. *O anti-Édipo*, p. 409.
79. *Ibid.*, pp. 74-75.

Por isso propõem, na página seguinte, a sua hipótese de um "inconsciente maquínico" que visa colocar o Real no centro das investigações analíticas, ao mesmo tempo que destrói a primazia do "inconsciente estrutural": Isto porque o próprio inconsciente não é estrutural nem pessoal; ele não simboliza, assim como não imagina nem figura: ele maquina, é maquínico. Nem imaginário nem simbólico, ele é o Real em si mesmo, o "real impossível" e sua produção.[80]

Repetem essa operação, na qual combinam indissociavelmente suas propostas com as de Lacan: "A verdadeira diferença de natureza não está entre o simbólico e o imaginário, mas entre o elemento real do maquínico, que constitui a produção desejante, e o conjunto estrutural do imaginário e do simbólico, que forma somente um mito e suas variantes [...]".[81] Portanto, o Real é o primeiro: ele articula os outros dois. Começamos a compreender a perspectiva que abre a ideia de um "inconsciente maquínico", não tanto representativo a princípio, mas produtor. Já indicado por Lacan com o objeto *a* que o apontava com a ideia de "máquina", trata-se também de dar conta da "coisa" e de pensar a partir desse "fora" que nos faz. Trata-se de pensar o "não humano" do qual se origina a divisão do Sujeito e, por extensão, poder dar conta de algo que se poderia chamar de "o homem" e em quem se acreditou ser capaz de fazer "ciência", inclusive estruturalmente. É, portanto, nisto que consistia a real operação da psicanálise e por isso "remontar das imagens à estrutura seria de pouco alcance, e não nos faria sair da representação se a estrutura não tivesse um avesso, que é como que a produção real do desejo".[82]

"Produção real do desejo": como se vê, por este sintagma, trata-se de pensar o desejo não no nível das imagens e representações do Sujeito, não mais do que no quadro de uma função classificatória que organizaria o mito edipiano, mas a partir do

80. *Ibid.*, pp. 75-76.
81. *Ibid.*, p. 115.
82. *Ibid.*, 1972, p. 407.

seu "avesso". O avesso da estrutura não aponta a impossibilidade do desejo como afirmam os doutores lacanianos do significante que fracassam no niilismo clínico com o delirante. Da mesma forma, a ousadia de propor, em uma última objeção, que Deleuze e Guattari teriam na realidade confundido o desejo e seu objeto, como alguns disseram, atesta uma má-fé caracterizada a evitar o problema identificado e a crucial questão clínica que havia sido colocada. Com efeito, o avesso da estrutura permite a Deleuze e Guattari apresentarem um *novo problema*, que consiste em renovar as coordenadas do desejo como real. O que não será sem grandes implicações clínicas para a abordagem da loucura. Ora, não é esta a razão imperdoável de alguns rejeitarem essa teorização, acusando-a precisamente de delirante, enquanto sub-repticiamente atribuem essa crítica à Lacan?[83] Mas como?! O desejo não indexado à polícia do significante? Para onde vamos, meu bom Senhor?! É assim que, ao acusá-la de delirante, poderíamos ainda mais dispensar o interesse por novas perspectivas sobre o delírio que ela avançava e, dessa forma, evitar ter que questionar sua prática. É que aqui, certamente, Deleuze e Guattari cruzaram um curso, que parece ter constituído um verdadeiro escândalo metapsicológico e antropológico: abordar o desejo não antes de tudo humanamente, demasiado humanamente, porém de um ponto de vista não humano, de um ponto de vista transcendental. Essa é uma das razões pelas quais Deleuze e Guattari se propõem falar em "desejo maquínico" ou "máquinas desejantes" para indicar a impessoalidade essencial do processo que nos faz. Mas evidentemente trazer o desejo ao real de sua produção não deixa de ter consequências ruinosas para a antropologia que se esconde em toda a psicanálise edipiana, incluindo (e

83. Por exemplo, Jacques-Alain Miller faz este comentário sobre a apreciação de Lacan: "O *anti-Édipo* é uma variação sobre um tema de Lacan, a crítica do edipianismo ingênuo, enriquecido com elogios, não sem humor, da esquizofrenia. Aliás, foi uma progenitura que Lacan reconheceu, enquanto a taxava de delirante" (J.-A. Miller, "Une histoire de la psychanalyse", *Magazine littéraire*, n. 271, Paris, 1989).

antes de tudo) aquela que é adornada com estruturalismo entre os discípulos. Contudo, não foram consequências semelhantes que Lacan também acabaria por levar?[84]

Para finalizar, e talvez mais imperdoável ainda, esta operação sobre o desejo como real arruína definitivamente a ideia de foraclusão. A partir daí, a fronteira metapsicológica que separava o psicanalista de seu paciente tornou-se muito porosa... e ele não tinha mais nenhum álibi para se esconder da clínica do delírio e seu mal-estar. Com o "rei se revelando nu", seu império desmoronou, e Deleuze e Guattari poderiam abrir um novo caminho para a clínica: aprender com o delirante sobre a natureza não humana do desejo e seus efeitos. Ao libertar o objeto *a* do império estrutural, ao se propor a considerar realmente o desejo, Deleuze e Guattari libertaram a teorização lacaniana da leitura de seus discípulos e restituíram a essa inovação de Lacan toda a sua força crítica e clínica original. De fato, a partir de então, o objeto *a* permitiu uma heurística inédita para a abordagem da loucura e não seu fechamento em Édipo:

> Em todo caso, não convinha reapertar os parafusos que Lacan há pouco desapertara; edipianizar o esquizo, quando ele, ao contrário, acabara de esquizofrenizar até a própria neurose [...]. O objeto *a* irrompe no seio do equilíbrio estrutural à maneira de uma máquina infernal, a máquina desejante.[85]

Portanto, podemos vislumbrar, *no mínimo*, nessa queda de toda a antropologia que inaugura o objeto *a* despojado da estrutura, a necessidade urgente e imperiosa de uma reavaliação crítica do tratamento pelo psicanalismo do testemunho de Schreber. Não há nessa abordagem aberta por Lacan com o objeto *a*, e aprofundada por Deleuze e Guattari com "o inconsciente maquínico", implicações clínicas importantes para o tratamento da psicose?[86]

84. O autor aprofunda essa questão em seu livro *L'héritage politique de la psychanalyse. Pour une clinique du réel* (ed. La Lenteur, 2018). [N. T.]

85. *O anti-Édipo*, p. 116.

86. O autor trabalha mais sobre esses aspectos no livro *L'héritage politique de la psychanalyse. Pour une clinique du réel* (ed. La Lenteur, 2018). [N. T.]

A partir do seminário dos anos 1950 sobre *As psicoses*, Lacan já considerava Schreber um dos filhos da *Aufklärung*, assim como reconhecia suas qualidades de escritor. Entretanto, por que não conceder a ele o status de escritor ou poeta? A maior parte dos estudos lacanianos da época eludiu a questão ou reduziu Schreber ao relacionar seu delírio ao pai. Somente o estudo de Octave Mannoni propusera timidamente sair desse impasse apontado por Lacan, reconhecendo nas palavras do mestre uma divisão de Schreber entre sujeito e autor que valeria para todos (Schreber era um sujeito louco e um escritor).[87] Ele salvou assim a concepção estrutural, embora reconhecendo o talento schreberiano. Porém, foi somente no final dos anos 1970 que alguns autores, afastando-se da reificação estruturalista que reduzia Schreber e seu delírio a uma gênese familialista, puderam se permitir aprender com ele. Em 1978, Mannoni voltou a este assunto e se permitiu tentar escrever como um Schreber através do humor.[88] Da mesma forma, no final dos anos 1970, André Green comparou Schreber a Antonin Artaud e o reinscreveu totalmente no campo literário,[89] e Prado de Oliveira mostrou como o delírio de Schreber se situava no interior do pietismo e do romanismo alemão. Por fim, somente no início do século XXI é que esses trabalhos foram retomados, aprofundados e que admitem estudar o conteúdo do delírio e os modos de desorganização do pensamento delirante para lançar luz sobre o pensamento comum.[90] Mas *nenhuma discussão é realizada com O anti-Édipo*, tanto nos ensaios sobre a "patogênese da criação" (onde Mannoni experimenta a escrita e o humor de Schreber), passando por Green (que estabelece relações de Schreber à Artaud) quanto em Oliveira (que mostra corretamente as relações do delírio com a história).

87. O. Mannoni, "Schreber als Schreber", *Clefs pour l'imaginaire*, Paris, Seuil, 1969, p. 94.
88. O. Mannoni, "La pathogenèse de la création", *Fictions freudiennes*, Paris, Seuil, 1978, p. 195.
89. A. Green, "Transcription d'origine inconnue", *Nouvelle revue de psychanalyse*, n. 16, 1977, p. 27.
90. Textes réunis et présentés par L. E. Prado de Oliveira, Schreber et la paranoïa, le meurtre d'âme, Paris, L' harmattan, 2000.

Ora, precisamente, a questão da escrita e do humor na psicose, a relação entre Schreber e Artaud, o lugar da história na formação do delírio, constituem outras tantas hipóteses importantes da investigação aberta pelo *anti-Édipo*.

Em defesa de alguns desses estudos, deve-se notar que, na época, todos se curvaram ao silêncio absoluto imposto por Lacan às suas "tropas" quando o livro foi publicado (o fato está bem estabelecido hoje como mostram os historiadores),[91] enquanto para Deleuze e Guattari tratava-se de abrir a discussão. Evidentemente, a imensa influência de Lacan não explica tudo.[92] Todavia, não é esse silêncio que perdura até hoje[93] e que explica o conformismo clínico em que se fecham a maioria das apresentações de casos, que ainda se sustentam em uma antiquada concepção estruturalista da psicose, sem levar em conta – eis o paradoxo – os avanços teóricos, *inclusive em seu próprio campo*?

Vamos mais longe, se Deleuze e Guattari se inspiram e se apoiam amplamente nas concepções lacanianas, podemos acrescentar a hipótese segundo a qual o próprio Lacan, em suas últimas explorações, foi, por sua vez, inspirado pelas proposições teóricas de Deleuze e Guattari. É permissível questionar em que medida a concepção esquizoanalítica influenciou suas últimas perspectivas, notadamente, em virtude do ponto de inflexão que sua teoria dá quando ele está interessado em Joyce, isto é, logo após O *anti-Édipo*. O silêncio que impôs na época em relação às propostas de Deleuze e Guattari pode encontrar aqui um de seus

91. F. Dosse, Gilles Deleuze et Félix Guattari: biographie croisée, op. cit., pp. 252-253.

92. Do lado do "freudianismo clássico", as coisas não eram melhores. Como no campo lacaniano, cedem à tentação nosográfica. A partir da questão psicogenética, diferentes interpretações foram colocadas para discutir a homossexualidade do "caso Schreber". Podemos reter, por exemplo, os artigos de Janine Chasseguet-Smirgel, "notes de lecture en marge de la révision du cas schreber", e Ilse Barande, "Lecture des "Mémoires" de Schreber", Revue française de psychanalyse, tomo xxx, n. 1, 1966.

93. Observem que ele somente perdura na França. Há muito tempo, de fato, existem congressos de esquizoanálise na América do Sul e também um instituto de esquizoanálise. No entanto, "longe das vivas controvérsias da época", a psicanalista Catherine Millot em uma entrevista recente com François Dosse reconheceu no livro de Deleuze e Guattari "o mérito de ter apresentado uma concepção não deficitária da psicose" (F. dosse, op. cit., p. 266).

motivos: Lacan não estava tentando evitar "ser ultrapassado" em sua investigação? Não estava preservando seu monopólio da vanguarda relativa à teorização do inconsciente real que havia iniciado? Em todo caso, podemos constatar que, recorrendo ao "sinthoma" e a "lalíngua", a abordagem da loucura deixará de ser pensada estruturalmente sob o modo "diagnóstico" de um "fracasso" e que logo Lacan procedera à "pluralização dos nomes do pai", enfatizando a dimensão do real após *O anti-Édipo*. Assim, sobrepõem-se em uma mesma perspectiva as linhas de concepções teórico-clínicas que uma leitura simplista pretendia opor, enfraquecendo sua vitalidade crítica.

Desse ponto de vista, é engraçado notar que alguns dos discípulos mais zelosos da "última geração" apenas recentemente descobriram a importância do real do inconsciente e sua importância para seu mestre! É assim que, décadas depois desta *revolução dos anos 1970*, eles começaram recentemente a explorar o "último Lacan",[94] e não hesitam em falar da "reinvenção lacaniana do inconsciente".[95] Mas, em uma espécie de mitologia de pura filiação ao mestre, continuam a reconduzir uma leitura dogmática de Lacan e a ideia de uma "impermeabilidade" da sua obra. Na verdade, não mais do que ontem, nenhuma discussão problemática, nenhum trabalho substantivo com *O anti-Édipo* parece ser previsto por enquanto... o que obviamente não é sem "ganho" para eles. Enquanto eles finalmente se emanciparam do estruturalismo do significante, a pureza doutrinária de sua leitura de "última geração" permite que se apresentem como os verdadeiros "descobridores" das questões relativas ao "inconsciente real" em Lacan, ainda que muitas vezes tenham contribuído para prevenir seu surgimento durante décadas em suas escolas, promovendo

94. Cf. J.-A. Miller, L'inconscient réel, *Quarto*, n. 88-89, 2007; "Tout le monde délire", *Revue de la cause freudienne*, n. 67, 2007; "Retour sur la psychose ordinaire", *Quarto*, n. 94-95, 2009. E é assim que Marie-Hélène Brousse, em bom "mile rienne", declara a passagem de uma "*clínica não estrutural*" a uma diferença clínica, uma "*clínica diferencial*" (M.-h. Brousse, "La psychose ordinaire à la lumière de la théorie lacanienne du discours", *Quarto*, n. 94-95, 2009, p. 11.

95. C. Soler, *Lacan, l'inconscient réinventé*, Paris, PUF, 2009.

e refinando, *ad nauseam*, o rigor da abordagem estrutural dos anos 1970, notadamente por meio das apresentações de caso, mas também escondendo seus últimos seminários.[96] Contudo, não será esse o efeito do conformismo de que falávamos antes, que, décadas depois, continua congelando o campo da pesquisa em psicanálise, até atrasar – ah, eis um novo paradoxo – a leitura do "último Lacan" *inclusive por seus discípulos da "nova geração"*?[97]

Neste momento, podemos tirar, pelo menos provisoriamente, algumas das consequências clínico-teóricas da hipótese de uma primazia do real no inconsciente. Qual espaço analítico inédito está aberto à prática e ao tratamento das psicoses por essa nova hipótese? Quais são as consequências *críticas e clínicas* que nos convocam e que devemos assumir face a este ousado avanço metapsicológico?

Ao reivindicar os direitos do real lacaniano do inconsciente dentro do modelo simbólico estrutural, trata-se de descolar a explicação edipiana do modelo inconsciente. Não é o simbólico e o imaginário em primeiro lugar que interessam ao analista, em que o Édipo é um mito completamente secundário para dar conta do inconsciente (como a teoria do falo): estas são produções simbólicas que não podem ter nenhum privilégio. Por isso podemos constatar que não se trata de negar a existência do Édipo como invariante cultural, mas de sua "generalização" ao modelo de inconsciente. Portanto, a concepção estrutural da psicose deve ser relativizada ou renovada. É assim que o campo problemático constitutivo do inconsciente é deslocado e a investigação clínica modificada. O problema semiológico para o clínico não é mais diagnosticar a impossibilidade da metáfora paterna. Não se trata, em primeiro lugar, de apontar a falência da formação do

96. C. Soler, *Lacan, l'inconscient réinventé*, Paris, PUF, 2009.

97. O capítulo IV do livro *L'héritage politique de la psychanalyse. Pour une clinique du réel* (ed. La Lenteur, 2018) foi dedicado contra esse conformismo do psicanalismo através da leitura cruzada das contribuições de Deleuze, Guattari e Lacan. Segundo o autor, essa leitura permite liberar a hipótese do *inconsciente real* de qualquer ortodoxia normativa, precisamente o que se almejava, cada um a seu modo por Deleuze e Guattari como Lacan dos anos 1970, onde, hoje, alguns dos discípulos de os últimos, embora "emancipados" do estruturalismo, ainda encontram um caminho para renová-lo em novas formas. [N. T.]

simbólico, o que confirmaria a generalização abusiva do mecanismo de repressão ao inconsciente, porque então correr-se-ia o risco de ser condenado a reificar a psicose e a pensar no modo essencialista de um fracasso [de uma falha]. Assim, se há uma questão preliminar a qualquer possível tratamento da psicose, é antes de tudo invertendo os termos clássicos de análise: trata-se de questionar o funcionamento do analista que, disfarçado de Édipo, recusa-se a enfrentar o real do qual o delírio apresenta e que, de repente, recusa a investigação e o tratamento analítico das psicoses.

Nesse sentido, podemos dizer que o fracasso do simbólico é o fracasso do psicanalista, ou mesmo que a verdadeira questão preliminar ao tratamento das psicoses é a *questão esquizoanalítica*. Ao limitar-se ao modelo estrutural que favorece a explicação da psicose a partir de uma falha essencial, então se condena, no plano clínico, a nunca se engajar na transferência com o paciente e na produção em que ele consiste. Freud levava a sério a palavra da histérica, e por isso o inconsciente foi compreendido sob o modelo do recalque. A esquizoanálise, ao reivindicar um inconsciente maquínico e colocar o real no centro da investigação analítica, torna possível abrir-se ao específico "eu sinto" do psicótico ("sinto que estou me tornando mulher", "sinto que estou me tornando deus" etc.) que merece outra exploração metapsicológica e uma prática completamente diferente daquelas em que o psicanalismo foi confinado com seu niilismo clínico e seu disco riscado de uma análise estrutural foracluída.[98] E foi também por esses caminhos revolucionários que Lacan, a seu modo, pôde ir tão longe a ponto de ir além de suas reservas da "questão preliminar" e proceder à própria rejeição do "inconsciente freudiano".

98. Essa discussão é aprofundada no livro *L'héritage politique de la psychanalyse. Pour une clinique du réel* (ed. La Lenteur, 2018). [N. T.]

# Devir-esquizoanalista
*Por uma psicanálise menor*

ANDERSON SANTOS

> Repetir, repetir – até ficar diferente.
>
> MANOEL DE BARROS[1]

Pensar a esquizoanálise é pensar um rio. Em cada espaço flui, fazendo diferentes caminhos tanto pela superfície da Terra quanto por linhas subterrâneas, em movimentos que desembocam em outro rio, mar ou lago. É como uma dobra da natureza, e foi desse modo que a esquizoanálise chegou a nosso território latino-americano, como uma corrente. Não daquelas que aprisionam ou formam uma escola, como alguns capturados pelo poder neoliberal esperavam que fosse, mas uma corrente tal como a água de um rio que escoa construindo fluxos e agenciamentos entre os campos da saúde mental, da análise institucional, das psicanálises, psicologias, filosofias, antropologias, ciências sociais, artes e outros tantos campos.

Encontramos entre seus inventores, um psicanalista, Félix Guattari, e um filósofo, Gilles Deleuze. Eles sabiam que cada um já era muitos e, a partir da coletividade que os habita, foi possível a fabricação de um pensamento rizomático – mediante o qual, através de linhas moleculares, se indicavam raízes polimorfas e percursos intensivos – como forma de resistência às estruturas arborescentes e às linhas molares. Assim, pelas veias abertas

1. Manoel de Barros. *O livro das ignorãças*. Rio de Janeiro: Alfaguara, 2016.

de múltiplos mundos, a esquizoanálise nasceu nômade e molecular, produzindo uma dobra, uma torsão e uma tensão onde o pensamento se encontrava sedentarizado, como na psicanálise edipiana e institucionalizada, pois muitos psicanalistas deixavam de lado o exercício do agir, do caminhar, do experimentar.

Quando alguns psicanalistas passaram a abordar o modo de vida neurótico e edipianizado como o mais aceitável para a vida social e individual, contribuíram – mesmo sem saber – para a produção de um mundo conformista, em que o sistema capitalista, racista, familista e heteronormativo continuou prevalecendo sem questionamentos. Diante disso, foi preciso um pouco do possível para não sufocar, um diferente modo de germinar entre terras e mares, um novo florescer em que os mapas eram redesenhados. Então o desejo foi tomado como produção, não mais como falta, e a diferença recebeu seu devido lugar nessas leituras – e inexoravelmente o rizoma, por ser mola propulsora de movimento do desejo. No âmbito da esquizoanálise, é por esses caminhos de mobilidade e produção do desejo que exercemos um nomadismo.

Há incontáveis profissionais da psicologia, da psiquiatria e da psicanálise que souberam fazer um bom uso das ferramentas esquizoanalíticas, tais como: Suely Rolnik, que em sua prática pensa uma psicanálise implicada com a cartografia[2] e a decolonização do inconsciente-colonial-capitalístico; João Perci Schiavon, que alia a filosofia da diferença ao pragmatismo pulsional da clínica psicanalítica; e Gregório Baremblitt, que, desviando-se da psicanálise, forjou uma nova prática intitulada esquizodrama,[3] considerada sua maior proposta através da esquizoanálise. Embora não seja nossa intenção determo-nos nesse assunto, sem dúvida há outras ramificações e experimentações de esquizoanálise pelo Brasil afora.

2. Cf. Suely Rolnik (1989). *Cartografia sentimental: transformações contemporâneas do desejo*. Porto Alegre: Sulina; Ed. da UFRGS, 2016.

3. Cf. Gregório Baremblitt; Margarete Aparecida Amorin; Domenico Uhng Hur. *Esquizodrama*: teoria, método e técnica – klínicas. Belo Horizonte: IGB, 2020.

Temos como objetivo destacar a esquizoanálise como um agenciamento possível da psicanálise, como uma dobra dessa prática analítica, pensando seu caráter heterogêneo, múltiplo e transversal – em que a escuta exercida em sua radicalidade possibilita a presentificação da força de uma via intempestiva em uma vida. Todavia, por mais que tentem reduzir *O anti-Édipo*[4] (1972) a uma antipsicanálise, sua produção jamais chegará a esse ponto, pois a obra, além de marcar o surgimento da esquizoanálise em nossos territórios, encontra-se em um plano de "agenciamento intensivo, de modo a estabelecer encontros desses corpos-conceitos que possam conduzir a um aumento de potência das respectivas obras".[5] Desse modo, consideramos que ambas perspectivas são necessárias ao nosso pensamento. Por isso, não se trata de pensar a redução da esquizoanálise como antipsicanálise ou como mera abordagem psicológica, mas como uma ferramenta ética, analítica e política a ser executada por toda a comunidade. Vale salientar que não observamos em silêncio as antiproduções realizadas em seu nome ou aliadas ao capitalismo neoliberal, nas quais aparece e prevalece a figura do empreendedor de si, o qual se vende e se vangloria por uma abordagem que se supõe superior a todas as outras.

Em vista disso, atualmente, um dos perigos em nosso campo é a tentativa de tornar a esquizoanálise meramente uma abordagem psicoterapêutica, pois não foi concebida por Guattari "como uma nova especialidade, que seria chamada a colocar-se nas fileiras do domínio psi".[6] Ele disse, em determinado momento: se a esquizoanálise chegou a existir algum dia, é porque já existia "um pouco por toda parte, de maneira embrionária, sob diversas modalidades".[7] Exemplo disso foi o fenômeno das rádios livres nos anos 1970-80 na França e na Itália, com o qual Guattari esteve envolvido, e considerou o movimento como "uma espécie de

4. Gilles Deleuze e Félix Guattari (1972). *O anti-Édipo: capitalismo e esquizofrenia*, trad. bras. de Luiz B. L. Orlandi. São Paulo: Ed. 34, 2011.

5. Regina Néri. *Anti-Édipo/ Psicanálise: um debate atual*. Rio de Janeiro: Ágora, 2003, p. 5.

6. Félix Guattari (1987). As esquizoanálises. *Ensaios*, v. 1, n. 1, 2008, p. 2.

7. Ibid.

esquizoanálise dos meios de comunicação de massa".[8] Nesse sentido, segundo ele, não seria preciso fazer um discurso sobre a esquizoanálise, bastaria fazer rádio livre, ou seja, a esquizoanálise precisa ser inventada, fabricada, praticada – acontecer em ato – em diversos espaços e por diferentes pessoas.

Portanto, por meio desse fazer existir, dessa fabricação e implicação esquizoanalítica, não há necessidade de fundações institucionais, nem mesmo da criação de protocolos esquizoanalíticos que normalizariam certa prática. Mas, apesar disso, Guattari apresentou, nos anos 1980, uma regra fundamental, uma antirregra, que consiste em produzir constantemente questionamentos "dos agenciamentos analisadores, em função de seus efeitos de *feedback* sobre os dados analíticos".[9] Desse modo, reiteramos que a esquizoanálise é "essencialmente excêntrica em relação às práticas psi profissionalizadas, com suas corporações, sociedades, escolas, iniciações didáticas, 'passe' etc.",[10] definindo-se provisoriamente como "a análise da incidência dos agenciamentos de enunciação sobre as produções subjetivas, em um contexto problemático dado".[11]

Em síntese, para Guattari, a esquizoanálise é "algo que nos propõe uma reflexão sobre formas analíticas reais da maneira como aparecem".[12] Logo, considerar a esquizoanálise como especialidade "psi" seria um verdadeiro golpe contra as produções de Guattari e Deleuze, os quais se dedicaram em não a tornar uma "especialidade" repleta de mestres e doutores com seus certificados, diplomas e carteirinhas de poder.

Guattari e Deleuze não almejavam propor uma ruptura de psicanalistas com sua prática, mas sim com a concepção de neutralidade e relação com o outro que imperava no campo psicanalítico.

8. Félix Guattari. In: *Guattari/Kogawa: Rádio Livre: autonomia: Japão.* Org. Anderson Santos (Org.). São Paulo: sobinfluencia edições, 2020, p. 48.

9. Félix Guattari (1987). As esquizoanálises, op. cit., p. 4.

10. Ibid., p. 2.

11. Ibid.

12. Félix Guattari. In: *Guattari/Kogawa*, op. cit., p. 72.

Dessa forma, no momento em que se configurou uma psicanálise dominante na França dos anos 1960-70, a crítica desses autores foi endereçada como dinamite aos psicanalistas que se deslocavam da micropolítica, os quais aparentemente se sentiam (e alguns ainda se sentem) confortáveis em suas poltronas, trancafiados entre quatro paredes, com suas janelas fechadas, apenas observando os outros colocarem as mãos na realidade que também lhes diz respeito. Entretanto, ao mesmo tempo em que certa horda de psicanalistas se retirava da linha de frente, monopolizava "o campo da problemática da análise das formações do inconsciente, quando essa problemática é, exatamente, um dos elementos fundamentais de que o conjunto do campo social deveria se reapropriar".[13]

Vale lembrar que Guattari, em sua obra clínica, filosófica e política (com e sem Deleuze), apontou a existência da problemática do inconsciente no campo social como uma questão não apenas para psiquiatras, psicanalistas e psicoterapeutas, mas para toda uma comunidade, coletividade ou grupo de militantes, pois isso atravessa cada um de nós e nos leva a questões políticas. Resulta disso que a preocupação com os problemas das formações do inconsciente é, a um só tempo, pessoal e extrapessoal, de modo que não devemos deixar de dar a devida atenção à luta de classes, às questões raciais, de sexualidade, gênero, ecossistema, do desejo etc.

## Foucault e a esquizoanálise

O capitalismo e sua macro e micropolítica reativa se efetivaram no mundo como um controle disciplinar sobre os corpos e, como destacou Foucault, onde há poder, há resistência,[14] consequentemente, por toda parte e a todo momento há uma batalha acontecendo entre libertar-se de algum modo desses sistemas

13. Félix Guattari. Reunião na Escola Freudiana de São Paulo (SP, 26/08, 1982). In: Félix Guattari e Suely Rolnik (1986). *Micropolítica: cartografias do desejo*. Petrópolis, RJ: Vozes, 2013, p. 243.

14. Michel Foucault (1976). *História da sexualidade* 1: A vontade de saber, trad. bras. de Maria Thereza da Costa Albuquerque e J. A. Guilhon Albuquerque. Rio de Janeiro; São Paulo: Paz e Terra, 2017, p. 103.

de controle, sobreviver, e permitir a tomada de poder cada vez mais perversa do neoliberalismo. Ainda com esse filósofo, não esquecemos que o humor ácido utilizado pelos autores de *O anti-Édipo* para com Sigmund Freud, entre outros, não foi produzido com o intuito de "difamar os velhos ídolos", mas de nos incitar, de modo radical, a ir mais longe.

De acordo com Foucault, "seria um erro ler *O anti-Édipo* como a nova referência teórica (sabem, essa famosa teoria que nos foi anunciada com tanta frequência: aquela que vai englobar tudo, que é absolutamente totalizante e tranquilizante e da qual, conforme nos garantem, 'temos tanta necessidade' nessa época de dispersão e de especialização, em que a 'esperança' desapareceu)".[15]

Se alguns analistas e militantes ainda permanecem adormecidos, ou apenas sonhando, *O anti-Édipo* nos desperta com "questões que se ocupam menos com o porquê das coisas do que com seu como. Como se introduz o desejo no pensamento, no discurso, na ação? Como o desejo pode e deve desdobrar suas forças na esfera do político e se intensificar no processo de reversão da ordem estabelecidas? *Ars erotica, ars theoretica, ars política*".[16] Por isso, aliados ao pensamento de Foucault, tomamos *O anti-Édipo* como um livro de ética, um modo de vida, uma prática de vida antifascista.

## Esquizoanálise e psicanálise

Ainda realizamos um excessivo uso do conceito de "esquizoanálise" em nossos trabalhos, porém, cabe ressaltar que, na sequência de *O anti-Édipo*, Guattari e Deleuze escreveram, em *Mil platôs*,[17] que somente empregavam palavras que funcionavam como platôs, sendo Rizomática = Esquizoanálise = Estrato análise = Pragmática

15. Michel Foucault (1977). "O anti-Édipo: uma introdução à vida não fascista" (prefácio) in: Gilles Deleuze e Félix Guattari. *Anti-Oedipus: capitalism and schizophrenia*. Minneapolis: University of Minnesota Press, 1983, p. 12. Versão em português disponível online no site *Clinicand*.

16. Michel Foucault (1977). *O anti-Édipo: uma introdução à vida não fascista*, op. cit., p. 12.

17. Gilles Deleuze e Félix Guattari (1980). *Mil platôs: capitalismo e esquizofrenia, v. 1*. (Tradução de Aurélio Guerra Neto e Célia Pinto Costa). São Paulo: Ed. 34, 1995, p. 45.

= Micropolítica, e podemos acrescentar = Filosofia da diferença = Filosofia das multiplicidades = Avaliação das forças = Revolução molecular. Nota-se, por conseguinte, que há inúmeras nomeações para essa perspectiva. Nada de binarismo. Nada de isto ou aquilo. Trata-se de uma pragmática-política de composições, em que pese a existência de confrontações pelo caminho.

Esses autores não tinham nenhuma pretensão de torná-la um estatuto de ciência, nem mesmo reconheciam cientificidade ou ideologia além de agenciamentos. Todavia, em outros momentos, Guattari disse desejar construir uma ciência menor, uma ciência na qual seria possível misturar "buchas de limpeza e panos de pratos com outras coisas ainda mais diversas",[18] e, deslocando esses instrumentos de seus contextos habituais, sabia que poderiam se tornar outra coisa. Em vista disso, afirmou que "devemos estar preparados para aceitar de bom grado que buchas de limpeza se diferenciem em devires singularizados".[19]

Consideramos a esquizoanálise como uma caixa de ferramentas, sem pretender apresentá-la como melhor que outras, mas reconhecendo sua potência. Após a explosão de Maio de 1968, Guattari e Deleuze se unem, e juntos colocam o dedo na ferida psicanalítica, no capitalismo, no colonialismo – isso sem abandonar sua composição com a psicanálise, implicando-se em um campo transdisciplinar. Assim, atravessados por essa máquina revolucionária, encontramos algumas chaves para a desinstitucionalização (em processo) da psicanálise edipiana, burocrática, colonial e liberal, rompendo com discursos e ciências instituídas, produzindo uma "transferência do paradigma científico para um paradigma estético no domínio da psicanálise".[20]

Evidentemente Guattari e Deleuze pensaram para além de Édipo, dado que, por meio da desedipianização do inconsciente,

18. Félix Guattari (1987). As esquizoanálises, op. cit., p. 3.

19. Ibid.

20. Félix Guattari (1992). Entrevista realizada por Rogério da Costa e Jô Gondar. In: *As pulsões*. Org. Arthur Hipólito de Moura. São Paulo: Escuta; Educ, 1995, p. 98. Disponível em vídeo no YouTube.

se chega aos verdadeiros problemas, ou seja, atinge-se as regiões "do inconsciente órfão, precisamente 'para além de toda lei', ali onde o problema nem mesmo pode ser levantado".[21] Esses autores observaram que a grande problemática era a da redução do inconsciente ao estado de crença em Édipo. Não que seja uma falsa crença, porém, esse sedentarismo e enraizamento edipiano sufoca a produção desejante. Eles não cessaram de dizer que a junção de Édipo com o desejo é uma das grandes porcarias dos últimos tempos, pois condena-se o desejo por existir em sua potência, tornando-o impotente.

O que pode o desejo que se liga ao Édipo? Pode limitar a vida, uma vez que reduzir Édipo ao desejo é simplesmente traí-lo e com isso aprisioná-lo em um território ligado ao indivíduo, à família, à propriedade, à burguesia, ao capitalismo. Desse modo, de acordo com Deleuze e Guattari, "a psicanálise só se tornará uma disciplina rigorosa quando puser a crença entre parênteses, ou seja, quando fizer uma redução materialista de Édipo como forma ideológica".[22]

Por conseguinte, o imperialismo edipiano precisa ser destruído tanto quanto o imperialismo capitalista. Logo, renunciar ao mito e destruir as crenças é encontrar um pouco de possível. Vale ressaltar que Guattari e Deleuze não deixam de lembrar que também Lacan pensou para além de Édipo, destacando as advertências deste ao dizer que a psicanálise não é o rito do Édipo, e um mito não se preserva se ele não sustentar algum rito.[23] Portanto, segundo estes autores, "será sempre esta a força de Lacan, ter salvo a psicanálise da edipianização furiosa a que ela ligava seu destino".[24]

O inconsciente como produção do campo social apresenta a psicanálise à política e à decolonização do inconsciente. Contudo, Deleuze e Guattari, desde o início, apontaram que uma subversão

21. Gilles Deleuze e Félix Guattari (1972). O *anti-Édipo: capitalismo e esquizofrenia*, trad. bras. de Luiz B. L. Orlandi. São Paulo: Ed. 34, 2011, p. 112.

22. Ibid., p. 147.

23. Ibid., p. 115.

24. Gilles Deleuze e Félix Guattari (1972). O *anti-Édipo: capitalismo e esquizofrenia*, trad. bras. de Luiz B. L. Orlandi. São Paulo: Ed. 34, 2011, p. 287.

desse nível não pode acontecer somente fora da psicanálise, pois acredita-se na possibilidade de uma subversão interna que retire os analistas de suas capelas para contribuírem com a construção de uma máquina analítica que possa vir a se tornar uma peça indispensável dos dispositivos revolucionários.

## Psicanálise... e... esquizoanálise

Todo discurso é um ato e todo ato se localiza em determinado espaço geográfico e tempo histórico-social. Para quem ainda busca abordar a esquizoanálise como antipsicanálise, relembramos o ano de 2012, quando se completaram quarenta anos da publicação de *O anti-Édipo*. Nessa ocasião, Vladimir Safatle,[25] com uma escrita-molotov, declarou que esse foi um livro muito comentado, mas ao mesmo tempo pouco lido; trata-se de um livro que os críticos da filosofia francesa contemporânea não leram e, "quando leem, eles o fazem como quem entra em um ringue munido de luvas de boxe. Afirmam que o estilo é impenetrável, que tudo é uma grande impostura e acham que, com isso, resolveram tudo".[26]

Este é um comentário acerca da obra de Guattari e Deleuze, mas podemos incluir nestas linhas o trabalho de Freud e Lacan. Afinal, ouvimos críticas da mesma ordem, provenientes de meios fechados e sectários, de ambas as partes. Não obstante, quem se aprofundou de fato em seus trabalhos soube acompanhá-los e criticá-los em suas propostas equivocadas. Dessa forma, não nos concerne criar políticas de confrontação, mas de composição, senão adentraremos somente em um universo onde se forma uma política paranoica, a qual seguirá perpetuando a lógica de uma guerra entre nós e paz aos Senhores.

*O anti-Édipo* ressoa vivamente em nosso tempo, em nossas práticas analíticas, assim como no exercício de incontáveis analistas,

25. Vladimir Safatle. Para Além de Édipo. *Folha de S. Paulo*, São Paulo, Caderno Opinião, jul. 2012, p. 10.
26. Ibid.

tanto no olhar sobre a psicose quanto acerca da relação entre capitalismo e esquizofrenia, como pensaram os autores desta obra. De acordo com Guattari, "muitas lutas internas no movimento psicanalítico seriam compreendidas se a hostilidade fundamental de Freud em relação à psicose fosse finalmente reconhecida".[27]

Após *O anti-Édipo*, eles sabiam que era necessário lidar com as condições concretas da luta esquizoanalítica, uma luta política em todas as frentes da produção desejante, e produzir um deslocamento da discussão em torno de um único campo. Dessa forma, pouco antes da publicação de *Mil platôs*, Guattari afirmou que não podemos esquecer que "o problema da psicanálise é o problema do movimento revolucionário; o problema do movimento revolucionário é o problema da loucura; o problema da loucura é o problema da criação artística".[28]

Em vista disso, em *O anti-Édipo*, introduziram a questão da ação política não para romper totalmente com a psicanálise, mas para mostrar que o psicanalista e o militante devem se misturar e passar longe de qualquer espécie de neutralidade, pois esta é sempre falaciosa. Além disso, consideravam a psicanálise também como um importante dispositivo de intervenção, assim, fabricaram um furo na bolha psicanalítica e, na sequência, em decorrência de diversas problemáticas advindas de leituras equivocadas de *O anti-Édipo*, Guattari e Deleuze apresentaram, em 1980, na obra *Mil platôs*, a multiplicidade da prudência em nossa prática clínica, militante e política. Estes autores seguem pensando de outro modo, mais além da psicanálise, porém sem perdê-la de vista.

O *slogan* esquizoanalítico foi descrito como a procura de nossos buracos negros e muros brancos, onde há uma possibilidade de conhecer nossos rostos, e, sem isso, não haveria possibilidade

27. Félix Guattari. "Psycho-Analysis and Schizo-Analysis: an interview with Félix Guattari". *Semiotext(e)*, Anti-Oedipus. From Psychoanalysis to Schizopolitics, v. 2, n. 3, 1977, p. 79.
28. Félix Guattari. "Psycho-Analysis and Schizo-Analysis", op. cit., p. 81.

em desrostificar ou traçar linhas de fuga.[29] Portanto, temos aí o objetivo prático da esquizoanálise, pois, como análise do desejo, trata-se de uma prática, de um exercício que não cessa de colocar questões desta ordem: "Qual é o seu corpo sem órgãos? Quais são suas próprias linhas, qual mapa você está fazendo e remanejando, qual linha abstrata você traçará, e a que preço, para você e para os outros? Sua própria linha de fuga? Seu CsO que se confunde com ela? Você racha? Você rachará? Você se desterritorializa? Qual linha você interrompe, qual você prolonga ou retoma, sem figuras nem símbolos?".[30]

Ainda nesse ponto, a esquizoanálise não deixa de se aliar com a psicanálise, que está ciente de que o movimento do desejo é o caminho do saber.[31] Trata-se da ética dos devires, da diferença. Neste sentido, Schiavon salienta que "a via ativa garante a persistência do desejo através de todas as figuras e sentenças, revertendo-as a cada vez em favor de novas condições de vida ativa",[32] em outras palavras, "a análise é uma via ativa que determina, todo o tempo, graças à ética que a anima, uma reversão às condições de vida ativa – o que Lacan chamou de retificação das relações do sujeito com o real".[33]

Antes mesmo de *Mil platôs*, Guattari e Deleuze já haviam dito que a esquizoanálise seria, ao mesmo tempo, "uma psicanálise política e social, uma análise militante: não porque generalizaria Édipo na cultura, o que se tem feito atualmente de maneira tão ridícula, mas, ao contrário, porque ela se propõe a mostrar a existência de um investimento libidinal inconsciente da produção social histórica, distintos dos investimentos conscientes

29. Gilles Deleuze e Félix Guattari (1980). *Mil platôs: capitalismo e esquizofrenia. v. 3*, trad. bras. de. Ana Lúcia de Oliveira, Aurélio Guerra Neto, Lúcia Cláudia Leão e Suely Rolnik. São Paulo: Ed. 34, 2015, p. 64.

30. Gilles Deleuze e Félix Guattari (1980). *Mil platôs, v. 3*, op. cit., p. 84. Obs.: CsO = Corpo sem Órgãos.

31. João Perci Schiavon. *Pragmatismo pulsional: clínica psicanalítica*. São Paulo: n-1 edições, 2019.

32. Ibid., p. 41.

33. João Perci Schiavon. *Pragmatismo pulsional*, op. cit., p. 41.

que existem com ele".[34] Portanto, em nossa leitura se sustenta uma esquizoanálise ainda como uma psicanálise, produzida sob uma perspectiva mais radical, porém não como uma "abordagem psi" e antipsicanalítica – como alguns, atualmente, pretendem vendê-la, em nome de poder e capital.

Freud passou a vida cartografando, realizando novas leituras dos fenômenos subjetivos, descobrindo novos mundos, explorando de maneira apaixonada os novos continentes que havia encontrado. Segundo a perspectiva de Guattari, "a obra de Freud se constitui de uma só peça, como Dionísio que nasceu todo pronto da coxa de Zeus".[35] Foi através de suas navegações e escavações que Freud pôde constituir o dispositivo analítico conhecido como Psicanálise. Por outro lado, encontramos em seu trajeto a criação de uma máquina de referência com a qual buscava construir uma psicanálise científica.

De acordo com Guattari, nas obras *Interpretação dos sonhos*, *Psicopatologia da vida cotidiana* e *Moisés e o monoteísmo*, é possível notar o trabalho de cartografia das formações do inconsciente, observando que o trabalho de mapeamento e classificação realizado por Freud acerca das singularidades do inconsciente obteve, nesse processo, maior grau de relevância. Diante disso, a construção de novas perspectivas é um dos modos de funcionamento encontrado na extensa relação entre psicanálise e esquizoanálise, assim como a obra aberta de seus inventores, a qual localizamos em uma espécie de devir nas (d)obras. A partir das diferenças e composições, pode acontecer um devir-esquizoanalista que possibilite advir uma psicanálise menor.

Segundo Rolnik, além de encontrarmos na obra de Freud o início de um desvio na Medicina e na Psicologia, encontramos "uma linha de fuga que, embora jamais nela se explicite, é seu ponto de virada mais radical – uma espécie de potência clandestina portadora de um desvio também na Filosofia e, mais amplamente, na

34. Gilles Deleuzer e Félix Guattari (1972). *O anti-Édipo: capitalismo e esquizofrenia*, op. cit., p. 135.

35. Félix Guattari e Suely Rolnik (1986). *Micropolítica: cartografias do desejo*, op. cit., p. 246.

cultura e na política de desejo dominantes na tradição moderna ocidental colonial-capitalística".[36] Para a autora, se pensarmos através dessa perspectiva da linha de fuga, podemos verificar que Freud "favoreceu a reconexão com o saber próprio de nossa condição de viventes, cujo acesso e a prática existencial guiada por esse saber haviam sido interrompidos no modo de subjetivação que predomina nessa tradição".[37] Também considera que, na produção freudiana, é indissociável a teoria e a pragmática, introduzindo um novo ritual no mundo.

Sendo assim, uma psicanálise implicada, no mínimo, se encontra através das ações nas quais se percebe que as coisas não estão dadas de antemão, muito menos em triângulos familiares. Como bem salienta Rolnik, "cabe a nós descolonizar a psicanálise, ativando a potência clandestina e expandindo a linha de fuga presente em sua fundação não só no âmbito restrito das práticas psicoterapêuticas e mais restrito ainda nos consultórios, mas em todo o campo social. Isso implica em assumir a prática psicanalítica como um dispositivo essencial da insurreição micropolítica".[38]

Entre as muitas ferramentas encontradas em *O anti-Édipo*, destacamos a ideia de "raspagem", a qual não se trata meramente de um conceito, mas de uma das tarefas da esquizoanálise, consistindo em fazer a crítica do modo de vida atual, de toda espécie de representação de algo que, sob um estado de servidão voluntária, acabamos por reproduzir. Com essa tarefa, somos levados, então, a produzir novos dispositivos que proporcionem linhas de fuga, permitindo atravessar muros, escapar cada vez mais do estado colonial capitalístico. Desse modo, caminhar sem aliar clínica e crítica é algo problematizado tanto pela esquizoanálise quanto pela psicanálise.

Em sua obra, Freud mostrou o quanto a crítica deve funcionar como uma engrenagem fundamental para movimentar o trabalho teórico-político-ético-clínico da prática psicanalítica, pois sem a

36. Suely Rolnik. *Esferas da insurreição: notas para uma vida não cafetinada*. São Paulo: n-1 edições, 2018, nota de rodapé, p. 106.
37. Ibid., p. 106.
38. Ibid., p. 107.

crítica de seu pensamento e do pensamento científico de sua época, não haveria possibilidade de um florescer de suas cartografias e análises do inconsciente. Mas, aparentemente, os leitores mais apressados desses autores passam longe do crivo crítico de suas próprias leituras, partindo apenas para a reprodução de algumas frases aqui e ali na tentativa de capturar um outro sob seu discurso.

Sabemos que Freud apresentou problemáticas em alguns de seus escritos, entretanto, também foi capaz de certa honestidade intelectual ao revisar seus sistemas de pensamento, indo até onde alcançou sua escuta, seu olhar, ou seja, sua vida. Além de suas produções, uma das contribuições mais relevantes de Freud foi demonstrar que, em seu pensamento, não havia lugar para dogmatismos. Por exemplo, ao falar dos *Caminhos da terapia psicanalítica*, na conferência de 1918, ele diz: "nunca nos gabamos da completude e inteireza de nosso saber e de nossa capacidade; estamos prontos, agora não menos que antes, a admitir as imperfeições de nosso conhecimento, aprender novas coisas e mudar em nossos procedimentos o que puder ser melhorado".[39] Evidentemente, uma teoria que abandona o exercício de se questionar não passa de um dogmatismo, de uma religião. E um dogmatismo brutal dessa ordem faz seus adeptos caminharem apenas reproduzindo o que seu mestre disse ou escreveu.

Em sua origem, vimos a psicanálise pondo o dedo na ferida narcísica da sociedade de seu tempo, subvertendo o *status quo*, enfrentando certa moral burguesa e científica, e inserindo no espaço público um novo modo de pensar e agir. Juntamente com essa tarefa revolucionária, temos um dos enunciados mais potentes de Lacan ao declarar "que [...] renuncie a isso, portanto, quem não conseguir alcançar em seu horizonte a subjetividade de sua época",[40] ou seja, que renuncie à psicanálise aqueles que não

39. Sigmund Freud (1919). Caminhos da terapia psicanalítica. In: *Obras Completas* (1917-1920), v. 14, trad. bras. de Paulo César de Souza. São Paulo: Companhia das Letras, 2010, p. 210.

40. Jacques Lacan (1966). *Escritos*, trad. bras. de Vera Ribeiro. Rio de Janeiro: Jorge Zahar Editor, 1998, p. 321.

escutarem as produções das subjetividades de sua época. Dessa forma, encontramos a psicanálise ligada à política, à ética, ao social. E, assim, podemos afirmar, sem temer, que não existe psicanálise sem uma escuta de seu tempo, sem perceber que, como psicanalistas, estamos diante de um fenômeno, sintoma, que habita um espaço-tempo inseparável de um contexto histórico, econômico, político e social atravessando os processos de subjetivação.

Nesse sentido, quem exerce a função de analista e coloca em exercício uma prática contrária à escuta da diferença, bloqueia as forças ativas do mundo porvir, entupindo a análise de uma escuta repleta de eu e familismo. Porém, cabe ressaltar que isso não passa somente pelo campo psicanalítico, antes fosse um problema apenas dessa prática, mas se encontra inclusive entre as psicologias, psiquiatras e terapias alternativas. Evidentemente, se não afinarmos nossa escuta, os consultórios e instituições continuarão permitindo a proliferação do racismo, do machismo e de todos os tipos de violências de gênero.

Um território/inconsciente colonizado precisa ser decolonizado, e torna-se imprescindível a implicação de analistas nesse campo de batalha. Por isso, apostamos em uma prática anticolonial, antimanicomial e anticapitalista; apostamos em uma clínica do devir que se situe e efetue entre as condições dadas pelas lutas minoritárias, como o movimento antirracismo, o movimento LGBTIA+, a luta das mulheres, entre outros movimentos sociais antifascistas.

## Devir-esquizoanalista

A esquizoanálise nasce, existe e persiste entre pensamentos rizomáticos e o campo transdisciplinar. Recentemente Schiavon apontou "uma ética para o fim e o início dos tempos",[41] apresentando a necessidade de uma atitude (ética) que atravesse os reinos da natureza, uma desterritorialização pragmática do pensamento, uma revolução molecular que possibilite, aqui e agora,

41. João Perci Schiavon. *Nossa humanidade*. São Paulo: n-1 edições, 2020. (Col. Pandemia crítica – inverno, 131). Disponível online.

um modo de existência que não aprisione a vida ou a violente. Em vista disso, torna-se urgente realizarmos aproximações com outras perspectivas e construirmos uma psicanálise menor, produzindo um pouco de respiro.

Em *Metafísicas canibais*, Eduardo Viveiros de Castro destaca que este livro faz parte de outro título, *O anti-Narciso*, sendo considerado uma homenagem a Deleuze e Guattari através de seu ponto de vista. Em que pese não ter se tornado este o título de seu livro, o projeto vive e nossa aposta está aliada a essa ideia, que contém o exercício de uma antropologia como ciência menor, composta por sua proposta de produzir uma proliferação das pequenas multiplicidades "– não o narcisismo das pequenas diferenças, mas o antinarcisismo das variações contínuas; contra os humanismos consumados ou finalizados".[42]

Nesta batalha, cabe a nós o trabalho de forjar uma dobra diante dos contornos impostos pela dominação *antropo-falo-ego-logocêntrica*,[43] produtora de uma "política reativa do pensamento, regida pelo inconsciente colonial-capitalístico".[44] Consonante Rolnik, diante desse imenso desafio que enfrentamos, é preciso "reativarmos o saber-do-vivo no exercício do pensamento, de modo a liberá-lo de seu encarceramento nesse seco logocentrismo e seus falsos problemas – consequência de seu divórcio dos fluxos vitais e dos verdadeiros problemas que seus movimentos lhe colocam".[45] Não seria esta uma das mais importantes tarefas, aliada a ética, estética, clínica e política?

Sabendo que o devir não é reprodução ou imitação daquilo que se engendrará nesse processo, através deste conceito buscamos deslocar o reducionismo em que esquizoanálise e psicanálise têm sido situadas em determinados discursos e instituições.

42. Eduardo Viveiros de Castro. *Metafísicas canibais: elementos para uma antropologia pós-estrutural*. São Paulo: n-1 edições, 2018, pp. 27-28.

43. Conceito cunhado por Suely Rolnik para qualificar uma política reativa de produção de pensamento. Cf. Suely Rolnik. *Esferas da insurreição*, op. cit., p. 92.

44. Ibid., p. 92.

45. Suely Rolnik. *Esferas da insurreição*, op. cit., p. 92.

Desse modo, podemos implicá-las em suas origens de fazer-com, estremecendo certo pensamento majoritário para que devenha menor. Ou seja, produzi-la no sentido minoritário e desviante das normas, fabricando uma espécie de variação contínua, ultrapassando a amostra do homogêneo, do sedentário, do universal. Vale ressaltar que as nomenclaturas *maior* e *menor* não designam questões concernentes à quantidade, mas ao poder, à dominação, ao maior sendo transmutado através das potências de variação que possibilitam seu mergulho no processo de devir-minoritário.

Entre *O anti-Édipo* e *Mil platôs*, encontramos em *Kafka: por uma literatura menor* (1975) o conceito de "menor" em Deleuze e Guattari. Nessa obra, a literatura menor não se aprisiona em uma língua menor, mas diz respeito "à língua que uma minoria constrói numa língua maior",[46] sendo definida por três características: (1) desterritorialização, (2) ligação do individual com o político, e (3) agenciamentos coletivos de enunciação. Invertemos aqui a questão da literatura para pensarmos no problema de como extrair da própria língua uma psicanálise menor, "capaz de escavar a linguagem e de fazê-la seguir por uma linha revolucionária sóbria?".[47] Como podemos nos tornar nômades em nossa própria língua? Como produzir desterritorializações do corpo social, da normativa de uma linguagem psicanalítica (e esquizoanalítica) que nos concerne?

A categoria de "ser" sempre foi problemática, e pensar a potência de uma "esquizoanálise" em um "ser esquizoanalista" como especialista trata-se de algo um tanto complexo. Isto posto, tomamos uma posição ética e política na qual não se trata de deixar se capturar pela ilusão de Ser-alguma-coisa, mas, sim, de exercitar um compor-com-alguma-coisa. Pouco nos importa pensar em algo pessoalizado, mas muito nos interessam os processos, rizomas, fluxos e devires do que pode vir a acontecer nessas composições.

46. Gilles Deleuze e Félix Guattari (1975). *Kafka: por uma literatura menor*, trad. bras. de Cíntia Vieira da Silva. Belo Horizonte: Autêntica, 2014, p. 38.
47. Ibid., p. 30.

Os inventores da esquizoanálise salientaram que "devir é, a partir das formas que se tem, do sujeito que se é, dos órgãos que se possui ou das funções que se preenche, extrair partículas, entre as quais instauramos relações de movimento e repouso, de velocidade e lentidão, as mais próximas daquilo que estamos em vias de devir, e através das quais devimos. É nesse sentido que o devir é o processo do desejo".[48] Como afirmou Deleuze "devir é tornar-se cada vez mais sóbrio, cada vez mais simples, tornar-se cada vez mais deserto e, assim, mais povoado".[49] Por conseguinte, um devir-esquizoanalista encontra-se longe de qualquer sedentarismo e morbidez, pois é preciso desterritorializar, agenciar, desrostificar, fazer furos nas estruturas para possibilitar linhas de fuga. E, juntamente com esse exercício, fabricar zonas de vizinhança, produzir concretamente blocos de devir em (de)composição.

Em vista disso, um devir-esquizoanalista somente pode acontecer em ato. No campo analítico, um devir pode vir a balançar as estruturas, desarticular os saberes molares, desconstruir o que há de edipiano e fascista em nós e desrostificar o corpo para produzir um pensamento imanente, inventivo e ativo. Isto seria fazer funcionar uma outra escuta e presença do analista, que aposta tanto no corpo pulsional, quanto nos componentes heterogêneos que circulam por territórios existenciais, nas multiplicidades e diferenças. Notem que nosso exercício está longe de reduzir a esquizoanálise a uma psicanálise ou antipsicanálise, assim como não caímos no velho discurso acadêmico que busca desconsiderar sua potencial força de agenciamento, seu duplo, sua parceria e amizade.

48. Gilles Deleuze e Félix Guattari (1980). *Mil platôs: capitalismo e esquizofrenia, v. 4*, trad. bras. de Suely Rolnik. São Paulo: Editora 34, 2008, p. 67.

49. Gilles Deleuze e Claire Parnet. *Diálogos*, trad. bras. de. Eloisa Araújo Ribeiro. São Paulo: Escuta, 1998, p. 24.

## Psicanálise-esquizoanálise e a máquina-Guattari

Guattari, em *O inconsciente maquínico: ensaios de esquizoanálise* (1989), formula uma de suas maiores apostas: um inconsciente "voltado para o futuro".[50] Com isso, chegamos à ideia de um inconsciente futurista, uma psicanálise futurista, cuja exigência é de que a força pulsional dos devires seja presentificada na clínica, visto que os "devires são filhos do futuro".[51] Nesse lugar, uma análise compreende a força das avaliações, das escolhas, diferenças e composições.

A partir da obra de Henri Bergson, Deleuze afirma que diferente de Freud, mas tão profundo quanto, Bergson pode perceber que "a memória era uma função do futuro, que a memória e a vontade eram tão só uma mesma função, que somente um ser capaz de memória podia desviar-se do seu passado, desligar-se dele, não repeti-lo, fazer o novo. Assim, a palavra 'diferença' designa, ao mesmo tempo, *o particular que é e o novo que se faz*".[52]

Foi por meio do método fundamental da psicanálise, a associação livre, que se descobriu o inconsciente como uma memória e, nesse processo, o inconsciente como uma memória em ato. O que emerge ainda é todo um plano de afetos, do saber e não saber. Destarte, com as potentes perspectivas de nossos autores, podemos afirmar que uma análise é sempre uma análise de futuro, visto que o inconsciente tem uma função de futuro, assim como os sonhos dos povos originários. Foi exatamente nessa direção que Guattari apostou, tendo em seu horizonte não um retorno ao passado, mas o encontro com o futuro, o pragmático e pulsional.

Segundo Schiavon, a psicanálise como uma prática clínica e uma teoria originária do real necessita "de um contínuo banho de real para se colocar à altura de sua destinação e aí permanecer".[53]

50. Félix Guattari. *O inconsciente maquínico: ensaios de esquizoanálise*. Campinas: Papirus, 1988, p. 10.

51. João Perci Schiavon. *Pragmatismo pulsional*, op. cit., p. 20.

52. Gilles Deleuze. *Bergsonismo*. São Paulo: Ed. 34, 1997, p. 114.

53. João Perci Schiavon. *Pragmatismo pulsional*, op. cit., p. 22.

E, segundo ele, durante o século xx esse banho passou pelo crivo de Freud, Lacan, Deleuze, Guattari, entre outros. No presente livro, formamos uma matilha de analistas para pensar nesse banho de real, para não deixar o campo se transformar em rebanho, nem mesmo a água do rio secar e o corpo se diluir em desertos repletos de areias movediças. Através de sua sensibilidade, Schiavon faz passar sua leitura acerca da composição e dos diálogos entre psicanálise e esquizoanálise por seu crivo pragmático, ético e clínico, afirmando que "a esquizoanálise ainda é psicanálise após um banho de real"[54] e que "a esquizoanálise é ainda a psicanálise, como a física quântica é ainda a física".[55]

Na função de analistas, afetamos e somos afetados ao abrir nossa escuta a narrativas de múltiplos mundos. Ao praticarmos a escuta em sua radicalidade, em sua diferença, podemos produzir uma abertura da percepção, dos poros mais profundos onde o pensamento edipiano e colonial não possui lugar, exceto para ser destituído de poder. O inconsciente, potência que germina mais vida, flui através de encontros e agenciamentos, encontra-se com a multiplicidade e a "heterogênese dos processos criativos na produção de subjetividade"[56] como disse Osvaldo Saidón.

Para Eduardo Vidal, "há uma heterogeneidade entre a filosofia e o discurso analítico",[57] e esta heterogeneidade não significou uma ruptura entre Deleuze e a psicanálise, pois, em sua crítica produzida com Guattari, tomam a potência da invenção freudiana do inconsciente para pensar o inconsciente como máquinas desejantes, levando o sujeito a sair do aprisionamento teatral-familiar e se encaminhar para a mais radical exterioridade de si. Ainda, cabe ressaltar que "a questão do sujeito, em psicanálise, é correlativa a uma série de escritas heterogêneas e heterotópicas. O

54. João Perci Schiavon. *O caminho do campo analítico*. Curitiba: Travessa dos Editores, 2002, p. 11.

55. João Perci Schiavon. *Pragmatismo pulsional*, op. cit., p. 22.

56. Osvaldo Saidón. *Devires da clínica*. São Paulo: Hucitec, 2008.

57. Eduardo Vidal. "A heterogeneidade Deleuze-Lacan" In: *Gilles Deleuze: uma vida filosófica* (Org. Éric Alliez). São Paulo: Ed. 34, 2000, pp. 481-482.

inconsciente é o conceito decorrente da instauração de um traço que se repete como diferença".[58] Desse modo, foi preciso fabricar a heterogeneidade para inscrever os conceitos nas suas diferenças.

Para Guattari, a psicanálise é um discurso mutacional que possui movimento e pode deter-se ou morrer, e também deslocar-se para outros percursos, por outras vias. A psicanálise não é "um discurso fundado sobre *matemas* do inconsciente, nem sobre universais da subjetividade".[59] O que caracteriza o discurso da análise "é uma produção de subjetividade, uma produção de sentido, a partir de elementos de ruptura de sentido",[60] e, no decorrer das últimas décadas, outras mutações de agenciamento de enunciação foram surgindo em nossos territórios, mas ao mesmo tempo, sabendo que a produção de subjetividade requer invenção, nos permanece a problemática de reinventar dispositivos de produção de subjetividade constantemente e que estes possam dar uma resposta para além do âmbito individual, ou seja, que alcance os coletivos, as instituições etc. De acordo com Guattari, seu interesse na esquizoanálise está na heterogeneidade e naquilo que conceituou como *metamodelização*, a qual "consiste em forjar os instrumentos para apreender esta diversidade, esta singularidade, esta heterogeneidade".[61]

Segundo José Attal,[62] Guattari, através de suas proposições, se manteve aliado a Freud e Lacan na tentativa de reconstruir a psicanálise, esta prática que segue um processo contínuo de fabricação, sem a intenção de estar pronta, do mesmo modo que o analista não é formado, mas sim produzido continuamente. E a partir da fórmula de Guattari acerca do artista, qualificado por ele como

58. Ibid., p. 489.

59. Guattari, o paradigma estético. Félix Guattari em entrevista realizada por Fernando Urribari em novembro de 1991. Trad. Arthur Hyppólito de Moura, revisado e reeditado por Suely Rolnik. *Cadernos de Subjetividade*, Dossiê Guattari, São Paulo, v. 1, n. 1, 2. ed., 1996, p. 32. Disponível online.

60. Ibid.

61. Vértige de l'immanence. Félix Guattari em entrevista a John Johnston. *Chimères – Revue des schizoanalyses*, n. 38, 2000, p. 2.

62. José Attal. *El pase, ¿a título de qué? La tercera proposición de octubre de Jacques Lacan.* Bogotá: Cayó El Veinte, 2012.

"um herói da sobrevivência subjetiva", Attal coloca em questão se o psicanalista também não poderia ocupar esse lugar, visto que também considera a sobrevivência subjetiva como "prioridade". Ressalta ainda o fato de a psicanálise ter se desviado por muito tempo da normatização, sendo considerada uma prática e pensamento subversivos para a época, embora até mesmo o subversivo, quando passa a ser admitido pela maioria, se torne "normalidade", e, como podemos observar, uma das célebres frases de Lacan, "o analista só se autoriza por si mesmo", foi tomada pelos defensores de uma psicanálise convencional que se uniram para continuar fechados em suas capelas e leituras sem acompanhar sua época. [63]

## Psicanálise e fluxos esquizos

Inicialmente os fluxos esquizos são demonstrados por Freud, pela psicanálise, e ao mesmo tempo repelidos. Lacan retoma esses fluxos, de um lado, e Guattari e Deleuze, de outro, o fazem com os dois pés na porta da psicanálise, buscando aproximar a relação neurótica com a psicótica. Ou seja, como disse Attal, passando pela "ideia de que se deve comportar-se com os neuróticos [...] como com os psicóticos e vice-versa; que o mundo da psicose está implicado em entradas pragmáticas, entradas semióticas muito mais ricas e, finalmente, comprometido com uma responsabilidade ético-micropolítica muito maior".[64]

Aliado ao *anti-Édipo*, em sua Abertura de Seção Clínica realizada em 1977, Lacan (mesmo sem assumir em nenhum momento esta posição) afirmou que "a psicanálise é uma prática delirante, mas é o que de melhor se dispõe atualmente para obter alguma paciência com esta situação incômoda de ser homem. Em todo caso é o que melhor Freud pôde encontrar. E ele sustentou que o psicanalista não deve jamais hesitar em delirar. [...] Se fosse mais

63. Ibid., pp. 114-115.
64. José Attal. *El pase, ¿a título de qué?*, op. cit., p. 33.

psicótico provavelmente seria melhor analista".[65] Cabe ressaltar que isto não significa tornar-se psicótico, mas saber escutar de outro modo, um modo esquizo, antiedipiano. Frases como essa de Lacan se tornaram um problema a Deleuze e Guattari após a publicação de *O anti-Édipo*, pois alguns leitores acreditaram que eles afirmavam que a esquizofrenia seria uma alternativa. Porém, Guattari disse em diversas entrevistas o quão equivocados estavam estes leitores/comentaristas.

Destaca-se dois momentos: uma entrevista no Japão em 1980, em que afirmou que na obra alteraram a palavra "psicose" para esquizo, pois a primeira remetia muito à psiquiatria, então começaram a dizer "esquizo", destacando a existência de "processos esquizo que atravessam a sociedade não só pela psicopatologia, mas também pela invenção e todas as situações em que se encontra uma ruptura com as formas dominantes de significação".[66] Porém, os comentaristas da obra realizada com Deleuze disseram que eles escreveram que os esquizofrênicos seriam revolucionários, o que é um grande equívoco. Guattari afirmou que buscaram dizer "que existe um processo esquizo que podemos encontrar às vezes na esquizofrenia, às vezes na infância, às vezes na invenção, às vezes em todos os lugares",[67] e acrescentou: "esta expressão gerou tantos mal-entendidos que agora eu acho melhor simplesmente esquecê-la".[68] Outro momento desse mal-estar com as interpretações ocorreu em 1992, visto que o entrevistador de um canal de TV grega colocou o esquizo como um revolucionário, dizendo que esta seria uma ideia guattariana. Contudo, Guattari responde prontamente que "nunca disse que o psicótico ou o esquizofrênico fosse um herói revolucionário, que fosse substituir

65. Jacques Lacan. Abertura da Seção Clínica. *Ornicar?*, n. 9, 1977, p. 10. [Reproduzido e traduzido em *Traço*, ano 1, n. 0, set. out. 1992]. Disponível online.

66. GUATTARI, Félix. In: SANTOS, Anderson (Org.). *Guattari/Kogawa: Rádio Livre: autonomia: Japão.* São Paulo: sobinfluencia edições, 2020, pp. 77-78.

67. Ibid., p. 78.

68. Ibid.

o líder da classe trabalhadora ou os militantes das fábricas de Putilov de 1917",[69] e menciona o sofrimento dos psicóticos aprisionados nas instituições psiquiátricas.

Este pequeno desvio foi feito para ressaltar o quanto devemos ter cuidado com as palavras para que não sejam desconectadas de seu corpo e sua potência por meio de interpretações como as apresentadas. Por fim, retorno ao Lacan de 1977, aliado a Deleuze e Guattari, para lembrar sua importante mensagem: "a psicose é aquilo frente a qual um analista não deve retroceder em nenhum caso".[70] Traduzimos esses dizeres como uma mensagem para dar fim ao juízo daqueles que insistem em acreditar que a psicanálise é uma prática avessa às psicoses e ainda para chamar a atenção, mais uma vez, de analistas, para que não deixem de afiarem suas escutas!

Isto posto, não se pode esquecer que os fluxos esquizos da esquizoanálise contribuem em nosso campo para uma psicanálise menor através de um devir-esquizoanalista. A clínica aliada à ética dos devires pode avaliar os graus, as forças, a pulsão. Torna-se um agir, um exercício nômade. Desse modo, podemos fabricar uma clínica como espaço de encontro e de afetos, como lugar da diferença, libertando as singularidades e sabendo que há um pessoal e um extrapessoal que nos habita. Uma psicanálise menor nos convoca a abrir as portas, criar a vida para além do impossível que se vê e produzir uma vida aliada ao real. Cabe ressaltar – para jamais esquecer que não se trata de tornar o psicótico um revolucionário, mas lembrar que, tal como os artistas, os psicóticos podem problematizar as dimensões do real.

Em rápidas leituras se vê um Guattari que se desloca totalmente da psicanálise, mas, na realidade, se ruminarmos um pouco mais, é possível verificar que este psicanalista e militante tomou seu caminho pelas periferias, foi fazer psicanálise nas margens, e assim pôde fabricar uma psicanálise menor.

69. Félix Guattari: Entrevista para TV grega (1992). Traduzido por Anderson SANTOS. In: *Revista Polis e Psique*, v. 8, n. 2 (2018).

70. LACAN, Jacques. Abertura da Seção Clínica. *Ornicar?*, n. 9, 1977, p. 9. [Reproduzido e traduzido em *Traço*, ano 1, n. 0, set. out. 1992]. Disponível online.

Durante uma entrevista realizada com Peter Pál Pelbart, este último evoca uma importante memória de seus diálogos com Guattari, mencionando que, em 1990, perguntou a ele se não haveria um incômodo de sua parte por ainda permanecer ligado à psicanálise, ser nomeado como psicanalista no início das apresentações, e Guattari lhe respondeu que não deixaria a psicanálise para os psicanalistas aos quais direcionava suas críticas, pois continuava habitando a psicanálise com sua dinamite, com sua estratégia.[71] Assim, destacamos seu nome, pois, em nossa leitura atravessada pela esquizoanálise, é inegável que Guattari também fabricou uma metamorfose da/na psicanálise, o avesso do avesso, o verso e a poesia, possibilitando-nos continuar aliados ao movimento e à revolução extraordinária operada inicialmente por Freud.

Para finalizar, hoje podemos escrever mais uma página dessa história e começar a ler esses autores pelos problemas que ainda não foram resolvidos em seus trabalhos. Vamos permanecer construindo uma psicanálise menor através da radicalidade de tantas obras e dobras que nos inspiram a inventar continuamente essa psicanálise, sendo cabível abandoná-la somente quando já não houver possibilidade de habitá-la. Entretanto, sua vitalidade permanece viva. Sua história é uma história de lutas, conflitos, descontinuidades, aberturas e fechamentos, diferenças, disjunções e composições.

71. O teatro e a loucura para esquizofrenizar a vida. Peter Pál Pelbart em entrevista a Larissa Drigo Agostinho e Jean-Sebastien Laberge. Trad. Felipe Shimabukuro. *La Deleuziana – Revue en ligne de philosophie*, n. 9, 2019, p. 192. Disponível online.

# Terras freudianas

JOÃO PERCI SCHIAVON

> Sou apenas um iniciador. Consegui desencavar monumentos soterrados nos substratos da mente. Mas ali onde eu descobri alguns templos, outros poderão descobrir continentes.
>
> FREUD

Ensaio uma conexão não muito usual entre geo-história e psicanálise, aproximando autores como Lacan, Guattari, Latour e lançando mão, como de um elo facilitador, do pensamento de Deleuze e do que parece orientá-lo desde cedo, a saber, um "empirismo transcendental", que veio a culminar em seu breve e esplêndido *A imanência, uma vida.* Para essa incursão geopsíquica ou geoexistencial, retomo aspectos decisivos da obra freudiana.

## As condições da escuta

A partir de que lugar e mediante quais conceitos os processos psíquicos, subjetivos ou existenciais precisam ser pensados? Não só pensados, mas igualmente penetrados por uma prática, uma intervenção clínica à altura do desafio que comportam? As dimensões do desafio se esclarecem aos poucos, à medida que essa prática se instaura e persevera. Mas nem por isso essa prática se desenvolve: permanece antes no mesmo plano ético, cuja instauração é contínua. Freud a chamou de escuta flutuante, a "ação" que perfaz esse plano enquanto chão originário do processo analítico.

Este se parece com o que Deleuze e Guattari chamaram de espaço liso. A ele se ajusta a escuta flutuante. Também cabe dizer que a escuta flutuante instala o espaço liso da análise. Como não ver o caráter rizomático dessa escuta, tão precocemente elaborada por Freud para responder às condições do inconsciente? A psicanálise é um jorro intuitivo de conceitos que não para de se renovar, mas as condições observadas para tanto são exatamente – as do inconsciente.

A que atende essa escuta? Por que ela flutua? Ela atende, na sua flutuação, ao que Lacan definiu como alvo da análise, a diferença absoluta. Esta jamais adviria, jamais se pronunciaria no curso de um encaminhamento estritamente teórico, jamais se produziria pela mera exigência da razão ou da lógica; ela requer uma prática de atenção ao que foge do pensamento, ao não pensado, não advertido, ao imprevisto. Uma lógica do informal a preside – ou da força, se preferirmos. A percepção filosófica de Deleuze, expressa em *Cinema – imagem-tempo*, de que o pensamento se inclina finalmente a pensar com as categorias da vida, situa o fulcro da experiência analítica.[1] Não que isso não se originasse no inconsciente. Pelo contrário, é o que nunca deixou de acontecer, e tal é a descoberta de Freud, concebendo clinicamente o inconsciente. *Isso* pensa com as categorias da vida, mas é muito diferente situar-se no plano desse pensamento. Dir-se-ia até que o próprio pensamento precisa ser pensado com as categorias da vida com as quais ele pensa. Nessa dobra reside, de um lado, a crítica, de outro, a clínica, com sua decifração pragmática.

Um sonho pode ser mentiroso a certa altura de sua decifração; será, por exemplo, um pensamento estratégico para desorientar aquele que procura decifrá-lo, como acontece em alguns sonhos da jovem homossexual atendida por Freud.[2] Este, contudo, não se deixa enganar, como sucede ao pai da jovem e sucederia a um futuro marido, conforme ela planejava conscientemente. Ela

1. Gilles Deleuze. *A imagem-tempo*. São Paulo: Brasiliense, 2005, p. 227.
2. Sigmund Freud. *Obras completas*, v. 3. Madri: Biblioteca Nueva, 1973, p. 2545.

prospecta ao modo de *Orlando*, de Woolf, quando se vê no século XIX, em plena era vitoriana: como continuaria sendo ele/ela própria, mesmo se comportando à luz do dia como a mulher feminina que esperavam que fosse? No caso da jovem homossexual, o retorno em sonhos às aspirações heterossexuais era antes um ludibrio onírico, acolhido por Freud no crivo da interpretação. Tinha a função de despistá-lo, no caso de ele ser, como os demais homens da série, um tolo consumado. Ora, o pensamento do sonho vai um pouco mais longe, dobra-se uma segunda vez, pois investiga se Freud, o analista, se verá ou não nesse lugar dos candidatos à enganação, independentemente de ser ou não enganado. Por que devia ser iludido com os falsos impulsos heterossexuais da jovem? Ou seja, o sonho problematiza se ele pensará com o inconsciente, junto ou na altura do pensamento inconsciente, exercendo ao mesmo tempo a crítica e a clínica. *Crítica* por investigar desde onde se pensa e quais são as consequências desse pensar, e *clínica* por se dedicar à correção do rumo subjetivo (ou, ao modo espinosista, do intelecto), desimpedindo o acesso ativo à linguagem e ao corpo. É uma espécie de circuito em retorno que, como acontece no caso da jovem homossexual, avalia a condição de escuta, a radicalidade da posição e do discurso analítico, ou seja, sua ética originária e o plano *ex-sistencial* que ela instaura. Uso aqui um artifício linguístico de Lacan que destina à existência e ao real o mesmo *fora*.

Os problemas analíticos envolvidos no caso da jovem homossexual se inserem, assim, num campo de relações micropolíticas até então inexploradas. Embora não detectadas com toda a clareza, essas relações caracterizaram as formações do inconsciente desde o início. Freud terá sido o agrimensor pioneiro desses campos micropolíticos.

Seu passo extraordinário, ao postular a existência de pensamentos inconscientes, foi definitivamente dado, o que não quer dizer definitivamente acolhido. Tal existência – motivo maior das resistências à psicanálise, mais que o assunto incômodo de uma sexualidade que transpira nos sonhos e nos sintomas (embora essa transpiração não fosse outra coisa que a repercussão gradual daquela existência) – exigiria a suposição de um sujeito do inconsciente, coisa igualmente difícil de pensar, quando o sujeito da ciência é ainda o do *cogito*. Mas a transição do *cogito* ao *desidero* está decidida. O mundo se anima. A revolução está dada virtualmente. Dizem em O *anti-Édipo* que o desejo é revolucionário. Contudo, adotando uma fórmula bergsoniana, indago: como o atual se torna adequado ao virtual? Como o desejo *de fato* se torna revolucionário? Pensamento de outra ordem, posto que opera numa ordem de acontecimentos originários ou vitais, o desejo insere um ingrediente cósmico em todos os processos de experimentação humana.

A experiência do desejo como pensamento (re)introduz o erotismo na cogitação existencial, o chamado gozo. Retornamos ao *pathos*, não exatamente como aparecia nos trágicos antigos, mas como irá incendiar a intelecção *dos* afetos em Espinosa ou dar acesso à filosofia dionisíaca de Nietzsche. O *pathos* foi apreciado por muito tempo como padecimento, a ponto de esquecermos sua vertente ativa. Até mesmo Lacan, desviando-se do traço mais profundo de seu seminário sobre Joyce, o *savoir-faire* do *sinthoma*, repetiu ainda uma vez a cantilena perversa, própria dos discursos de mestre: "o ápice do gozo do real é o masoquismo".

Mas eis que o pensamento deixou de ser um problema do ser, do eu ou de um povo, como não se parou de pensar no Ocidente até Heidegger, que julgava transpor a "metafísica" remanescente de Nietzsche. Passou a ser, como este último viu, um problema da vida, o pensamento experimental *da* vida, nos dois sentidos do genitivo latino. A ideia de uma vida inorgânica, proposta por Deleuze, concorre para o ajuste de vida e pensamento. Ora, este ajuste inclui, em seu cálculo avaliador, comunidades não humanas e uma espécie de animismo renovado, de consistência ética: *uma outra justiça*. Pois é certo que uma vida inorgânica, além do humano, e à qual remete a noção de pulsão, demarca as condições da escuta analítica e a radicalidade da psicanálise, não só quanto às questões raciais ou de gênero, mas quanto à "vida primitiva de toda espécie". Latour, em contexto geopolítico, se refere às potências de ação que proliferam na experiência da materialidade terrestre,[3] operando com uma lógica equivalente à analítica – a lógica do vivo e do ativo que estive abordando.

## O circuito em retorno da existência

A experiência metapsicológica constitui, inteira, um circuito em retorno. Ao pensarmos o inconsciente em termos práticos, analíticos, nós o atualizamos. Sua atualização é sua colocação em cena, sua proposição em ato, e é desse modo que ele se define, como uma prática. Prática de quê? Da força – ou do real, como preferirmos. Operada, pensada e teorizada pulsionalmente, isso faz dela uma prática inatual. Por que "inatual", esse termo caro a Nietzsche? Ela se eleva às condições de inteligibilidade da realidade atual e, portanto, efetua sua travessia, exatamente por abordar um plano de atos originários, não sujeitos às regras, aos saberes e mandamentos da atualidade. Esta, em contrapartida, é submetida, tal como nos sonhos, à perspectiva pulsional da operação analítica, em nome de um tempo por vir. A escuta flutuante instala-se nesse plano e ao mesmo tempo o constitui, extraindo dele seus rendimentos clínicos. Lembremo-nos: é o chão originário do processo analítico, o espaço liso da escuta. Ritornelo da psicanálise, a metapsicologia envolve tanto a teoria como a clínica, ambas inseridas em seu giro pragmático.

Atividade em essência, a pulsão se define como uma ética. Daí a aliança subentendida da psicanálise com filosofias da vida ou da diferença, porquanto se ocupam das condições ativas do conhecimento: em Espinosa, as ações da alma compreendem ideias adequadas (e delas decorrem alegrias ativas); em Nietzsche, a perspectiva nobre exprime uma força ativa, e a matéria e a memória, em Bergson, são lidas a partir do impulso vital, cuja tendência se esclarece no movimento ascendente e involutivo da intuição.

3. Bruno Latour. *Diante de Gaia: oito conferências sobre a natureza do Antropoceno*. São Paulo, Rio de Janeiro: Ubu Editora/ Ateliê de Humanidades, 2020, p. 84.

Do vivo (afeto) transita-se à força (ou potência). Ora, esses elementos da imanência, que constituem o real da psicanálise, convêm inteiramente ao problema da existência. E é enquanto *ex-sistência*[4] que o real será investido por Lacan, indissociável de *um dizer* que, por sua vez, "ex-siste a todo dito".[5] Assim, o circuito pulsional deverá ser compreendido como um circuito em retorno da existência ou, segundo a mesma precisão, do real. É o nível elementar da metapsicologia, o plano do inconsciente. Ao situar a existência e o dizer na altura do real, Lacan reafirma a dimensão prática do pensamento analítico e, portanto, sua exigência ética. Assim, a insistência do real na clínica e na teoria se conclui lógica e eticamente com um *desabonado* do inconsciente[6] – outra designação, por certo mais depurada, para o sujeito do inconsciente. *O circuito em retorno...*

Ora, já estamos no campo da clínica e da política, com todos os elementos necessários a uma esquizoanálise. Apenas que o compromisso não é exatamente com tal política, nem mesmo com tal clínica, mas com um real pulsional e suas consequências. No entanto, é preciso dizê-lo, esse real é diretamente clínico, assim como político, segundo uma direção muito peculiar que excede e, com isso, desconcerta a vigência dos sentidos em curso. Motivo para Lacan registrar a distância e também a prevalência da orientação do real (não senso) em relação aos sentidos.[7] Um sentido, porém, é afirmado, agora como direção. É desse mesmo lugar que Melville, numa abordagem deleuziana, extrai personagens de uma natureza primeira, para cuja existência não se encontram justificações lógicas, psicológicas ou sociais.[8] Mas faço uma ressalva ao modo como Lacan, impropriamente, isola o *sinthoma* desde a sua emergência do real, afirmando que este não se liga a

4. Jacques Lacan. *O seminário – Livro 23, O sinthoma*. Rio de Janeiro: Zahar, 2007, p. 36.
5. "Pois o próprio do dito é o ser... Mas o próprio do dizer é de ex-sistir em relação a qualquer dito que seja." Jacques Lacan. *O seminário, livro 20, Mais, ainda*. Rio de Janeiro: Zahar, 2008, p. 139.
6. Cf. *O seminário, livro 23, O sinthoma*, op. cit., p. 160.
7. "A orientação do real, no território que me concerne, foraclui o sentido". Idem, p. 117.
8. *Crítica e clínica*, pp. 96-97.

nada.[9] É preciso atribuir-lhe um caráter ao mesmo tempo singular e impessoal, graças ao qual a obra de Joyce interessa a todos. *Pois o mesmo se dirá, com justiça, de uma vida.*

## Prática do absoluto

Segundo Lacan, o estatuto do inconsciente é ético, e não ôntico. Mas não se viu mais detidamente que não é apenas seu estatuto que está em causa no exercício do pensamento analítico, ou seja, que o inconsciente implica uma prática e requer, portanto, uma abordagem ética, envolvendo o desejo do analista (o que ele quer) e, de outro modo, o desejo do sujeito (se ele abrirá mão do seu ou não), mas que o inconsciente mesmo, *enquanto pensado pulsionalmente*, é de consistência ética. A subversão do discurso do mestre (e da universidade) e por extensão do capitalismo, anunciada pelos ensaios de ruptura característicos do discurso histérico, expõe por fim o avesso daquele discurso – ou seu direito, do ponto de vista do inconsciente. Tal subversão aparecerá em Deleuze e Guattari como processo de *desterritorialização* – é preciso acrescentar: *absoluta*, para distingui-la das relativas, bem como das territorializações e reterritorializações. É simples dar esse passo: não há relativização ética, e Deleuze e Guattari não fizeram mais que Lacan nesse sentido, que já definira o desejo como "condição absoluta" (distinguindo-a do "incondicional da demanda de amor"), em vista da qual as demais condições de existência se apresentam como relativas e secundárias. A "diferença absoluta", mencionada como alvo da análise, deve ser referida, também ela, à linha de desterritorialização de que falamos. Na verdade, uma remete à outra, e se explicam mutuamente.

Mas avancemos. A que a metapsicologia freudiana se reporta, senão, em última instância, às pulsões de vida e de morte? O que significa, pois, pensar além do princípio do prazer? Significa compreender que a clínica não se orienta por esse princípio. Ele não

9. *O seminário, Livro 23 – O sinthoma*, op. cit., p. 119.

garante um discernimento exaustivo, absoluto. Pelo contrário, ele é ajuste, mescla, hibridismo de vida e morte. Não permite discernir as linhas de vida e de morte porque assegura a confusão delas. Ao conceber as pulsões de vida e de morte Freud deu outro passo metapsicológico – que designamos igualmente de clínico – decisivo: colocou sob o signo dessas pulsões as vicissitudes do pensamento, desterrritorializando-o ao máximo.

A direção da análise se decide, então, como uma espécie de correção espinosista do intelecto orientada pelas pulsões. Não surpreende que, depois de um tempo, se detecte versões desse voo metapsicológico em circunstâncias de ordem geopolítica: "Finalmente, graças às disputas sobre o clima e como governá-lo, estamos reapresentando a questão política em termos de vida e morte: o que estou pronto para defender? Quem estou disposto a sacrificar?".[10] A ética do inconsciente é intempestiva e como tal se exerce de modo mais ou menos obscuro, isto é, de acordo com as condições de seu exercício, nas formações do inconsciente. *Estas são tanto psíquicas como cosmopolíticas*. Que o esquizofrênico delire as raças e os continentes, como se repisa em O *anti-Édipo*, dá a medida das formações do inconsciente e das linhas de fuga que elas testemunham. Uma decifração pragmática explicitará invariavelmente o caráter micropolítico e as implicações extrapessoais dessas formações.

A força se descreve como ativa e o vivo como avaliação. O ativo da força, porém, se exprime como determinação ética, *amor fati*. O *discernimento que decide* se torna, assim, absoluto. Em seu belo livro sobre Deleuze,[11] Lapoujade observa, porém equivocamente, que a desterritorialização absoluta se resolve tanto nos termos de uma linha vital como nos termos de uma linha de abolição.

10. Bruno Latour. *Diante de Gaia: oito conferências sobre a natureza do Antropoceno*. São Paulo, Rio de Janeiro: Ubu Editora/ Ateliê de Humanidades, 2020, p. 354.
11. David Lapoujade. *Deleuze, os movimentos aberrantes*. São Paulo: n-1 Edições, 2015.

> Tudo se reverte com a máquina de guerra capitalista pós-fascista. Ela também opera uma desterritorialização absoluta, mas global, englobante, desta vez fazendo da morte e da destruição potências negativas e mortíferas. Ela transforma a função da morte. *Tudo se joga, portanto, no nível da desterritorialização e do papel que nela desempenha o absoluto.*[12]

Conquanto Lapoujade destaque dois absolutos que efetivamente se defrontam, conforme a análise de Deleuze e Guattari em *Mil platôs*, é preciso esclarecer ainda que um deles é *falso* (na sua pretensão, bem entendido) e se insinua na relação das forças como reação à desterritorialização absoluta. É análogo ao funcionamento da ideia substitutiva na formação de uma fobia, a mais elementar das neuroses, conforme uma suscinta descrição freudiana: motivada por contrainvestimento e servindo para racionalizar a angústia do eu, essa ideia substitui a ideia originária, pulsional que, desfigurada, aparecerá no exterior. Segue-se uma defesa de segunda geração contra a ideia substitutiva, ainda geradora de angústia, deslocando todo o processo subjetivo a um plano de representação defensiva.[13] Os níveis que se sucedem a partir da ideia substitutiva e das ideias que, construindo muralhas protetoras, a substituem por sua vez, sugerem a expansão de linhas de estriamento do espaço, bem como a segmentação das linhas de fuga no *socius*, o que é igual à sua neutralização gradual. São estágios anteriores à sua precipitação em linhas de destruição e morte.

A desterritorialização absoluta se define (no sentido de maior nitidez) por uma *linha vital abstrata*, e não por uma linha de abolição (com a qual tende a ser confundida). A definição é precisa, porém facilmente desconsiderada quando se perde de vista o originário e suas exigências práticas. Deleuze e Guattari, no entanto, distinguem a desterritorialização absoluta e a relativa a partir da natureza do movimento em questão, das condições do corpo e do espaço que ele frequenta. A desterritorialização é *negativa* ou *relativa* se seu movimento "relaciona um corpo considerado como *Uno*

12. Idem, p. 253.
13. Sigmund Freud. *Obras completas*, v. 12. *Introdução ao narcisismo, ensaios de metapsicologia e outros textos*. São Paulo: Companhia das Letras, 2011.

a um espaço estriado no qual se desloca, e que mede segundo retas pelo menos virtuais". Cada vez ela opera por reterritorializações – sejam principais, bloqueando linhas de fuga, sejam secundárias, segmentarizando-as e rebatendo-as. A desterritorialização é absoluta quando seu movimento "relaciona 'um' corpo considerado como múltiplo a um espaço liso, que ele ocupa de maneira turbilhonar". Realiza, a cada vez, "a criação de uma nova terra": reúne linhas de fuga e eleva-as à potência de uma linha vital abstrata.[14]

Por que múltiplo? Na desterritorialização absoluta o corpo será múltiplo porque o real (desterritorializado) coloca-o em relação direta com um campo virtual, tal como já o pressentia Freud, ao atribuir um polimorfismo perverso à sexualidade infantil. Numa lógica pulsional, "infantil" significa originário. E ele se relaciona com um "espaço liso", seja deserto, mar ou céu, é porque não encontra obstáculo, impedimento, o que dá inteiro alcance à sua latitude de escolha. Isso significa que o movimento em questão *começa antes* do estriamento do espaço. Mesmo sendo *de fato* uma conquista, o liso se define como originário. E quanto a ocupar de maneira "turbilhonar" esse espaço? O liso é adequado aos percursos errantes ou livres, de tal modo que esse corpo não segue um rumo prescrito, presumido, binarizado ou radicular: seu movimento é rizomático e de ponta, e por isso recebe em *Mil platôs* o nome de *tête chercheuse*, a "pilotar" linhas de desterritorialização absoluta.

Se, como pensava Bergson, o essencial da vida reside no movimento que a transmite,[15] quais órgãos estariam aptos a percebê-lo? Um corpo considerado como múltiplo é, pois, um corpo sem órgãos, certamente em devir. Que não se saiba o que ele pode, esclarece ainda ao modo espinosista que se define por um grau de potência, isto é, por afetos e atos. Não se confunde, portanto, com

14. Gilles Deleuze e Félix Guattari. *Mil platôs: capitalismo e esquizofrenia, v.* 5. São Paulo: Ed. 34, 2002, p. 226.

15. Henri Bergson. *A evolução criadora*, Coleção Prêmios Nobel de Literatura. Rio de Janeiro: Ed. Delta, 1964.

a imagem do corpo próprio, não é identificável simbólica e imaginariamente, conforme sua condição histórica *sobredeterminada*. À sua latitude de escolha corresponde uma *hiperdeterminação ética*.[16]

Um problema crucial, de natureza ética, clínica e política a um só tempo, envolve as duas linhas: a desterritorialização absoluta, por não ser transcendente, cruza a relativa, encontra-a inevitavelmente em seu percurso prático, enquanto esta, por sua vez, em nome de sua eficácia, requer um absoluto próprio (que é alçado, como a ideia substitutiva no lugar da pulsional, à ideia de origem: a falsa imagem do recalcado – ou, no caso, do absoluto). Trata-se então de um absoluto "limitativo" que intervém ao longo das desterritorializações negativas ou relativas, emprestando-lhes um fundamento. Ou as linhas de fuga se deixam conjugar, segmentar, por esse absoluto ficcional, ou se inviabilizam de vez na experiência da loucura e na morte. Sua inviabilidade, portanto, já está prescrita pela ficção-fundamento. Que este seja uma ficção não exclui que se nutra de práticas muito concretas.

> (...) nessa virada do absoluto, as linhas de fuga não são apenas bloqueadas ou segmentarizadas, mas convertem-se em linhas de destruição e de morte. É justamente aí que o negativo e o positivo estão em jogo no absoluto: a terra cinturada, englobada, sobrecodificada, conjugada como objeto de uma organização mortuária e suicida que a rodeia por toda parte, *ou então* a terra consolidada, conectada ao Cosmo, situada no Cosmo segundo linhas de criação que a atravessam como outros tantos devires (as palavras de Nietzsche: Que a terra se torne leve...).[17]

Se em determinado ponto, como dizem Deleuze e Guattari, a linha de fuga e a linha vital que ela efetua podem se transformar em linha de morte e de destruição, é essencial ainda determinar, *clinicamente*, que ponto preciso de transformação é esse. O que se passou para que a linha vital não se mantivesse? Não é demais insistir que se encontra em jogo um problema ético, compreendendo escolhas,

16. A "hiperdeterminação", termo utilizado por MD Magno, faz face à sobredeterminação simbólica da experiência subjetiva. Demarca o desprendimento ético em relação a essa sobredeterminação, indicando, igualmente, a direção superior da análise.
17. Gilles Deleuze e Félix GUATTARI. *Mil platôs: capitalismo e esquizofrenia*, v. 5, op. cit., p. 226.

decisões, e aguardando um melhor esclarecimento. É que aquela linha abstrata, justo por ser originária, só pode ser efetuada por uma decisão ética. Ali onde tocamos o absoluto nos deparamos, igualmente, com uma ética pulsional e a questão do seu exercício.

Se num caso "o absoluto se faz aqui e agora, (...) de maneira intempestiva", como diz Lapoujade, e no outro "está em toda parte", desempenhando "o papel de fundamento",[18] é porque no primeiro enfrenta-se a prova do real, da existência em ato, assim como a imanência que ela conquista e exprime, enquanto no segundo a transcendência do Uno se propaga como sistema do juízo, constituindo o fundamento dos atos de existência – pelo qual todos os atos se encontram julgados de antemão.

É forte a tendência a desconhecer rapidamente os elementos da imanência (a força, o vivo, o ativo), isto é, o real analítico e sua determinação ética. A que se deve a tentação? Ao fato de se contar com abonos de toda sorte. Resiste-se, no sentido analítico, à percepção de que uma *natura naturans* requer, para que dela se tome conhecimento, seu próprio exercício.

Uma subjetividade "desabonada do inconsciente" constitui-se, agora, em seu plano. Este não será mais compreensível pelas articulações significantes: irá definir-se por atos e decisões em língua indígena – estrangeira ou originária, como se preferir. Não se trata, bem entendido, de usurpar a exterioridade vital das línguas indígenas, mas de situar o mundo em sua vertente.

## Uma vida desconhecida

Em 1936, em suas *Mensagens revolucionárias*, Artaud diagnosticava: a vida adoeceu, e só se tem agora uma ideia apodrecida de vida.[19] O que se sabe dela? O problema ético e clínico se alia profundamente ao conhecimento. Ora, o ético concerne ao *ativo*, o clínico ao *vivo*, enquanto nomeiam o real ou a pulsão. Vale para

18. David Lapoujade. *Deleuze, os movimentos aberrantes*, op. cit., p. 253.

19. Antonin Artaud. *Mensagens revolucionárias*. São Paulo: n-1 Edições, 2021.

a psicanálise o mesmo que para a filosofia de Bergson, na qual o vivo e o desperto – ou a vida e o conhecimento – fazem um. Daí que o saber que ela promove é o saber do gozo – ou, justamente, o gozo do saber. Mas, de que saber se trata? Alguns psicanalistas apostam no não saber, a fim de situar a experiência do real. Enquanto suspeita vital, o não saber tem evidentemente seu lugar no processo da análise. Mas concluir, na altura do real, por um não saber, denuncia tão somente a episteme inadequada com a qual se aborda essa ordem de experiência. Ou seja, enquanto não saber, ela ainda não foi alcançada – não se tocou ainda o real.

As filosofias da diferença não são ontologias sem antes serem filosofias da vida. Daí sua aliança com o saber analítico. A ontologia de Espinosa repousa na "ética" e o pensamento de Nietzsche quanto ao ser é definitivo: "O ser; dele não temos outra representação a não ser o fato de vivermos. Como o que está morto poderia ser? (...) O mundo não é nem verdadeiro, nem real, mas vivo".[20] E, no entanto, verdadeiro e real são relançados por ele com a chancela do vivo, do ativo, da força. Isso é nietzschiano, não há dúvida, mas é também psicanalítico. Se os afetos, tanto numa filosofia como a de Espinosa, como no pensamento analítico, avançam ao primeiro plano (pois até os juízos decorrem de disposições afetivas, conforme o texto conciso e magistral de Freud, *A negativa*), é porque eles são a parte do vivo (como se diz do demônio) – isto é, da força e, em última instância, de seu caráter ativo, por menor que ela tenha se tornado – a cada altura do processo subjetivo.

E se digo com Deleuze que o inconsciente é o lugar dos problemas e dos casos relevantes, face às respostas e aos casos ordinários,[21] intento reconduzir o pensamento à ordem dos investimentos afetivos, o que não se faz sem uma decifração pragmática do inconsciente. Catexias, libido: indicam grau de importância (ou grau de intensidade) e os atos que o expressam – ou que o expressariam, segundo os graus de desimpedimento. Problema: o que é mais

20. Gilles Deleuze. *Nietzsche e a filosofia*. São Paulo: n-1 Edições, 2018, p. 154.
21. Gilles Deleuze. *Diferença e repetição*. Rio de Janeiro: Graal, 1988, p. 180.

importante na ordem dos investimentos? Onde está meu coração, ali está meu tesouro, como se diz nos evangelhos. Uma reavaliação implicará uma "correção do intelecto" à Espinosa. Essa avaliação inconsciente, indicando o que é relevante numa existência, já se encontra em curso no plano das pulsões de vida e de morte – as quais, assinale-se, nunca foram outra coisa que critérios clínicos.

Um afeto se expressa em ato. É a sua expressão em ato que será o alvo do recalque. Trata-se, em outros termos, de separar a força daquilo que ela pode. Nem mesmo Lacan soube ver que não são apenas os significantes do afeto que são recalcados. Não saber mais qual afeto está em curso, qual afeto de fato me toca e me move, não é a única consequência do recalque. O impedimento de sua expressão, de seu desenvolvimento em ato, como dizia Freud, eis o alvo por excelência do recalque. Ao ser desviado de seu curso e de seu sentido, de sua expressão originária, ele não se exercerá mais na altura intensiva de sua ideia. *Essa altura, porém, era uma avaliação vital, não mais disponível atualmente.* Houve uma diminuição de vida, introduziu-se a morte no processo afetivo, agora conduzido pelo eu e pelas instâncias institucionais do *socius* (as formações edipianas).

Masoquismo e sadismo são operações regidas pelo princípio do prazer, graças ao qual o eu e a morte se mesclam à pulsão. Como se sabe, esse princípio não se exerce sem a constituição de um eu-prazer, narcísico, e um ideal de eu, implicando um regime de identificação e exclusão da diferença. O masoquismo, porém, sobretudo enquanto programa e conforme a análise de Deleuze e Guattari,[22] ensaia desatrelar o desejo da "lei extrínseca" do prazer. E foi mesmo indagando pela economia do masoquismo, o *pathos* enquanto padecimento, que Freud concebeu um além do princípio do prazer. É que toda soberania política, reagindo aos ensaios de experimentação da força pulsional, de suas modalidades de exercício e de seus graus, se instala sob a égide desse princípio "universal". Daí veremos senhores e escravos sob o

22. Gilles Deleuze e G Félix Guattari. *Mil platôs*, v. 3, op. cit., pp. 16-17.

mesmo jugo, reduzidos à mesma sujeição. O que chamo de afeto originário é a vida que resiste, desconhecida. Mas para resistir, esse afeto originário precisa ser exercido.

Pensou-se que, recalcando a representação (ou o significante) do afeto, este fluiria, rude e selvagem, sem norte ou paradeiro, até receber um destino – até ser orientado e mesmo submetido por uma ideia, refinado e transformado por ela. E, como acontece com a formação de uma fobia, pensou-se que ele não se demoraria sem rumo: o estado de angústia exigiria logo uma ideação adequada, não ao afeto, mas ao recalque, ao eu, à família, ao Estado. Pretendeu-se ver nesse deslocamento do afeto, desde sua situação (ideia) de origem até seu lugar de chegada, além dos destinos psicopatológicos correntes, a escolha da representação adequada, o movimento da sublimação, da arte, da ciência. De rudimentar a sofisticado, de bruto a refinado, tal seria o trânsito transformador pelo qual passaria o afeto, vestindo-se de cultura.

Nunca, porém, se foi mais direto e lúcido que Deleuze, ao sustentar que a diferença já comparece inteiramente vestida. Não é que o afeto irá se refinar, se sutilizar pelas formas culturais às quais se molda, pois assim se traduz, efetivamente, sua diluição e seu desconhecimento; é preciso que uma cultura se construa em nome da força pulsional, e se torne como que a sua atualização. "Os tarahumara são filósofos ao nascer."[23] A cultura não será mais que a ideia dessa força e os termos de sua efetuação. Cria-se assim uma cultura da diferença, uma *diferocracia*, para falar como MD Magno. Mas não é uma utopia, ou um ideal para o futuro, pois essa *diferocracia* desponta, aqui e agora, nas formações do inconsciente, assim como nas *sublimes-ações*. A nossa leitura pré-moderna, moderna e pós-moderna do afeto decorre das condições de experiência que temos dele, ou seja, da indigência afetiva da modernidade e, por consequência, de sua estupidez. E assim perdemos o (p)rumo não da certeza, mas da potência e seu exercício.

23. Antonin Artaud. *Los tarahumara*. Barcelona: Barral Editores, 1971.

O desafio psicanalítico tem o mesmo sentido que o chamado de volta à Terra emitido por Latour: "...Gaia é o sinal para retornar à Terra. Se quiséssemos resumir seu efeito, poderíamos dizer que é o único meio de fazer os modernos tremerem de incerteza novamente sobre o que eles são...". A psicanálise investe numa prática de pensamento originária, numa *cultura do vivo* profundamente esquecida. Assevera, ao seu modo clínico, que a memória do vivo (ou da força) não se distingue de uma ética em exercício.

## Na direção do sol

O mesmo Latour faz uma constatação irônica sobre os três ferimentos narcísicos sofridos pela humanidade segundo a célebre enumeração de Freud – que foi justamente o terceiro, depois de Galileu e Darwin, a deslocar o homem de um pretendido centro: uma vez desanimado o mundo, pelo cristianismo e pela ciência, toda a subjetividade deslocou-se para o lado do homem, o colonizador do cosmo. Não terá se abalado muito por isso, observa Latour; pelo contrário, seu orgulho se tornou imensurável. Agora sim, precisando rever Gaia, cuja miríade inaudita de agentes excede seus cálculos, vê-se tragicamente surpreendido (quando não se vale do gesto da negação, tão tematizado analiticamente, tão humano). Sua humanidade lhe parece, na expressão de Lovelock,[24] uma peste de alcance planetário. Depois de ter almejado os espaços infinitos, deve regressar à Terra, aturdido, dada a estranheza movente do chão terrestre, nunca suficientemente conhecido.

Como disse antes, a psicanálise participa dessa reversão cósmica, ainda que negada por muitos de seus praticantes. Pois *não foi na mesma direção* que Freud feriu mais uma vez o narcisismo humano; sua perspectiva clínica o colocou na contramão da ciência maior, de Estado, como diriam Deleuze e Guattari, e a perturbação que causou, passando pela sexualidade polimórfico-perversa,

24. Citado em Bruno Latour. *Diante de Gaia: oito conferências sobre a natureza do Antropoceno*, op. cit., p. 210.

indicava o curso obscuro, involutivo, de uma potência existencial inconsciente. Que mais tarde essa potência equivalesse a *uma vida*, apenas asseverou o quanto o "empirismo transcendental" de Deleuze era e continua sendo, clara ou obscuramente, não importa, a mais decidida aplicação filosófica da pragmática freudiana.

Se aquela potência se exprime nos termos de *uma vida,* todavia desconhecida, esta insiste e reverbera para além do eu, da família, do Estado e do humano. É por atravessar inteiramente estas formações reativas que receberá o nome, necessário a seu tempo, de pulsão de morte. Até aí chegou, de modo geral, nossa compreensão de uma vida inexplorada e por demais inquietante. Era preciso, porém, levar em conta a prática analítica, o desafio de adentrar a experiência subjetiva, como ressaltei no início, de interferir nela com precisão clínica, em cada singular percurso, e com isso tocar um real. Regresso, portanto, aos termos de uma vida desconhecida. Ao tocar o real tocamos a vida que existe em todas as coisas, como sucede ao Lenz de Büchner, em seu passeio *esquizo*, mencionado na abertura de *O anti-Édipo*: "ele achava que deveria ser uma sensação de infinita felicidade ser tocado assim pela vida primitiva de toda a espécie, de ter sensibilidade para as rochas, os metais, para a água e as plantas...".[25] Singular e impessoal, tais são os termos da imanência (*e de sua imanência*). E é como se apresenta a pulsão em cada circunstancial evento. Será chamada de parcial por não fazer parte. Não há um todo que corresponda a esse plano imanente de realidade; não existe um todo de fora, globalizante, regendo as partes e partículas de dentro.

Lacan já observava, em 1975,[26] que, antes da "natureza", era preciso constatar uma miscelânea de contranaturezas, em vista, sem dúvida, dos agentes envolvidos nos processos ditos "naturais" e de suas interações incertas. Mas não só: era por força de um outro olhar, deslocado pelo real das usuais distinções entre natureza e cultura, que a "natureza" era desconstruída, subvertida

25. Citado em Gilles Deleuze e Félix Guattari. *O anti-Édipo: capitalismo e esquizofrenia*. São Paulo: Ed. 34, 2011, p. 12.

26. Jacques Lacan. *O seminário, Livro 23, O sinthoma,* op. cit., p. 13.

em seu regime simbólico-imaginário, indissociável do discurso de mestre (e do saber universitário) – no caso, do discurso da ciência, que sedimentava e refletia esse regime. Certo parece, então, Latour, ao atribuir a essa natureza unitária e a-histórica uma significação ao mesmo tempo científica, política e religiosa. A distinção entre natureza e cultura já fora abalada pelas descobertas analíticas, que desnaturalizaram a sexualidade em nome da perversão, na medida em que esta pressupõe uma incidência profunda da cultura na natureza. Daí as voltas de Lacan, que assinala o caráter cultural da perversão ao designá-la de *père-version*, e alerta, ao mesmo tempo, para que não se conclua precipitadamente que não haja algo de natural no sexo.[27]

É controverso, pois a subversão da distinção natureza-cultura, em nome de uma composição de diferentes agenciamentos, suspende a definição de perversão como desvio quanto aos fins. Tanto quanto os normativos, não há fins naturais fora do tempo. Deleuze e Guattari, com outros motivos, porém na mesma direção, falarão de processos antinatureza do desejo, aliando ciência menor e feitiçaria. Tal é a desterritorialização empreendida pela psicanálise, em nome, certamente, de uma *nova terra*, aquela que convém a *uma vida*, ou de uma nova percepção da Terra, segundo novas condições de percepção, de discernimento e de avaliação. *Territorialização*, irá propor Latour.

Que seja em nome de uma nova terra, de novas condições de percepção, não significa mais a eleição de um ideal, de uma meta social, tampouco de um projeto artístico-político; trata-se, simplesmente, de reverter o pensamento às suas fontes ativas, reencetá-lo a partir de um solo originário de consistência ética. É que a cada discernimento pulsional, a cada decisão que esse discernimento requer, a experiência avança até se fundir às exigências pragmáticas da imanência. Em breves palavras: não passo

27. Idem, p. 13.

a sentir o insensível que, no entanto, só pode ser sentido, nem a pensar o impensável que só pode ser pensado, sem decidi-lo mediante uma prática improvável.[28]

A análise é exemplar, também no sentido de que não se destina apenas a decifrar um inconsciente colonial, permanecendo enredada em seu terreno. Aos poucos ela convoca seu avesso, o inconsciente real, que em nada se parece o contrário do colonial, ainda que seja, forçosamente, anticolonial. "Improvável" quer dizer exatamente isto: não pertence aos possíveis de uma realidade dada. Nada no inconsciente colonial dá conta daquilo que o destitui de qualquer legitimidade. Ele é o lixo que Lacan dizia ser necessário atravessar, incluindo aí o nosso ser, até nos depararmos com algum real. Tem a figura englobante própria de uma falácia que dura séculos. A desterritorialização que, enquanto prática, não para de relançá-la, tem ares de fim da história, o englobante fim já dado e incessantemente reatualizado, o que indica que o corpo em questão se conduz segundo as linhas de um espaço estriado, sob o sistema do juízo e em direção à morte. É o destino de Josef K, que não para de transpor antessalas da justiça. Negativa, limitativa, aquela desterritorialização resiste à absoluta, esta sim ativa e, como tal, imprevista.

É de fato instrutivo ler Bruno Latour denunciando, na esteira de Sloterdijk, o modelo do globo para pensar Gaia, a irrepresentável, dadas as potências de agir com as quais a preenche. Estamos no campo da geo-história, como diz esse autor audaciosamente, mas também (é preciso dizer?) no da psicanálise, pois as pulsões são igualmente potências de agir, não subsumíveis num todo, constituindo antes linhas de força, ou de fuga, em relação a qualquer clausura. Daí serem lidas como movimentos contra a natureza, aberrantes ou desviantes, ainda que o aberrante e o desviante derive do modelo do todo, no caso, da "Natureza", mais que nunca mesclada a uma sombria organização, o "capitalismo mundial integrado", nos termos de Guattari. Essa "Natureza",

28. Referência aos termos da experiência no *empirismo transcendental* de Deleuze.

ao mesmo tempo científica e política, se apresenta normativa, com suas leis exteriores (naturais), ali onde, todavia, segundo as inflexões pulsionais, já não se conhece lei ou norma. Nem por isso estamos lançados na desordem ou no caos.

Para além da desorganização psicótica do corpo, até então estratificado como orgânico, *ex-siste* uma vida inorgânica em conexão com a vida de todas as formas. Ter acesso real, ou seja, prático, a essa vida inorgânica, tal é a tarefa do futuro, conquanto já esteja em curso há muito tempo. Nunca houve psicanálise senão do futuro. Ora, essa tarefa não está assim tão distante da vida cotidiana, como mostrou Freud desde o início num precoce sobrevoo esquizoanalítico, ou, como assevera Latour, quando insiste num retorno das ciências a si próprias, ou seja, a uma experimentação de Gaia, tão longe e tão perto como os anjos de Wenders. Seguindo a mesma orientação, é o que Deleuze e Guattari nomeiam como "involução" e "ciência menor", e o que designo como "reversão pulsional". Retorna-se a uma terra cósmica, "a leve", ao tomar a direção ao sol.

A desterritorialização absoluta concerne a uma vida inorgânica, e não ao significante ou ao capital. Tanto que precisamos da literatura, assim como da análise, para pensar essa vida que, a cada vez, fala uma língua desconhecida. O capitalismo não chega ao mesmo tempo nem ao mesmo lugar que a pulsão chega; sempre chega depois e em outro lugar, no intento de mordê-la. Ele nunca a alcança, daí sua relatividade e sua reatividade. Mas pode impedir o acesso ao seu exercício.

Como não ver em *Orlando* de Virginia Woolf mais que uma fábula eminentemente literária, desconcertante em relação a todos os regimes do juízo, a proposição sagaz, senão violenta, de uma vida inorgânica ainda pouquíssimo explorada? Ou quando Guimarães Rosa faz ouvir a onça, em *Meu tio o Iauaretê*, que espécie de natureza ou de contranatureza ele convoca em sua língua menor, rumorejante, selvagem? Tudo se passa no meio da mata da linguagem – ou na linguagem no meio da mata: o fluir encantatório e perigoso da palavra dá a ver e ouvir, finalmente, a presença das onças – a onça. O devir animal é o devir do afeto, ou melhor, do afeto-palavra, o recalcado originário. Se a análise requer, enquanto processo, uma reconsideração profunda tanto do afeto como da palavra, é porque ambos, em sua volúpia conjuntiva, dão acesso ao transcendental de *uma vida*, à imanência da imanência, como diz Deleuze. Se *quase* não operam mais essa conjunção e esse acesso, é porque *quase* não se sabe mais o que eles podem.

# A psicanálise como uma análise das forças

*Colonialidade e o diagnóstico ético*

KWAME YONATAN

O presente texto toma a psicanálise como uma análise das forças. Para tal realizaremos diálogos entre a psicanálise, do campo de Freud à Lacan, com Nietzsche, Fanon, Deleuze e Guattari: o que um teria a dizer ao outro? Sobre o que conversariam?

O tema central desse diálogo é a exploração dos desdobramentos clínicos-éticos-teóricos de como seria uma psicanálise a partir do campo das forças. Assim, fundamentaremos o que é força e como o discurso psicanalítico pode ser relido a partir dessa dimensão; realizaremos uma escuta da colonialidade no embate das forças que a produzem; e, por fim, comentaremos sobre a clínica na sua relação com a prática diagnóstica.

Deleuze diria que a metapsicologia é uma ciência menor, isto significa que qualquer projeto de adequação, ou adaptação da psicanálise à ciência hegemônica incorreria em um equívoco. Neste sentido, a metapsicologia será pensada como uma clínica--estética-ética cujo alvo é a diferença absoluta – absoluta porque não é comparável –, tudo será medido a partir da perspectiva da diferença, acreditamos que essa é a principal força motriz do pensamento analítico.

Dentro do campo analítico existem diversas linhas de leitura que se diferem mais ou menos entre si. Não acreditamos ser possível falar de uma psicanálise única, pois seria ignorar a multiplicidade de discursos dentro desse campo, sendo preciso falar em psicanálises, no plural; a própria obra freudiana é recheada de paradoxos.

A definição de força de Deleuze,[1] a partir de Spinoza, é bastante útil. Segundo ele, força é a capacidade de ser afetado, poder se afetado de múltiplas maneiras, o modo como se é afetado. Nesse sentido, onde reside a força vital do pensamento psicanalítico? Falar da força vital do dispositivo psicanalítico remete diretamente ao conceito de pulsão (*Trieb*), uma força constante (*konstante Kraft*) que se refere ao vivo: "A pulsão é uma dessas fendas conceituais por onde o pensamento faz seu retorno à vida."[2]

A pulsão é um dizer, é uma ética, referente à nomeação de uma prática onde pensamento se articula em termos de atos. O analista, por sua vez, deve pensar com as categorias da vida. Desta forma, a dimensão ética tem a ver a com a avaliação das escolhas, de uma perspectiva a partir de onde elas são feitas e seus destinos, uma análise como uma pragmática pulsional. A pulsão já é uma avaliação em curso, um critério de escolha, de apreciação, de discernimento e nome do vivo. Portanto, na clínica, tomar a psicanálise como uma análise de forças implica em retomar continuamente as seguintes questões nos atendimentos: com que forças estou lidando? Desde onde é possível escolher? Desde qual lugar (*topos*) avaliamos? De qual lugar tem se operado a escuta?

## Freud e Nietzsche: força ativa e a pulsão

Dentro da psicanálise, existem leituras de que Freud não teria realizado um aprofundamento filosófico para que este não influenciasse o desenvolvimento do pensamento da clínica psicanalítica; ou, talvez, ele não tenha admitido que leu algumas obras filosóficas, por mais que seja possível perceber as diferentes influências na base clínico-teórica do pensamento analítico. Neste sentido, a relação entre Freud e Nietzsche ainda foi pouco explorada.

1. Gilles Deleuze. *Espinosa e o problema da expressão*. Trad. do GT Deleuze – 12; coordenação de Luiz B. L. Orlandi. São Paulo: Editora 34, 2017.

2. João Perci Schiavon. Pragmatismo pulsional – Clínica psicanalítica. Tese (Doutorado em Psicologia Clínica), Programa de Pós-graduação em Psicologia Clínica, PUC-SP, São Paulo, 2012. (SCHIAVON, 2012, p. 1). João Perci Schiavon. *Pragmatismo Pulsional: clínica psicanalítica*. São Paulo: n-1 edições, 2019.

Freud teria dito que Nietzsche foi o primeiro psicanalista em uma das suas últimas entrevistas feita por George Sylvester Vierek, em 1930, e continua: "É incrível o quanto a intuição dele se antecipou às nossas descobertas".[3] Nesta perspectiva, extrairemos dois conceitos fundamentais da obra de Nietzsche[4] para nossa discussão: o eterno retorno da diferença e a transvaloração dos valores; o primeiro conceito, é muito próximo ao objetivo do trabalho clínico, uma vez o analista deseja a diferença absoluta, no sentido de uma escuta na direção do resgate da memória da força, que possibilite processos de singularização. A memória da força é o registro da condição de escolha, é uma perspectiva de mundo, uma lente que quando exercida nos dá um olhar extemporâneo. Só há acesso a ela pelo exercício pulsional, uma subjetivação dessa força. Dessa maneira, o pragmatismo pulsional é próximo ao gesto de criação, de experimentação.

Em uma leitura mais nietzscheana da pulsão, podemos compreendê-la como uma força ativa. Por outra via, o recalque seria uma força reativa que visa impedir a expressão da força ativa, o acesso a essa memória. Ele operaria por meio de distorção da força ativa, a ponto de torná-la irreconhecível. No entanto, é a força ativa que avalia todas as outras forças, ela é incompreensível do ponto de vista das forças reativas. A pulsão destrói, elimina aquilo que a separa do que ela pode, dissolve em favor de uma linha ativa.

"A práxis analítica não faz outra coisa que revolver o solo das vitalidades e dos saberes esquecidos e ainda por vir."[5] Logo, na clínica psicanalítica é sempre preciso se perguntar: mediante quais conceitos os processos psíquicos precisam ser pensados? Quais conceitos precisam ser adentrados por uma intervenção

3. Entrevista conduzida por George Sylvester Viereck, publicada no seu livro: "*Glimpses of the Great*", publicado em 1930, e republicada no livro: "*A arte da entrevista*: uma antologia de 1823 aos nossos dias," organizado por Fábio Altman (Scritta 1995). Disponível online.

4. Friedrich Nietzsche. *Assim falou Zaratustra*: um livro para todos e para ninguém. Trad. Paulo César de Souza. São Paulo: Companhia das Letras, 2011.

5. João Perci Schiavon. *Pragmatismo pulsional: clínica psicanalítica*, op. cit.

prática clínica à altura do desafio que comportam?[6] Nesta perspectiva, o texto *As pulsões e seus destinos*[7] compõe um ponto de virada na trajetória da psicanálise enquanto metapsicologia, uma psicologia que se fundamentaria para além da consciência.

A metapsicologia se constitui um circuito em retorno, ao originário, a sua existência, ela teorizada pulsionalmente. Ela é uma prática inatual, sobrepassa as condições da atualidade, por se instalar no plano originário.[8] Segundo Lacan, a psicanálise possuiria quatro conceitos fundamentais: pulsão, repetição, transferência e inconsciente. Conceitos que se entrelaçam entre si e que podem ser somados com outros.[9] Porém, é importante ressaltar que a psicanálise opera com conceitos práticos, e isso traz uma dimensão ética.

> A pulsão está no limite dos conceitos metapsicológicos. Sem o conceito de pulsão a metapsicologia não poderia ser forjada como um novo campo de saber sobre o psíquico. Existiria assim, na metapsicologia freudiana, um escalonamento e uma hierarquia conceitual bem concatenada; cada conceito enunciado dependeria do anterior para ser construído enquanto tal, por razões de ordem histórica e lógica.[10]

De acordo com Freud, a pulsão ocupa uma primazia em relação aos outros conceitos. Ele a define como um conceito-limite, por se tratar exatamente de uma práxis. Trata-se de um conceito interseccional, visto que transitaria entre o somático e o psíquico, entre sentido e intensidade (força); e é nesse território fronteiriço onde se posiciona a escuta analítica.

6. Ibid.

7. Sigmund Freud (1914). *As pulsões e seus destinos*. Trad. Pedro Heliodoro Tavares. Belo Horizonte: Autêntica Editora, 2014.

8. João Perci Schiavon. *Pragmatismo pulsional: clínica psicanalítica*, op. cit.

9. O psicanalista J.-D Nasio tem um livro chamado *Lições sobre os 7 conceitos cruciais da psicanálise* (Ed. Zahar, 2017).

10. Joel Birman. *As pulsões e seus destinos: do corporal ao psíquico*. Rio de Janeiro: Civilização Brasileira, 2009, p. 33.

Lemos a pulsão como uma força de avaliação, um lugar de escuta,[11] de construção de um diagnóstico ético, próximo a construção fanoniana de uma sociogênese diante da colonialidade que nos atravessa, como descreveremos adiante.

A pulsão funciona como a atualização da expressão plástica da força ativa da vida em nós, e, quando essa força é impedida de se realizar como tal, temos as correções de rota, as formações do inconsciente (sonhos, sintomas, ato falho etc.). No entanto, a força da qual se padece é possível de ser exercida quando nos posicionamos eticamente, à medida que nos acontece.[12] Deste modo, a pulsão é essencialmente uma atividade, logo, só se conhece a sua verdadeira natureza pelo seu exercício. Há uma determinação ética, na medida em que possui uma função desnaturalizante da pulsão, tornando-a de uma natureza criadora.[13]

A ética promovida pela pulsão se traduziria por uma prática, por essa razão as formações do inconsciente são avaliações em curso que colocam em jogo investimentos afetivos. Em termos de Nietzsche,[14] a análise promove determinada transvaloração dos valores, um procedimento com implicações práticas. Ela realiza uma crítica do pensamento racional (correção do intelecto), um ponto de vista avaliador de todos os outros, tanto que a instauração da análise ocorre por uma retificação com o Real: qual a sua parte na desordem que você denuncia? As formações do inconsciente vêm exigir as correções da rota: aonde vai esse lançar? Portanto, o processo analítico é uma transvaloração das perspectivas, uma reavaliação do campo a partir dos planos da singularidade, uma ética na direção da força ativa, da transvaloração dos valores a partir da graduação de exame. Em termos

11. Kwame Yonatan Poli Santos, Fernando Silva Teixeira-Filho. "A clínica e a construção dos lugares de fala e de escuta". *Cadernos de Subjetividade*. (PUC-SP), v. 21, 2020.

12. João Perci Schiavon. *Pragmatismo pulsional: clínica psicanalítica*, op. cit.

13. Ibid.

14. Friedrich Nietzsche. *Genealogia da moral*: uma polêmica. Trad. Paulo Cesar de Souza. São Paulo: Companhia das Letras, 1998.

nietzscheanos, uma determinação ética da vontade de potência que pode ou não ser exercida, em termos clínicos: o que na análise precisa ser considerado, do ponto de vista do traço vivo?

> Seguindo nessa via, a transvaloração de todos os valores, eixo central da filosofia nietzschiana, não significa apenas colocar um valor no lugar de outro – por exemplo, ao invés do Bem platônico, o Progresso moderno –, mas mexer no modo de avaliar e instaurar valores, ou, para dizê-lo em termos mais técnicos ou quase marxistas, mudar o modo de produção de valores... O mais importante seria mudar a relação da vida com os valores que ela mesma cria. [...]
>
> Não consigo admitir uma teorização, por mais rigorosa e detida e cuidadosa que seja – e assim deve ser – que não traga ao mesmo tempo uma reviravolta pragmática, uma transvaloração dos valores, uma transformação de si ou do que está ao nosso alcance, uma dinamitagem de tudo o que nos coage por fora ou por dentro – e só nessas condições, ainda que clandestinas, porém públicas, é possível pensar com as categorias da vida.[15]

Toda problemática da psicanálise tem a ver com as modalidades dos investimentos: ao que se dá importância? Aquilo em nome do que ajo, penso e vivo? Logo, o processo analítico visa apropriar-se do modo de instauração dos valores; isso significa que até o próprio pensamento precisa ser analisado em relação às categorias da vida, interrogado sobre os valores que ele emprega para pensar: quais os pensamentos validados e quais não? Uma espécie de circuito em retorno à diferença: em que medida o desejo está sendo levado em conta?

A clínica como análise das forças é um território de escuta que atua no limiar, afinal, a análise só acontece nas fronteiras, proporcionando um mergulho de modo a intensificar a relação com o vital. É importante ressaltar que não há uma dissociação entre o campo das forças e das formas; ao contrário, a macropolítica é uma expressão da micropolítica, ao passo que a micro se afeta pelo macro de maneira singular, ou seja, é sempre de maneira singular que lidamos com aquilo que nos acontece.

15. Peter Pál Pelbart. O mimimi como categoria biopolítica. *Cadernos de Subjetividade*. (PUC-SP), v. 20, 2019, pp. 103-105.

Para melhor exemplificar o que está sendo apresentado, no próximo item, propomos a construção da escuta clínica fora da colonialidade que nos atravessa. Colocaremos em exercício o pensamento psicanalítico, a partir da análise das forças, do campo do desejo, plano de singularização diante da colonialidade e o racismo estruturante que decorre dela.

## A colonialidade e o racismo

A colonialidade foi um incêndio que queimou milhares de etnias não só concretamente, mas também em seus modos de existência, com suas respectivas culturas e epistemologias. Andamos ainda sobre as cinzas e escombros. Ela nos arruína e seus efeitos traumáticos perpassam o campo social em sua totalidade, de modo que os corpos colonizados ainda carregam as marcas da colonialidade na pele. Uma vez que incide na produção de subjetividades, a colonialidade deixa sequelas no campo vital. O racismo é a prova de que a colonialidade ainda opera no intercâmbio social e afeta o campo do desejo, o racismo é um dado estruturante das relações raciais.

O Brasil foi o último país do mundo a "abolir" a escravidão, o que produziu uma série de efeitos no campo social. Ainda que seja uma conquista, fruto de várias lutas abolicionistas, das rebeliões dos quilombos, entre outras, a "abolição" não significou a extinção das relações coloniais-escravocratas que estruturam a sociedade, pelo contrário, significou liberdade sem equidade, pois ainda há de acontecer uma segunda abolição, uma de fato, não de direito.

O racismo é a engrenagem principal da matriz colonial-escravocrata e na esfera do campo de forças é interrupção do fluxo vital, impedindo o exercício pulsional. Nesta perspectiva, a colonialidade afeta o plano de singularização. Segundo Fanon: "Há uma zona de não ser, uma região extraordinariamente estéril e árida, uma rampa essencialmente despojada, onde um autêntico ressurgimento pode acontecer. A maioria dos negros não desfruta do benefício de realizar esta descida aos verdadeiros Infernos".[16]

É possível ler em Fanon[17] sobre a decolonização como um processo de encruzilhada, da necessária superação da desigualdade material e de desalienação da dimensão subjetiva, a possibilidade de existir na zona do não ser. A zona do não ser pode ser lida como o campo pulsional, lugar de indeterminação, logo de invenção, onde a diferença absoluta pode existir – local de enfrentamento às contradições que nos compõem.[18] Podemos considerar a zona do não ser como um campo de forças, como um lugar onde residem germens de mundo, território onde a semente guarda a potência de árvore, onde o mundo engravida de outros mundos. Campo originário que precisa ser exercido por um pragmatismo pulsional, pois refere-se ao vivo.

A zona do não ser é uma região de passagem da diferença absoluta, de variação, do devir-minoritário universal.[19] A maioria dos negros e indígenas não desfruta dessa descida ao verdadeiro inferno, pois há uma interdição do reconhecimento da sua humanidade por conta do racismo estruturante, que faz com que esses corpos sejam reduzidos ao âmbito orgânico. Assim, afirmar o racismo como um dado estruturante das relações tem vários desdobramentos, mas focaremos no que se refere às sequelas no campo do desejo.

No Seminário 11, Lacan[20] diz que o inconsciente não é nem ser, nem não ser, mas é algo de não realizado, sendo mais de consistência ética – relativo a uma prática – do que ontológica, da dimensão do ser. O desejo é um exercício ético, segundo Lacan, assim há uma perspectiva clínica no trato da subjetividade que

16. Frantz Fanon. *Pele negra, máscaras brancas*. Trad. Renato da Silveira. Salvador: EDUFBA, 2008, p. 25.

17. Ibid, 2008.

18. Deivison Mendes Faustino. Frantz Fanon: capitalismo, racismo e a sociogênese do colonialismo. SER *Social*, Brasília, v. 20, n. 42, p. 148-163, jan.-jun./2018. Disponível online.

19. Gilles Deleuze. *Sobre o teatro: um manifesto a menos*. São Paulo: Editora 34, 2010.

20. Jacques Lacan. *O seminário: Livro 11, Os quatro conceitos fundamentais da psicanálise*. Rio de Janeiro: Zahar, 1998.

busca escutar o desejo a partir da sua pragmática, posicionar-se eticamente a partir da relação que se estabelece com ele; visto que a escuta analítica deve se localizar à altura do vivo, em uma perspectiva pulsional.

Por exemplo, uma paciente negra de 40 anos que sofre de ataques epilépticos conta algo muito recorrente no atendimento a mulheres negras que estão cansadas de terem que parecer fortes, de não poderem demonstrar fraqueza, de terem sempre que aguentar tudo, e conta não quererem mais anestesiar-se. A recorrência dessa queixa no atendimento a mulheres negras tem que ser escutada singularmente, todavia, há algo particular da expressão do racismo genderizado.[21] Durante um dos atendimentos, ocorreu-me perguntar a essa paciente algo bastante nietzscheano: como preservar o poder de ser afetada, senão através de uma fraqueza, de uma permeabilidade, de uma passividade?

O plano de singularização, campo de forças, micropolítico,[22] coexiste com as dimensões individuais, particulares e universais, em resumo, a dimensão macropolítica. "O ponto que nos interessa é que as clivagens que atravessam a relação entre indivíduo e generalidade humana, enquanto determinações concretas particulares de vida e morte, não são explicadas apenas pela natureza, mas também pelo próprio curso histórico das diversas sociedades humanas e do conjunto de escolhas individuais – historicamente determinadas – que compõem essas sociedades."[23]

Para analisar a interseção entre as dimensões macropolítica e micropolítica[24] podemos utilizar o tema da morte. Todos somos mortais, logo, a morte é universal. No entanto, cada um morrerá

21. Grada Kilomba. *1968 – Memórias da plantação – Episódios de racismo cotidiano*. Trad. Jess Oliveira. Rio de Janeiro: Cobogó, 2019.

22. Félix Guattari e Suely Rolnik. *Micropolítica*: cartografias do desejo. Petrópolis, RJ: Vozes, 2005.

23. Deivison Mendes Faustino. *Reflexões indigestas sobre a cor da morte*: as dimensões de classe e raça da violência contemporânea. (Orgs.) Marisa Feffermann, Suzana Kalckmann, Deivison Faustino (Nkosi), Dennis de Oliveira, Maria Glória Calado, Luis Eduardo Batista e Raiani Cheregatto. São Paulo: Instituto de Saúde, 2018, p. 157. Disponível online.

24. Ibid, 2005.

de forma única, individual e irrepetível; o intercruzamento dessas duas dimensões ocorre dentro das particularidades (históricas, culturais, de classe, raça etc.). Contudo, o processo de luto, por sua vez, é um processo singular:

> Na obra freudiana, a retomada da ênfase sobre a questão do narcisismo amadurece exatamente em *Luto e melancolia*. A falha na constituição do narcisismo primário estabelece uma distinção entre a "neurose narcísica" da melancolia e o sofrimento que caracteriza o trabalho de luto. O trabalho psíquico empreendido pelo enlutado, embora empobreça o ego e torne o sujeito inapetente para quaisquer outros investimentos libidinais, pode ser considerado um trabalho da ordem da saúde psíquica. É um trabalho de paulatino desligamento da libido em relação ao objeto de prazer e satisfação narcísica que o ego perdeu, por morte ou abandono. Ter sido arrancado de uma porção de coisas sem sair do lugar.[25]

A experiência da perda no luto é vivenciada de forma singular e carrega, ao mesmo tempo, questões políticas: quais lutos podem ser vivenciados e quais são apenas números, estatísticas? Quais corpos são matáveis e desumanizados e quais vidas importam?

Não é incomum pacientes negros relatarem que não tiveram tempo de viver o luto de familiares próximos da forma como gostariam, pois se em um dia enterraram o familiar, no outro já tiveram que voltar ao trabalho e tocar a vida sem tempo para chorar.

A distribuição desigual da morte das populações negras e indígenas no Brasil foi naturalizada ao longo dos cinco séculos de colonialidade, de maneira que se naturalizou também a desumanização das condições de vida e se instituiu a dessensibilização dos corpos negros e indígenas.

> Que negro tem mais é que viver na miséria. Por quê? Ora, porque ele tem umas qualidades que não estão com nada: irresponsabilidade, incapacidade intelectual, criancice etc. e tal. Daí, é natural que seja perseguido pela polícia, pois não gosta de trabalho, sabe? Se não trabalha, é malandro e se é malandro é ladrão. Logo, tem que ser preso,

25. Sigmund Freud. *Luto e melancolia*. Trad. Marilene Carone. São Paulo: Cosac Naify, 2011, p. 18.

naturalmente. Menor negro só pode ser pivete ou trombadinha,[26] pois filho de peixe, peixinho é. Mulher negra, naturalmente, é cozinheira, faxineira, servente, trocadora de ônibus ou prostituta. Basta a gente ler jornal, ouvir rádio e ver televisão. Eles não querem nada. Portanto têm mais é que ser favelados.[27]

Há uma mistificação que prega que todos compartilhamos uma condição universal de humanidade, no entanto, na cultura brasileira, esta é imbricada aos lugares subalternos destinados aos negros e indígenas. Nessa perspectiva, é possível enxergar como o racismo estrutura o laço social, pois o mito da democracia racial funda o Estado brasileiro, a concepção de democracia racial é calcada em uma universalidade abstrata, quando de fato institucionalizou-se uma hierarquia baseada na diferença racial.

> O racismo é sempre estrutural, ou seja, de que ele é um elemento que integra a organização econômica e política da sociedade [...] o racismo é a manifestação normal de uma sociedade, e não um fenômeno patológico ou que expressa algum tipo de anormalidade. O racismo fornece sentido, a lógica e a tecnologia para as formas de desigualdade e violência que moldam a vida social contemporânea.[28]

Distante de ser um episódio circunscrito, a violência do racismo é constitutiva da realidade, sendo uma política de manutenção da subalternidade, produzindo a desautorização das existências não brancas. Assim, o racismo deixa sequela na dimensão desejante da população negra, ocorre por meio de uma dupla injunção: almejar os ideais de eu da branquitude e odiar as próprias

26. Lélia Gonzalez. "A juventude negra brasileira e a questão do desemprego" (mimeo, Annual Meeting of African Heritage Studies Association, Pittsburgh, 26-29 de abril, 1979).

27. Lélia Gonzalez. Racismo e sexismo na cultura brasileira. In: Luiz Antônio Machado Silva et al. *Movimentos sociais urbanos, minorias e outros estudos*. Ciências Sociais Hoje, Brasília, (pp. 225-6), ANPOCS n. 2, pp. 223-244, 1983).

28. Silvio Luiz de Almeida. *O que é racismo estrutural?* Belo Horizonte (MG): Letramento, 2018, pp. 15-16.

características que remetem a negritude.[29] Portanto, a militância dos movimentos negros e indígenas é, sobretudo, pela existência: quando é que se existe de fato e não de direito?

Como dissemos anteriormente, o racismo priva a maioria dxs negrxs de viver a zona do não ser, pois o racismo é um processo de desumanização, tornando xs negrxs uma categoria. "Embora o branco goze de privilégios de toda ordem, não está isento às reificações racializadas, pois ao atribuir ao 'Outro' elementos humanos que também são seus, aliena-se da própria humanidade."[30] É preciso ressaltar uma ambiguidade: muito embora os brancos tenham diversos privilégios por terem acesso à universalidade de direitos, no plano vital, no campo de forças desse processo os brancos também são afetados.

A população branca, de forma geral, não se vê racializada e tenta ocupar uma posição de neutralidade no campo das relações raciais, o que acaba por dar manutenção as iniquidades do racismo, uma vez que este funciona de modo dialético. Assim como negros são subjetivados para ocuparem lugares subalternos, brancos ocupam uma centralidade ausente nesse processo,[31] sua invisibilidade fortalece o identitarismo branco. "Assim, o que parece interferir neste processo é uma espécie de pacto, um acordo tácito entre os brancos de não se reconhecerem como parte absolutamente essencial na permanência das desigualdades raciais no Brasil."[32] Portanto, quando falamos do atravessamento colonial, a partir do campo das forças, do plano de singularização, é preciso primeiro analisar as próprias implicações no âmbito das relações raciais, uma responsabilização ética sobre as experiências

29. Neusa Santos Souza. O estrangeiro: nossa condição. In: KOLTAI, Caterina (Org.). *O estrangeiro*. São Paulo: Escuta, 1998.

30. Deivison Mendes Faustino. Frantz Fanon: capitalismo, racismo e a sociogênese do colonialismo SER Social, Brasília, v. 20, n. 42, p. 148-163, jan.-jun./2018. Disponível online.

31. Grada Kilomba. *1968 – Memórias da plantação – Episódios de racismo cotidiano*. Trad. Jess Oliveira. Rio de Janeiro: Cobogó, 2019.

32. Maria Aparecida Silva Bento. Branqueamento e branquitude no Brasil. In: *Psicologia social do racismo – estudos sobre branquitude e branqueamento no Brasil* / Iray Carone, Maria Aparecida Silva Bento (Orgs.). Petrópolis, RJ: Vozes, 2002, p. 26.

de racialidade. Diante disso, é necessário problematizar um dos eixos centrais da clínica, a prática diagnóstica, de modo a reconstruir o olhar diagnóstico, com fins de elaboração de uma ética diagnóstica. Diagnosticar é ter um olho no microscópio e outro no telescópio. Nesta perspectiva, transportaremos essas análises para mais perto do terreno da clínica.

## Sociogênese: a construção do diagnóstico ético, a invenção da 2ª pele

Inicialmente é preciso distinguir ética de moral.

A moral, segundo Deleuze,[33] julga a vida a partir de valores transcendentes. Ela é um sistema de juízos sobre o que se diz e o que se faz em termos de bem e mal – considerados como valores metafísicos. Portanto, a moral é fundamentalmente um sistema de julgamento metafísico, a partir de valores metafísicos.

A ética não possui critérios universais de avaliação. Ela avalia sedimentos, condutas, intenções, referindo-se a modos de existências imanentes. Então você não tem um estatuto transcendente a partir do qual avalia aquilo que é visto como inferior. A ética é um sistema de avaliação que tenta explicitar esses modos. Com os modos de existência, supõem ou implicam valores imanentes que estão presentes; por exemplo: quem diz alguma coisa só pode dizer aquilo tendo determinado estilo de vida.

Toda avaliação remete as suas condições de possibilidade daquela perspectiva. Nietzsche[34] remete os valores de bem e mal à vontade de potência que está afirmando ou negando, ou à vontade de potência afirmativa ou negativa da própria vida. Resumindo, a ideia é que a vida, em última instância, é o critério de avaliação de todos os valores, quer dizer, não existe nada superior a própria

33. Gilles Deleuze. *Crítica e clínica*. Trad. Peter Pál Pelbart. São Paulo: Editora 34, 1997.
34. Friedrich Nietzsche. *Genealogia da moral: uma polêmica*. Trad. Paulo Cesar de Souza. São Paulo: Companhia das Letras, 1998.

vida a partir do que você pode avaliar em termos de bem e mal a própria vida.[35] Desse modo, o ato de diagnosticar é uma ação para além de identificar, ou de oferecer uma identificação.

Na ética diagnóstica levam-se em conta os atravessamentos da colonialidade na clínica, além da implicação subjetiva do sujeito no que se refere a territórios existenciais inseridos em uma dimensão política-histórica-cultural. Nesse sentido, a ética diagnóstica passa a ter a função de ressignificação do modo de existir. Se diagnosticar é avaliar, como tecer outros critérios diagnósticos a partir dos fios éticos?

Por exemplo, como as violências sofridas pelos pacientes diagnosticados psiquiatricamente com psicose ou esquizofrenia, como depressivos, melancólicos etc. indicam sobre o sofrimento psíquico sofrido por eles?

> A "sociogenia" de Fanon pressupõe que "a sociedade, ao contrário dos processos bioquímicos, não escapa à influência humana".[36] Portanto, é apenas a participação ativa na luta política pela transformação das condições sociais concretas de existência que abriria as possibilidades para o surgimento de um novo ser humano. O autor aposta na "luta de libertação" como "entre" que teria o poder de engendrar do ventre da reificação colonial um novo ser humano.[37]

A perspectiva da sociogênese aponta para pensar que o colonialismo é uma forma objetiva de exploração e apropriação do trabalho, ao mesmo tempo, essa materialidade não seria possível sem um processo de subjetivação, um jogo de forças que se expressa dessa maneira. É uma exterioridade concreta, um fora que também cria uma interioridade. Assim, a dimensão clínica não está dissociada de uma práxis e, como já foi dito, é importante resgatar as formas de produção dos valores: como se reproduz o humano?

35. Baseado na palestra de Roberto Machado: *https://youtu.be/L2KgKYmut54*.

36. Deivison Mendes Faustino. "Frantz Fanon: capitalismo, racismo e a sociogênese do colonialismo". *SER Social*, Brasília, v. 20, n. 42, p. 28, jan.-jun./2018. Disponível online. João Perci Schiavon. *Pragmatismo pulsional: clínica psicanalítica*, op. cit.

37. Deivison Mendes Faustino. "Frantz Fanon: capitalismo, racismo e a sociogênese do colonialismo". *SER Social*, Brasília, op. cit, p. 155.

Lemos a sociogênese de Fanon como uma prática diagnóstica ética, uma avaliação pulsional que visa à ampliação sensível dos diagnósticos psiquiátricos, para além da bio-logia ou dos sinais psicopatológicos clássicos. Entrecruzamos nesta leitura pulsional o atravessamento da colonialidade na clínica e a bio-lógica, uma lógica do vivo.[38] Porém, como escutar os atravessamentos da colonialidade no plano vital? Para escutar é preciso olhar, ou, como diz Nietzsche, "será preciso antes partir-lhes as orelhas, para que aprendam a ouvir com os olhos?"[39]

Olhar é mais que ver, assim como escutar vai além de uma atividade sensorial do ouvido. Nesse sentido, a tarefa clínica é aprender a escutar com os olhos, criar um órgão intensivo que escuta com os olhos; "ouvir seria uma experiência sensória, assim como, ao falar, se poderia afetar o outro, do mesmo modo que os dedos tocam a pele".[40]

O sentido do tratamento analítico é de operar uma desestratificação em nome do critério pulsional, não deve ser apenas uma restauração da consciência, onde há o inconsciente, mas uma transformação substancial da perspectiva subjetiva do analisador, o eu que passa a viver a pulsão. Assim, propor um diagnóstico ético é criar condições para a emergência dos agenciamentos desejantes, isto é, o diagnóstico ético é uma cartografia de como fazer retornar a diferença. Porém, como ver esse retorno? Como tornar real o que existe?

A intensidade dá passagem à conquista de existência, que, por sua vez, é uma conquista, não um fato bruto.[41] Ela ganha intensidade, força e consistência, como, por exemplo, no olhar redutor sob as marcas históricas no corpo negro em decorrência do regime escravocrata.

38. João Perci Schiavon. *Pragmatismo pulsional: clínica psicanalítica*, op. cit.

39. Friedrich Nietzsche. *Humano, demasiado humano*. Trad. Antônio Carlos Braga. São Paulo: Editora Escala, 2000, p. 17.

40. Jô Gondar. "Ouvir com os olhos: gestos, expressões, ritmo". *Revista Reverso*. Belo Horizonte, ano 42, n. 79, 2020, p. 31.

41. David Lapoujade. *As existências mínimas*. Trad. Hortência Santos Lencastre. São Paulo: n-1 edições, 2017.

Diagnosticar é avaliar, escolher, colocar critérios, é preciso diagnosticar a força ativa, diferenciando-a das forças reativas: o que do ponto de vista do traço vivo precisa ser considerado? Assim, diagnosticar eticamente é avaliar à medida que nos acontece. No caso dos corpos negros, indígenas, LGBTQIA+, é preciso considerar os efeitos da violência, mas nunca a fim de abonar o sujeito do seu inconsciente por conta da violência sofrida, em vez disso, para que seja possível escutar, para além das sequelas da mesma, o universo onde se inventam outros modos de existir.

O psicanalista Fábio Herrmann[42] defende que o melhor diagnóstico é o sonho, pois é um material singularizado de nossa enunciação. Na psicanálise, o sonho é um campo de múltiplas interpretações cujo sentido deve ser construído na relação transferencial.

A interpretação dos sonhos é uma decifração pragmática. O sensível aqui é a dimensão do real, ele é uma prática que exige o sentir, uma ampliação da sensibilidade. Todo sonho é um processo de avaliação, uma análise se faz como uma interpretação dos sonhos, já carrega em si os elementos da sua interpretação.

Por fim, o sonho é uma dobra do exercício da pulsão, podendo ser um diagnóstico das condições de uma vida, uma decifração radial. A vida desconhecida que precisa ser exercida. O sonho já tem sua interpretação de direito, ele precisa ser decifrado pulsionalmente de fato, pois ocorre em uma língua estrangeira, não na língua dominante.

42. Fábio Herrmann. *Clínica psicanalítica: a arte da interpretação*. São Paulo: Brasiliense, 1991.

## Conclusão

A proposta de pensar analiticamente por meio das forças é ética, na medida em que visa a uma clínica que pulse na frequência do conceito que consideramos ser o coração da psicanálise: a pulsão.

O Real da pulsão é essa força constante que nos atravessa. A noção de pulsão descreve ética, clínica e politicamente a noção de retorno à existência, ela retorna ao Real da psicanálise, à força ou à potência em seu exercício, o vivo.[43]

A ética da pulsão é a escuta da singularidade, a partir do âmbito da força ativa, mas como lidar com essa pulsão que, como força constante, efetivamente gera mal-estar?

A força da qual se padece é possível de ser exercida,[44] o exercício da força ativa já é um tratamento de "cura". Como diria o poeta João Cabral de Melo Neto, "acordar não é de dentro, acordar é ter saída", parafraseando, escutar não é de dentro, escutar é diagnosticar as forças em jogo para produzir outros sentidos. Nesta perspectiva, é preciso considerar a prática diagnóstica a partir do referencial dos sujeitos diagnosticados, escutar o que eles dizem sobre essas construções, com o objetivo de elaborar uma ética que oriente a prática diagnóstica, e, para isso, é necessário analisar as produções da colonialidade.

O diagnóstico por vezes é uma nomeação vazia, portanto, faz-se necessário introduzir uma dimensão ética, adotar uma perspectiva a partir do registro do real, de modo que o real não se distingue do vivo, do vivente. Isto posto, precisamos reconhecer as violências da colonialidade, sem essencializar. Para isso, são necessárias perspectivas exteriores a ela, até para garantir a própria psicanálise e que esta não se agarre ao narcisismo das grandes indiferenças.

43. Félix Guattari. As pulsões. *Cadernos de Subjetividade.* (PUC-SP), v. 12, 2010.

44. João Perci Schiavon. *Pragmatismo pulsional: clínica psicanalítica*, op. cit.

Desse modo, a tradução da psicanálise como análise das forças é uma psicanálise menor, em referência ao conceito de estrangeirização de uma língua maior, passando do desejo de reconhecimento para o reconhecimento do desejo, uma proposição analítica no sentido do seu exercício pulsional.

Se para Lacan o final de análise é o momento em que o sujeito passa a viver a pulsão, é necessária uma prática de desalienação em relação àquilo que deseja em nós. A pulsão é o não colonizável da subjetividade, é outro ponto de vista avaliador, a precisão do clínico do real da linguagem.

A sociogênese[45] é um diagnóstico do estrangeiro na medida em que possibilita aos colonizados acessar a zona do não ser, zona de conflito, lugar da perspectiva da diferença absoluta, visto que ocorre no plano de singularização onde um autêntico ressurgimento pode acontecer.[46]

> O racismo é essa peste, olhar odioso que afeta o Outro, visada de ódio e intolerância àquilo que funda sua diferença. Ódio e intolerância ao Outro, o racismo é essa maneira funesta de pensar e agir, fruto de uma vontade totalitária em seu duplo afã de extirpar do Outro seu modo de gozo e, ao mesmo tempo, de lhe impor o nosso.
>
> Contra o racismo de todas as cores, de todos os sexos, de todas as crenças, de todas as línguas, de todas as culturas, de todos os países, contra esse horror, que nos valha o estrangeiro – o estrangeiro de toda parte, o estrangeiro do exterior e do interior de nós mesmos.[47]

A construção de um diagnóstico ético é semelhante à invenção de uma língua estrangeira. Contra a colonialidade, realizar uma pactuação com as forças ativas contra o tempo colonial que não passa, fazendo retornar eternamente à diferença absoluta.

45. Frantz Fanon. *Pele negra, máscaras brancas*. Trad. Renato da Silveira. Salvador: EDUFBA, 2008.

46. Ibid.

47. Neusa Santos Souza. O estrangeiro: nossa condição. In: *O estrangeiro*. Org. Caterina Koltai. São Paulo: Escuta, 1998, p. 163.

# Édipo, anti-Édipo, minorizações

## *Notas sobre um encontro, apontamentos decoloniais*[*]

MICHELLE WENDLING

Pelo menos vinte anos separam este capítulo das discussões em torno da união homoparental na França. Interessa aqui a inserção da psicanálise na polêmica. Grosso modo, os argumentos contrários a essa forma de parentalidade são margeados pela salvaguarda do "simbólico". Curiosamente, a garantia da pluralidade pelo simbólico viria da permanência da família nuclear. Márcia Arán[1] destaca que o psicanalista e jurista Pierre Legendre eleva *pai* (um homem) e *mãe* (uma mulher) a um direito a ser garantido. Por serem os pilares da sociedade, uma vez aceita a união homoparental, os fundamentos do mundo democrático basculariam. Já Charles Melman acredita que crianças adotadas por um casal de mães, por exemplo, estariam apenas à serviço da fantasia dessas mulheres, privadas de uma gênese fálica. Nessa nova parentalidade o perigo viria do impossível contato da criança com o outro sexo. A possibilidade da diferença assegurada pelo simbólico não estaria mais garantida.

*. Este texto foi inspirado num pós-doutorado realizado em 2020 na *École Doctorale Recherches en Psychanalyse et Psychopathologie*, Universidade de Paris, intitulado "Psychanalyse et politique: la servitude volontaire au Brésil". Agradeço a Thamy Ayouch, meu orientador, ao grupo dos seminários de pesquisa "Genre, normes et psychanalyse" e "Psychanalyse, colonialité et décolonisations" e às/aos alunas/os da iniciação científica na UERJ pelas discussões no grupo de pesquisa, mantido remotamente durante esse período.

1. Marcia Arán (2009). A psicanálise e o dispositivo da diferença sexual. *Estudos feministas*, Florianópolis, n. 17, v. 3, 2009, pp. 653-673.

Se confundem nos argumentos acesso à simbolização e possibilidade de simbolizar como dependente de uma única via, baseada na heteronormatividade. Assim, uma ordem perversa e narcísica seria propagada pela homoafetividade ao contrariar essa premissa-base. Nesse debate, não raramente, o emprego de termos psicanalíticos se confunde com a fixação de normas pré-delimitadas como condição da cultura, generalizável a todos os processos de sociabilidade. Um problema teórico-político que concerne à psicanálise aqui é: e quanto aos que não se enquadram nessa norma?

As ditas ameaças à ordem simbólica não param por aí. A transexualidade[2] também embaralha todos os códigos. A ela o crivo normativo atribui previamente uma patologia, como psicose ou perversão, dando-lhe o estatuto de efeito exacerbado da recusa generalizada da diferenciação sexual. Em suma, fala-se em psicose por conta do retorno no real do ser do outro sexo, na impossibilidade de inscrever a diferença sexual.[3] Os "sintomas" transexuais apontam para um fora do discurso, pela foraclusão da significação fálica. Baseados numa fala do próprio Lacan[4] sobre as/os transexuais forçarem o discurso sexual, passagem do real (impossível), via cirurgia, psicanalistas como Castel, Czermark, Melman, Millot e Frignet questionam as intervenções cirúrgicas.

2. O termo é usado aqui considerando as discussões de Foucault (1988) em *História da sexualidade I:* a vontade de saber. 17. ed. São Paulo: Graal. (Obra originalmente publicada em 1976). Nela, a sexualidade no Ocidente é uma invenção inseparável do encontro dos discursos médico e jurídico, que, no estabelecimento das normas do desenvolvimento sexual normal, mapeiam, punem, corrigem as sexualidades periféricas, proliferando-as, nomeando-as, organizando lugares de sua máxima saturação (p. 47).

3. Para mais detalhes, ver Eduardo Leal Cunha (2016). A psicanálise e o perigo trans ou: por que psicanalistas têm medo de travestis? *Periódicus Revista de Estudos Indisciplinares em Gêneros e Sexualidades*, Salvador, n. 5, v. 1; Thamy Ayouch (2015). Da transexualidade às transidentidades: psicanálise e gêneros plurais. *Percurso*, p. 23-32; e Ana Carolina B. L. Martins; Maria Cristina Poli(2018). "Transexualidade e norma sexual: a psicanálise e os estudos queer". *Revista Subjetividades*, Fortaleza, ed. especial, pp. 56-67.

4. Ver Jacques Lacan. ...*Ou Pior*. Publicação não comercial exclusiva para os membros do Espaço Moebius. Salvador, 2011 (Seminário originalmente proferido em 1971-1972).

No vínculo estabelecido entre transexualidade e leitura estrutural da psicose, a transgenitalização promete *A mulher* – impossível pela inadequação entre discurso e real do corpo.[5]

O que nos autoriza a pensar indiscriminadamente um modo de vida como patológico? Por que é tão grave querer fazer parte de uma instituição social ou simplesmente existir sob outro registro do sexual? E quando as/os transexuais não desejam uma cirurgia? O problema não estaria antes naquilo que busca normalizar as experiências, naquilo que inventa os sujeitos como homem ou mulher e autoriza exclusões? Há de se pensar também no chamado à psicanálise e à medicina, na cultura, para estabilizar ambiguidades, alinhar sexo e gênero.[6] Nos breves exemplos destacados, há uma enorme violência ao lidar teórica e clinicamente com diferentes modos de subjetivação, reduzindo o outro, minorizando-o.[7]

A partir das colocações de Thamy Ayouch[8] podemos traçar pontos comuns entre esses exemplos e outros processos de *minorização*: de raça, de gênero, de classe... Trata-se da questão *como isso funciona?*, que nos faz enxergar exclusão e assujeitamento lá mesmo onde nos propomos a falar em nome do bem de alguém ou da sociedade, na melhor das intenções. Num texto publicado no jornal *Libération*, Ayouch[9] responde a um manifesto assinado por oitenta psicanalistas franceses[10] cuja pretensão é denunciar

5. Ana Carolina B.L. Martins; Maria Cristina Poli (2018). Transexualidade e norma sexual: a psicanálise e os estudos queer. *Revista Subjetividades*, Fortaleza, ed. especial, pp. 56-67.

6. Ibid.

7. Vale sempre lembrar que a ideia de minoria não se refere à quantidade, mas ao que não se enquadra na maioria, um lugar vazio que trabalha com o pressuposto de um padrão (Ver: Gilles Deleuze (1994). *O abecedário de Gilles Deleuze*. Disponível online no site *Clinicand* (Obra originalmente publicada em 1988). A maioria é a função que determina quem se exclui e quem está conforme as regras do sistema e distribuição de poder (Ver: David.Lapoujade (2014). *Deleuze, les mouvements aberrants*. Paris: Les Éditions de Minuit). Para o Ocidente, a maioria é o homem, adulto, heterossexual.

8. Thamy Ayouch (2019). "La psychanalyse est le contraire de l'exclusion". *Libération*, Paris. Disponível online.

9. Ibid.

10. Falo da matéria "80 psychanalystes s'insurgent contre l'assaut des 'identitaristes' dans le champ du savoir et du social" ou "80 psicanalistas se rebelam contra o ataque dos 'identitaristas' no campo do saber e do social" (tradução minha). Disponível online. Ver

uma invasão militante nas ciências humanas e sociais. Nem a psicanálise estaria ilesa à ameaça, contaminada pelos *identitarismos* reforçados por psicanalistas e pesquisadores obcecados pelo tema da identidade.[11] Os assinantes do manifesto saem em defesa da devolução do bom caminho à psicanálise – o universalismo e o humanismo que lhes seria próprio. É preciso livrá-la do narcisismo das pequenas diferenças, criador de "reivindicações totalitárias", sobretudo sob a influência dos estudos pós-coloniais.

O texto delineia estratégias de censura que tentam se justificar via psicanálise. Na denúncia dos *identitarismos*, o universal e o humanismo salvariam a "singularidade dos indivíduos" perdida no amálgama da identidade. Falar em nome do cidadão democrata não é falar a partir de uma posição historicamente localizável? Com os estudos pós-coloniais e decoloniais, alcançamos os efeitos políticos de silenciamento das diferenças nas pretensões de universalidade. De um lado, podemos, certamente, fazer uma leitura crítica da categoria identidade a partir da psicanálise. Por outro, se é o outro quem deve se submeter à crítica, se é o outro qualificável de antemão numa patologia ou desvio, não colaboramos com a separação entre os discursos inadmissíveis (que recusamos escutar) e aqueles autorizados a falar sobre algo (no manifesto, psicanalistas e acadêmicos não-pós-coloniais)?

## O *anti-Édipo*, ainda?

A cada vez que me deparo com uma psicanálise desejosa de organizar a sociedade lembro-me de O *anti-Édipo: capitalismo e esquizofrenia*,[12] de Deleuze e Guattari, leitura presente em diferentes

também as declarações do sociólogo Éric Fassin sobre ameaças de morte recebidas em 2020 pela defesa de "ideais não republicanos", disponível online, e Le Monde. (2019). *La pensée "décoloniale" renforce le narcissisme des petites différences*. Disponível online.

11. No Brasil, ver a polêmica em torno da publicação de Lilia Schwarcz sobre um filme de Beyoncé no jornal *Folha de S. Paulo*, disponível online; as respostas de Djamila Ribeiro, no mesmo jornal, também online; e de Maria Rita Kehl, no site *Racismoambiental*, online.

12. Gilles Deleuze e Félix Guattari. O *anti-Édipo: capitalismo e esquizofrenia*. Trad. Luiz B. L. Orlandi. São Paulo: Ed. 34, 2011.

momentos de minha vida acadêmica. Sempre encontramos quem qualifique a obra como datada: "nem adianta bater em cachorro morto", ouvi uma vez. O livro atacaria questões já resolvidas, ultrapassadas. No entanto, o escrito "tão maio de 1968" soa ainda atual.

Embora tenha falado de diferenças que apontam para campos distintos (união homoparental, transexualidade, identitarismo), proponho seguir as trilhas de Deleuze e Guattari para problematizar o chamado à normatização presente no Édipo, a fim de compreender as consequências da universalização na psicanálise. Quando Deleuze e Guattari dizem ser o Édipo "o que nos separa da política",[13] estão interessados nos mecanismos de poder e de reprodução inculcados nesse operador clínico-conceitual. Édipo é uma prática discursiva. Como tal, toma corpo "no conjunto das técnicas, das instituições, dos esquemas de comportamento, dos tipos de transmissão e de difusão, nas formas pedagógicas" que o impõem e mantêm como prática.[14] Mesmo Freud[15] admitindo que descreveu um Édipo ideal, que não é "absolutamente o mais frequente", esquematização em decalagem com a multiplicidade da experiência, não raramente, a fórmula ideal é reivindicada quando se repensam os laços de aliança e filiação. Se Édipo descreve uma encruzilhada entre o sujeito e o outro, um trabalho sobre identificação, identidade e diferença, há de se pensar nas consequências políticas daquilo que veiculam essas formulações. É nesse sentido que parto do *encontro* Deleuze-Guattari-psicanálise para problematizar a busca por universais, sempre acompanhada do risco de exclusão da diferença. Interessam as linhas de abertura, a potência da parcialidade.

Žižek[16] conta que Deleuze não gostava da estrutura de um diálogo, do estilo perguntas e respostas. Ele preferia um encontro.

13. Idem, p. 141.

14. Michel Foucault. *Dits et Écrits*. v. 2. Paris: Gallimard, 1994, p. 241.

15. Sigmund Freud. "O eu e o isso". In: S. Freud, *Obras completas*. v. 16. São Paulo: Companhia das Letras, 2011, p. 30.

16. Slavoj. Žižek *Organs without bodies: on Deleuze and consequences*. Nova York: Routledge, 2003.

Se no diálogo há uma pré-fabricação de problemas que guiam nossas respostas, num encontro criamos nossas próprias questões, não respondemos, simplesmente. Há um trabalho dos devires. Já eles fogem dos modelos, recusam uma imitação, um "fazer-como" ou uma assimilação de ideias. É nesse sentido que um encontro pode ocorrer na solidão absoluta de um trabalho: "encontram-se pessoas (e às vezes sem as conhecer ou jamais tê-las visto), mas também movimentos, ideias, acontecimentos, entidades".[17] É o movimento no qual cada um encontra o outro em algo que não seria comum, mas que está *entre os dois*, *pelo meio*. Assim, quando se encontra, acha-se, rouba-se, jamais se imita, se copia ou se regula uma ideia, uma escritura. Não há necessariamente concordâncias e acordos.

As contribuições decoloniais de um escrito de Lélia Gonzalez[18] nos ajudarão nesse percurso *pelo meio*. Sustento que sua ousadia foi revestir a psicanálise de forças antiedípicas. Ela trouxe ao centro dois temas secundarizados, raça e racismo, conjugados a questões de gênero e de classe social. Pai e mãe figuram numa outra versão, distante da família nuclear, articulados à atualização das relações históricas colonizadas, num exercício criativo de análise da colonialidade do poder.[19] Enfim, ela chama a psicanálise para uma conversação na qual o íntimo e familiar são políticos. Nesse sentido, aposta na psicanálise como instrumento crítico capaz de circunscrever e denunciar minorizações.

17. Gilles Deleuze e Claire Parnet. *Diálogos*. São Paulo: Escuta, 1998, pp. 93-141.

18. Lélia Gonzalez. Racismo e sexismo na cultura brasileira. *Revista Ciências Sociais Hoje*, Anpocs, 1984, pp. 223-244.

19. Termo cunhado pelo sociólogo peruano Anibal Quijano, entre o final dos anos 1980 e início dos 1990, a partir das discussões em Walter D. Mignlo *Histórias locais/Projetos globais: colonialidades, saberes subalternos e pensamento liminar*. Belo Horizonte: Ed. UFMG, 2003.

## Édipo? Anti-Édipo?

Um sonho habita O *anti-Édipo: capitalismo e esquizofrenia*: acabar com o Édipo. À época da escrita do livro, Félix Guattari vinha da esquerda francesa e atuava na clínica de La Borde junto a Jean Oury. Além disso, frequentava os *Seminários* de Lacan. Deleuze era já conhecido por seus livros sobre Hume, Kant, Nietzsche e Bergson, assim como pelos textos *Diferença e repetição, Lógica do sentido, Sacher-Masoch: o frio e o cruel.* Ele interessava-se pela psicanálise "de fora", sem os compromissos de um analista, e via com algum espanto sua insistência no Édipo. Desses lugares distintos eles estavam de acordo num ponto: a psicanálise tem se dedicado a deturpar a dimensão coletiva-produtiva do desejo ao rebatê-lo no Édipo, que ela não inventou. O livro nos mostra que só se deseja em conjunto. O desejo remete aos povos, às tribos, à economia, à geografia, à política, não à família ideal nuclear. Por isso, uma crítica da psicanálise deve considerar sua produção social e histórica, bem como os impactos sociais de suas práticas.

Para Deleuze e Guattari, os usos do Édipo fazem passar a defesa da família-microcosmo triangular, de certos critérios de bom funcionamento psíquico e social, mecanismo correlato da dominação colonial e da patologização da diferença na medida em que se parte de tal critério como um *script* pronto para lidar com as múltiplas experiências. Daí a presença no texto não somente de Artaud e Van Gogh, mas também de Frantz Fanon e seus estudos sobre patologização e colonização. Médico-chefe do Hospital psiquiátrico de Blida, na Argélia, em 1953, Fanon descobre os usos desastrosos das ideias freudianas para justificar a "segmentação racial entre argelinos e os colonos", reduzindo os colonizados a sujeitos naturalmente agressivos, a assassinos hereditários. Foi assim que "o herdeiro mais controverso de Freud" retrabalhou sua obra sob uma matriz racial, fazendo um apelo a outra forma de pensar, radicalmente vinculada à experiência vivida do racismo.[20]

20. Hourya Bentouhami-Molino. *Race, cultures, identités: une approche féministe et postcoloniale*. Paris: PUF, 2015, p. 96.

Contra Édipo como instrumento normalizador, colonizador os autores evocam as maquinações do inconsciente, a grande lição da psicanálise. Não por acaso, a *tarefa kantiana* do livro é fazer uma "denúncia dos usos ilegítimos das sínteses do inconsciente".[21] A ideia é recuperar a imanência de seus critérios, isto é, suas produções sem remetê-las a um domínio transcendente, fundo último de verdade. Nesse sentido, trata-se de livrar-se do Édipo como metafísica da psicanálise. É urgente uma concepção materialista para transformar essa leitura, capaz de tomar o social e o psíquico como sobredeterminados, não como opostos ou paralelos. Essa seria a tarefa da esquizoanálise, uma *psicanálise militante*. Trata-se de devolver alegria ao que se tornou morno, "como tudo que é dado de antemão".[22]

Nessa análise materialista, a figura do esquizo ajuda a desarticular a metafísica da psicanálise. Não confundido com a esquizofrenia como categoria psicopatológica, Deleuze e Guattari[23] descrevem-no como muito próximo dos fluxos do desejo, das produções do inconsciente, plenas de conexões-cortes sem fim entre objetos parciais. Os sofrimentos do esquizo clínico adoecido viriam dessa tentativa de fazê-lo reconhecer que o conteúdo de seu delírio, rico, múltiplo, coletivo, deve ser transcrito na lei, na família nuclear e no modelo da neurose, paralisando um processo que não é previamente doença. Do mesmo modo, os autores exploram esses mecanismos de normalização também nos colonizados. Curiosamente, foi a partir de seus sonhos que se descobriu que "mamãe dançava como o missionário, papai se deixava enrabar pelo coletor de impostos e o eu, espancar por um

21. Aqui os autores pretendem identificar, inspirados em Kant, os paralogismos da psicanálise. Kant pretendia descobrir critérios imanentes ao conhecimento para distinguir o uso legítimo e ilegítimo das sínteses da consciência (filosofia transcendental, imanência dos critérios), denunciando o uso transcendente das sínteses tal como na metafísica. In: *O anti-Édipo*, p. 14.

22. Gilles Deleuze e GUATTARI, Félix Guattari. *O anti-Édipo: capitalismo e esquizofrenia*. Trad. Luiz B. L. Orlandi. São Paulo: Ed. 34, 2011, p. 154.

23. Ibid.

Branco".[24] Constatações que serviram muitas vezes para dizer que lhes falta a calmaria da família burguesa para termos Édipo. Contudo, com Frantz Fanon, Deleuze e Guattari constatam que o triângulo nunca se fecha, que o inconsciente não conhece somente pai-mãe num microcosmo. Pai e mãe "só existem aos pedaços", colados de modo disjunto ao social como campo de batalha. Seja em períodos de paz e calmaria, seja em contextos de violência social na colonização, de extrema pobreza, as famílias são descentradas e "não engendram seus próprios cortes", mesmo naqueles que não querem saber de política.[25]

Deleuze e Guattari sustentam que mães e pais são apenas *agentes de produção* ou de *antiprodução*. Eles são testemunhas, relatores, indutores, agentes, não ponto de partida de um processo. A psicanálise se equivoca quando tenta explicar que "o professor e o coronel são o pai, até a mãe é o pai".[26] Além de reduzir todo desejo à determinação familiar, vê a família como apartada do social, não investida desde sempre pela economia e pela política: há sempre "o tio da América, (...) uma tia que fugiu com um militar, (...) uma avó louca ou extremamente alquebrada, internada num hospital".[27]

Da complexa rede de análises das operações do Édipo presente em *O anti-Édipo*, destaco as linhas de Deleuze e Guattari sobre *Em busca do tempo perdido*, a fim de compreendermos o que os autores propõem como alternativa. Essa obra ilustra bem o que separa o Édipo do funcionamento dos objetos parciais e do corpo sem órgãos,[28] segundo a perspectiva antiedípica.

24. Ibid., p. 133.

25. Gilles Deleuze e Félix Guattari (1972). *O anti-Édipo: capitalismo e esquizofrenia*. Trad. Luiz B. L. Orlandi. São Paulo: Ed. 34, 2011, p. 134.

26. Ibid., p. 87.

27. Ibid., p. 134.

28. Termo inspirado na obra de Antonin Artaud. Deleuze e Guattari o caracterizam como algo "improdutivo", "estéril", surgido na própria produção como "fluido amorfo indiferenciado". Com ele, tudo parece não mais produzir. O corpo sem órgãos seria o próprio corpo do desejo, por não ter uma organização estabelecida previamente. Mas ele é também o modelo da morte (antiprodução), remetendo às diversas tentativas de barrar os fluxos da produção desejante. Ver: ZOURABICHVILI, François. *O vocabulário de Deleuze*. Rio de Janeiro: Relume/Dumará, 2004.

O narrador de Proust nada vê, de nada sabe, de nada se lembra. Comparado a uma aranha, ele emerge apenas numa escalada de intensidades, responde aos menores signos molares ou coletivos, como um salão, um grupo de moças ou uma paisagem. É isso que dá lugar e uso a cada coisa, ser ou cena. Só depois se exercem faculdades e seus órgãos correspondentes como um esboço intensivo, desenham-se nesses coletivos ou nebulosas séries e pessoas, sob "estranhas leis de falta, de ausência, de assimetria, de exclusão, de não comunicação, de vício e de culpabilidade", desfeitas em seguida.[29] Por ser um deserto, um corpo sem órgãos, o narrador-aranha é habitado por uma distância indivisível. É que Proust trabalha com as determinações positivas e a comunicação aberrante entre os objetos parciais, entre fluxos produzidos e cortados. Há a possibilidade de que esses objetos parciais se conjuguem na forma do Édipo, mas essa não é a única via: existe um campo de possíveis não explorados. Freud não insistia no sonho e na transferência como provas de que a libido é plástica, energia deslocável, não concentrada previamente em pessoas?[30]

Em *À la recherche du temps perdu*,[31] o narrador ilustra o uso parcial e não específico das sínteses conectivas descritas por Deleuze e Guattari.[32] Nela, as formas das pessoas não preexistem aos cortes-fluxos dos objetos parciais. Ele afirma e inclui termos disjuntos "sem limitar um pelo outro nem excluir um do outro".[33] A obra proustiana escapa por todos os lados do diagnóstico de homossexualidade edipiana, com fixação na mãe e culpabilidade sadomasoquista dado a Proust. Ao partirmos do problema das intensidades em *Sodoma e Gomorra*, dos exemplos daqueles que vivem "menos exclusivamente", é possível nos pensar como transexuados. Nesse sentido, como funcionamento próprio ao desejo,

29. Ibid., 1972/2011, p. 96.

30. Gilles Deleuze e Félix Guattari. *O anti-Édipo: capitalismo e esquizofrenia*. Trad. Luiz B. L. Orlandi. São Paulo: Ed. 34, 2011, pp. 66-92.

31. Marcel Proust (1946-1947). *À la recherche du temps perdu*. Paris: Gallimard. (Obra originalmente publicada em 1919).

32. Ibid., 1972/2010.

33. Ibid., p. 104.

o esquizo opera por inclusão disjuntiva. Ele delira os nomes da história porque está vivo *ou* morto, é homem *ou* mulher, nunca ao mesmo tempo, não é bissexuado, intersexuado, não está entre os dois sexos, já que "não identifica dois contrários a um mesmo, mas afirma sua distância como aquilo que relaciona um ao outro como diferentes".[34] Ponto de fuga ao sentido exclusivo dado ao masculino e feminino, o qual tende a imaginar as formas das pessoas preexistentes a proibições, determinando-as num beco sem saída, buscando suplantar as disjunções inclusivas.

Com o *uso global e específico das sínteses do inconsciente* no Édipo, Deleuze e Guattari afirmam que o desejo recebe um eu sob tal sexo e "objetos completos determinados como pessoas globais", relativos às imagens parentais como coordenadas.[35] Ou seja, um "regime de conjugação de pessoas substitui a conexão dos objetos parciais", multiplicidade de experiências transcritas no critério da heterossexualidade.[36] A acusação de que a homoparentalidade priva a criança do contato com um dos sexos não parte da ideia dos sexos masculino e feminino como *completos* e *complementares*? Assim, a solução do Édipo passa pela diferenciação das pessoas ao dar ao desejo seus primeiros objetos completos e, ao mesmo tempo, proibi-los. Desse modo, o risco da queda no indiferenciado marca seu fracasso e estagnação. Mesmo que não tenhamos como aprofundar aqui as ideias de Judith Butler[37] a respeito dessa operação de exclusividade, são dignas de nota suas discussões sobre melancolia de gênero. Para a autora, a masculinidade e a feminilidade estão diretamente relacionadas ao critério primeiro da heterossexualidade, obrigando os sujeitos a uma foraclusão da possibilidade de ligações homossexuais. Tornada uma paixão inviável, o trabalho de luto sobre a homossexualidade é impossibilitado.

34. Ibid., p. 106.
35. Ibid., p. 98.
36. Ibid., p. 100.
37. Judith Butler. *La vie psychique du pouvoir*: l'assujettissement en théories. Paris: Léo Scheer, 2002.

## Psicanálise, ferramenta de *O anti-Édipo*: a importância dos impasses

É preciso dizer que *O anti-Édipo* se apropria de diversos impasses e mutações presentes nas fórmulas psicanalíticas, retira parte de sua força crítica desses pontos de movimento. Os famosos casos clínicos constituem pontos de fuga, interrogações aos instrumentos conceituais. Na medida em que a clínica não é convocada como simples confirmação do arcabouço teórico, constitui e também modifica concepções dadas (provisoriamente) como certeiras,[38] temos uma escolha epistemológica revestida de uma potente crítica a todo saber totalizante e normatizador. Vejamos alguns dos deslocamentos que a própria psicanálise opera nas normalizações tomando o exemplo do campo da fantasia, interseção entre sujeito e o outro, social e sexual, aspecto nevrálgico da virada antiedípica de Deleuze e Guattari.

Nos *Três ensaios para uma teoria sexual*[39] Freud contesta a ideia de que a sexualidade se instaura apenas na puberdade, com fins reprodutivos e subjugada ao primado genital e heterossexual. O interesse pelas características perverso-polimorfas das pulsões sexuais e a concepção erógena do corpo fazem vacilar a pretensa separação nítida entre normal e patológico. Ao mesmo tempo, ao diferenciar pulsão e objetos (parciais) ressaltando a não equivalência natural entre ambos, a importância se desloca da classificação de desvios, da busca das degenerescências e dos componentes hereditários da sexualidade para a relação com o outro. Nesse sentido, Freud entende que há ideais estéticos e éticos

38. Ver *O início do tratamento*, "A extraordinária diversidade das constelações psíquicas envolvidas, a plasticidade de todos os processos anímicos e a riqueza de fatores determinantes resistem à mecanização da técnica e permitem que um procedimento em geral correto permaneça eventualmente sem efeito, e que um outro, normalmente errado, conduza ao objetivo" (p. 124). In: FREUD, Sigmund, *Obras completas*. v. 10. São Paulo: Companhia das Letras. (Obra originalmente publicada em 1913).

39. Sigmund Freud. "Três ensaios sobre a teoria da sexualidade". In: *Obras completas*. v. 6. São Paulo: Companhia das Letras, 2016 (Obra originalmente publicada em 1905).

envolvidos na constituição dos "diques" que irão mais tarde reprimir a plasticidade dos objetos parciais. O complexo de Édipo, pensado em 1897, tem aqui uma importância ainda marginal.

O Édipo como um momento de mobilização de afetos, pulsões e representações ligadas aos pais sob o primado do falo vai se constituindo pouco a pouco na obra freudiana.[40] A forma "simples e positiva" do Édipo é o modelo dos meninos.[41] Nessa trama, é fundamental a teoria sexual infantil sobre a existência de *um* órgão, o masculino. A visão dos órgãos sexuais femininos faz o menino imaginar que crescerá um pênis nas meninas. A teoria é impactada pela ameaça de castração, processo no qual se inscreve a percepção da diferença. Para o menino, o problema é: ele *tem*, mas pode perder o órgão genital. Para as meninas, o processo passa por conectar a visão da ausência do órgão à hipótese de que um dia possuíram tal membro, perdido com a castração.

Nesses meandros, restaria para elas um complexo de castração balizado pela anatomia como destino, dirá Freud[42] categoricamente em 1924, acenando para um determinismo biológico. Esse destino reservaria às mulheres um trabalho sobre a desvantagem de *não ter*, como "fato consumado", e o *querer ter*.[43] Embora Freud reconheça que "no conjunto é preciso admitir que nossa compreensão desses processos de desenvolvimento da menina é insatisfatória, plena de lacunas e pontos obscuros",[44] as marcas da inveja e a busca por compensações acabam por sustentar uma visão da sexualidade cujas marcas seriam a maternidade (versão positiva) ou a virilização, sem mais opções, aparentemente.

40. Ver J. Laplanche J.-B. Pontalis *Fantasme originaire, fantasmes des origines, origines du fantasme*. Paris: Hachette, 1985.

41. Sigmund Freud. "O eu e o isso". In *Obras completas*. v. 16. São Paulo: Companhia das Letras, 2011 (Obra originalmente publicada em 1923).

42. Sigmund Freud. "A dissolução do complexo de Édipo". In S. Freud, *Edição standard brasileira das obras psicológicas completas de Sigmund Freud*. v. 19. Rio de Janeiro: Imago, 1996. (Obra originalmente publicada em 1924).

43. Ibid., 1923/2011, p. 188.

44. Ibid., 1923/2011, p. 189.

No entanto, a sustentação desses arranjos edípicos se complica quando Freud assume que o complexo de Édipo modelo, o do menino, não é "absolutamente o mais frequente, mas corresponde a uma simplificação ou esquematização" para fins práticos.[45] Isso porque o complexo completo tem um polo positivo e outro negativo, no qual "o menino tem não só uma atitude ambivalente para com o pai e uma terna escolha objetal pela mãe, mas ao mesmo tempo comporta-se como uma garota, exibe a terna atitude feminina com o pai e, correspondendo a isso, aquela ciumenta e hostil em relação à mãe".[46]

A partir dessa versão completa, ele atenta para uma variedade de casos em que se deduz um dos polos, restando traços do outro. Ele fala também em séries com elos intermediários da forma completa. Na chamada dissolução do Édipo, quatro tendências se apresentam: "uma identificação com o pai e uma identificação com a mãe, a identificação com o pai mantendo o objeto materno do complexo positivo e ao mesmo tempo substituindo o objeto paterno do complexo contrário; as coisas sucederão de forma análoga na identificação com a mãe".[47] Aqui Freud fala em um "peso maior" dado a uma das disposições sexuais, uma diferente *intensidade* é o critério para avaliar o que predominaria sem anular a existência das outras tendências. Destacar forças distintas atuantes traz ao cerne da teoria freudiana a lida com complexidades, que impedem de descrever "de modo inteligível" essas primeiras identificações e escolhas objetais.[48]

Um aspecto relacionado a essa discussão nos interessa, o imbricamento entre sexo, gênero e sexualidade e o domínio das fantasias. Em *Fantasme originaire, fantasmes des origines, origines du fantasme* (1985), texto citado em O *anti-Édipo*, Laplanche e Pontalis desbancam *pai* e *mãe* como realidades fechadas, ao

45. Ibid., 1923/2011, p. 29.

46. Ibid., 1923/2011, p. 30.

47. Sigmund Freud. "O eu e o isso" in S. Freud, *Obras completas*. v. 16. São Paulo: Companhia das Letras, 2011 (Obra originalmente publicada em 1923), pp. 30-31.

48. Ibid., 1923/2011, p. 326.

articular fantasia e complexo de Édipo. Ele se diz guiado pelo desejo de uma psicanálise desprendida do exercício de "retornar ao mesmo", interessado na riqueza, nas ambiguidades, e mesmo nas ingenuidades da obra freudiana.[49]

Para Laplanche e Pontalis,[50] Freud se depara com o problema da materialidade do acontecimento traumático na teoria da sedução. Afinal, os neuróticos não traziam reminiscências? Inicialmente, ele pensa na hipótese da realidade da sedução por um adulto como um primeiro tempo do traumatismo, que ganha sentido de violência na adolescência. Em 1897,[51] Freud renuncia a essa perspectiva, "não acredita mais na sua neurótica", confessa a Fliess. Impossível chegar ao evento patógeno primeiro! Outro complicador: não há índice de realidade no inconsciente, ou seja, ficção e verdade se misturam. Assim, Freud abre mão da busca pelo evento, mas cogita sobre uma disposição endógena da criança para o sexual. A fictícia cena da sedução mascara no fim das contas a atividade sexual infantil. O sexual antes vindo de um "fora" (o adulto) agora é pensado como um "dentro".

Segundo Laplanche e Pontalis, se a fantasia quase perde sua importância em detrimento da realidade endógena, a persistência do problema da origem ganha uma nova dimensão com as "fantasias originárias". As inúmeras coincidências nas fantasias indicariam que precisaríamos reportá-las a algo comum que perpassa a multiplicidade do vivido e do imaginado. Trata-se de mapear uma espécie de "estrutura" comum? Num outro texto, Laplanche[52] aponta uma saída para esses impasses: o privilégio do *ouvido*, sinalizado por Freud. São o dito ou barulho familiar,

49. Jean Laplanche; Jean-BertrandPontalis. *Fantasme originaire, fantasmes des origines, origines du fantasme*. Paris: Hachette, 1985, p. 9.

50. Ibid.

51. Mesmo ano da descoberta do Édipo em sua análise. Mais tarde, Freud reconhecerá que Édipo já estava pré-formulado na teoria da sedução, mesmo que não tenha conseguido, por um tempo, articulá-la a ele. A intuição da "estrutura" estava na teoria da sedução, mas a busca pelo endógeno quase o fez subestimar o papel das fantasias.

52. Jean Laplanche. *Sexual: la sexualité élargie au sens freudien: 2000-2006*. 2 ed. Paris: PUF, 2014.

"discursos falados ou secretos", lendas familiares, histórias dos pais, avós, antepassados. Também discurso secreto sobre medos, orgulhos, normas, desentendimentos, em meio aos quais o sujeito deve encontrar seu lugar. É assim que qualquer elemento sensorial adquire função de índice, ganha valor.

A teoria sobre *ter* e *não ter* retoma, para alguns psicanalistas, a descoberta dos sexos como evidência, dada a partir de um ponto "originário". Outros autores sustentam, no entanto, que a tradução e a elaboração da visão dos órgãos genitais em dois sexos é proposta desde o começo pelo meio social próximo da criança. Essa é a única "estrutura" e "origem" comuns possíveis, recoberta sempre por elementos contingentes. Édipo é um mito, dentre tantos outros cenários e romances, ou seja, "esquemas narrativos culturalmente transmitidos, e não (...) fantasmas filogenéticos pretensamente 'originários'"[53]. É assim que Márcia Arán[54] e Thamy Ayouch[55] defendem que o *ter* e o *não ter* trazem a posição do menino e sua teoria sexual infantil a fim de dar conta de uma dessemelhança. Seu olhar já é uma captação imaginária inseparável da dimensão cultural e suas atribuições de formas definidas para os sexos.

Pode-se dizer que a diferença baseada no *ter* ou *não ter* acaba reproduzindo na teoria psicanalítica algo desse imaginário e também do fascínio horrorizado que proíbe o conhecimento.[56] O modo como o termo "gênero" foi introduzido por Stoller[57] é um exemplo: apesar de ser construção social, o gênero investe num sexo biológico e ontologicamente preexistente. Aqui a congruência entre a convicção de fazer parte de um dos dois sexos e a anatomia dá margens à patologização das transidentidades, por exemplo.

53. Ibid., p. 299.

54. Marcia Arán. "A psicanálise e o dispositivo da diferença sexual". *Estudos feministas*, Florianópolis, n. 17, v. 3, 2009, p. 653-673.

55. Thamy Ayouch. "A diferença entre os sexos na teorização psicanalítica: aporias e desconstruções". *Revista Brasileira de Psicanálise*, n. 48, 2014, pp. 58-70.

56. Ibid.

57. Robert Stoller. *A experiência transexual*. Rio de Janeiro: Imago, 1992.

Mais uma vez, é Judith Butler[58] quem vai nos ajudar a pensar as relações entre sexo, gênero e esses esquemas narrativos. Para a autora, não há de um lado sexo biológico e o gênero cultural, os sexos e sua diferença anatômica são já construção histórica, social. Desse modo, o gênero fabrica a instituição dos sexos. O corpo não é um substrato natural prévio garantidor da binaridade, ele é sempre efeito de práticas reguladoras. O próprio discurso que atribui uma natureza ao sexo é fabricado. Assim, essa "fantasia de um sexo biológico pela atribuição de gênero"[59] cria uma espécie de busca das origens que ignora o "ser mulher" e o "ser homem" como repetições de normas, de gestos, desejos, discursos, atitudes, desejos. Cabe lembrar, somos todos interpelados pelo social, e assumir uma posição subjetiva passa por uma reiteração coletiva no quadro de atribuições normativas.

Sentenças como "rosa é coisa de menina", "azul é cor de menino!" são atribuições de gênero que trazem a marca dessa fantasia do sexo originário. Contudo, o enigma sobre como as coisas se engendraram persiste. Onde tudo começou? Para Deleuze e Guattari,[60] o viés do familiarismo, ao apostar no Édipo como eixo de referência, só pode pensar um começo pré-edipiano, da indiferenciação, depois rebatida no Édipo (segundo começo) e as diferenciações exclusivas na família. No entanto, Édipo e os pais como agentes de produção estão desde a primeira idade investindo no desejo da criança, marcando o investimento libidinal das determinações sociais, edipianizando a sexualidade. Ao mesmo tempo, o anedipiano e o não edipiano acompanham esse percurso, em constante transformação.

Temos desde sempre produção, movimento. Pode-se afirmar que as determinações ocupadas em estabelecer o sexo natural

58. Judith Butler. *La vie psychique du pouvoir: l'assujettissement en théories*. Paris: Léo Scheer, 2002.

59. Judith Butler. *La vie psychique du pouvoir: l'assujettissement en théories*. Paris: Léo Scheer, 2002, p. 67.

60. Gilles Deleuze e Félix Guattari. *O anti-Édipo: capitalismo e esquizofrenia*. Trad. Luiz B. L. Orlandi. São Paulo: Ed. 34, 2011.

claudicam, seus conteúdos não são tão precisos e certeiros. Nesse sentido, o adulto faz passar nas nomeações dúvidas, ambiguidades, incertezas. E, como vimos com Laplanche, não há garantias, não há como saber onde os sujeitos farão capturas dessas normas cambaleantes, de como vão se situar nessas atribuições de gênero ou o que os desperta para isso. O nascimento de uma irmã? A mãe indo trabalhar? O patrão que o pai não contesta? Daí considerarmos *pai* e *mãe* como agentes, indutores. O que eles ajudam a desencadear remete a séries de diferenças, impossíveis de fechar.

As histórias são singulares, "originais", porque falam da inserção dos sujeitos num certo "jogo de cartas" das lendas familiares, mutiladas, mal-entendidas.[61] Se há uma "estrutura" que mantém algum ponto comum nas contingências, é a ideia de *um cenário com várias possibilidades*, no qual o sujeito se localiza como mais um dentre outros. Nada nos diz que na fantasia "um pai que seduz uma filha" o sujeito encontrará seu lugar como "filha", ele pode fixar-se em "pai" ou no "seduzir".[62] E nada nos diz previamente o que o sujeito irá capturar da posição de "pai", de "filha" ou de "seduzir". É nesse sentido que Deleuze e Guattari concentram-se na *resposta*, "se há uma linguagem, ela está do lado da resposta, e não do estímulo", ou seja, ela é irredutível à estimulação operada pelo que oferecem "as imagens parentais efetivas".[63]

Retenhamos a importância da fórmula *um cenário com várias possibilidades* como numa paisagem proustiana da qual se destacam diferentes séries. Isso não nos ajudaria a abandonar a sentença freudiana da "identificação primitiva ao pai da pré-história pessoal"[64] pelo "ser identificado primitivo pelo *socius* da pré-história pessoal", como aponta Ayouch?[65] Trata-se de pensar essas atribuições vindas dos outros como múltiplas e as identifi-

61. Jean Laplanche. *Sexual*: la sexualité élargie au sens freudien: 2000-2006. 2. ed. Paris: PUF, 2014, p. 62.

62. Ibid., p. 63.

63. Gilles Deleuze e Félix Guattari. *O anti-Édipo: capitalismo e esquizofrenia*. Trad. Luiz B. L. Orlandi. São Paulo: Ed. 34, 2011, p. 136.

64. Ibid., p. 326.

65. Thamy Ayouch (2014), *ibidem*.

cações sempre como *emergentes* das relações, situadas numa história, nunca acabadas. Elas não são nem imutáveis nem uniformes, muito menos apenas recebidas e copiadas de um outro solitário igual a ele mesmo, são apropriações de pedaços, traços, restos.

## Lacan e seu além do Édipo: escutem, analistas!

Permito-me agora trazer algumas linhas sobre Lacan no espaço limitado deste capítulo. Quando se trata do encontro *Anti-Édipo*-psicanálise, é indispensável passar pelo "esquizofrenizador" da psicanálise, como o designaram Deleuze e Guattari. Escolhi assim reter o papel da contingência e dos processos de produção como passíveis de deslocar o risco de reproduzirmos minorizações. Para isso, privilegiarei o problema (político) da *verdade* e do *saber* no além do Édipo, presente no *Seminário 17*,[66] proferido entre 1969 e 1970.

Nos anos 1950, Lacan[67] critica a chamada *pastoral analítica*, ávida em responder às demandas de felicidade. Afinal, essa é uma tarefa impossível, a lição do inconsciente e do desejo sem objeto que o satisfaça inteiramente nos mostra que vivemos sem garantias no micro e no macrocosmo. Parte das críticas de Deleuze e Guattari à obra de Lacan concentra-se nessa leitura do desejo. Eles querem recuperar a pluralidade dos desejos na *Interpretação dos sonhos*[68] porque não veem grandes mudanças na passagem de seu vínculo com as figuras parentais da família nuclear à leitura estrutural. No fundo, Lacan ainda contribuiria para uma cultura da renúncia ao reforçar o problemático vínculo do desejo com a

66. Jacques Lacan. O *Seminário*, livro 17: O avesso da psicanálise. Rio de Janeiro: Zahar, 1992. (Seminário originalmente proferido em 1969-1970)

67. Jacques Lacan. O *Seminário*, livro 7: A ética da psicanálise. Rio de Janeiro: Zahar, 1988. (Seminário originalmente proferido em 1959-1969).

68. Sigmund Freud. A interpretação dos sonhos. In S. Freud, *Edição standard brasileira das obras psicológicas completas de Sigmund Freud*. vols. 4-5. Rio de Janeiro: Imago, 1996b. (Obra originalmente publicada em 1900).

interdição, com a falta, incapaz de partir da multiplicidade das experiências *desde sempre*, justo no momento em que se opõe ao ideal pré-formulado de vida feliz e ajustada na pastoral.[69]

O desejo faltoso é assim associado à transgressão e à negatividade, dependente de um *a menos*, nas palavras de Miller.[70] Vinculado à Lei (não confundida com as leis da cidade), ele é marca do corte do campo da necessidade, bem como da entrada na linguagem. Seus objetos sempre nos enganam, nos decepcionam. O gozo aqui é ultrapassagem do limite, firmado pela Lei, à satisfação plena entre desejo-objeto. Nesse sentido, Sade e Kant nos mostram que pouco importa o conteúdo, no Mal ou no Bem, o gozo aponta para a morte, para a apatia, paralisação do desejo. A partir dos anos 1960 vemos uma série de transformações em torno da potência do *a mais* na obra de Lacan, seja no objeto *a* como resto irredutível ao significante, seja na centralidade do gozo não mais como transgressão dos limites do desejo – ele está por toda parte, se recupera: na ultrapassagem do limite, no limite, "nem transgressão, nem irrupção num campo proibido".[71]

No contexto da reforma universitária francesa e do maio de 1968, as indagações de Lacan[72] giram em torno dos modos de gozo nos discursos, suas relações com o saber e com a verdade.[73] A verdade não toda, como semidizer, é base de uma radical crítica a qualquer regime de verdade baseado num Outro do Outro. Conhecemos isso. A verdade tem mais de um rosto, como Lacan nos lembra. Por vezes, "um rostinho bonito". E ele continua: "é

69. Sobre a "cultura da renúncia" vinculada ao cristianismo e para um debate acerca do vazio ou da falta no desejo, ver Peixoto Júnior, C. A. "A Lei do Desejo e o Desejo Produtivo: transgressão da ordem ou afirmação da diferença?" PHYSIS: *Rev. de Saúde Coletiva*, Rio de Janeiro, v. 14,2004, pp. 109-127; e Perelson, S. *A dimensão trágica do desejo*. Rio de Janeiro: Revinter, 1994.

70. J.-A. Miller*Perspectivas dos escritos e outros escritos de Lacan: entre desejo e gozo*. Rio de Janeiro: Zahar, 2011.

71. Jacques Lacan. O *Seminário*, livro 17: O avesso da psicanálise. Rio de Janeiro: Zahar, 1992 (Seminário originalmente proferido em 1969-1970), pp. 46-47.

72. Ibid.

73. Para uma introdução aos discursos, ver L. Danziato, "Saber, verdade e gozo – da função da fala à escritura". *Tempo psicanalítico*, Rio de Janeiro, v. 47, n. 2, 2015, p. 208-224.

tentador sugar o leite da verdade, mas ele é tóxico", "ele dá sono, e é tudo que se espera de vocês".[74] Entre referências bíblicas e filosóficas, a sentença *não há metalinguagem* se confirma. Isso permite a Lacan dizer que a mentira não existe "a não ser como fundamento da verdade".[75] Se não há verdadeiro sem falso, a verdade é efeito de linguagem, localizável apenas onde é enunciada *como pode*. Aliás, a ideia de que o verdadeiro não comporta o falso é contrariada pela própria vida do sujeito, impossível encontrar nela um primeiro verdadeiro "do qual não poderia mais declinar". Isso já basta para "questionar que a verdade possa de algum modo ser isolada como atributo".[76] Problema do percurso que gera o verdadeiro: não há como buscar essa verdade primeira, desarticulada do falso. Ou seja, o que temos é produção. Para que a verdade apareça, basta enunciá-la.

Se cada discurso aponta para aquilo que confessa querer amestrar, o discurso do analista seria, para Lacan, oposto a "toda vontade, pelo menos confessada, de dominar".[77] Ele espera então que o analista faça funcionar *o saber em termos de verdade*, confiado num semidizer. É a ele que se endereça a fórmula *Wo es war, sol Ich werden*: quando ele ocupa como agente o lugar do objeto *a* se posiciona onde estava o gozar do outro, não está lá por si mesmo.[78] Nesse ponto, temos uma retomada da transferência como capaz de atualizar esses *tantos outros* que compõem os sujeitos. Esse saber como verdade é disjunto, sem cabeça, composto

74. Jacques Lacan. O *Seminário, livro 17,* o avesso da psicanálise. Rio de Janeiro: Zahar, 1992 (Seminário originalmente proferido em 1969-1970), p. 175. Quando Lacan (1992) diz ser indispensável à vida que alguma coisa não saiba que "eu estou morto", refere-se à pretensão do eu de ser idêntico a si mesmo. O discurso do mestre não produz fantasia porque nele o S1, o eu do mestre, transcendental, do puro imperativo é idêntico a si mesmo, parece de nada precisar. Já no discurso universitário, a verdade é que ele não consegue se livrar desse S1. Como isso funciona? A verdade como semidizer é afastada, mascarada pela insistência no idêntico a si mesmo. O leite da verdade é tóxico e dá sono porque nos nutre com a pulsão de morte. Tudo parece parar.

75. Ibid., p. 178.

76. Jacques Lacan. O *Seminário, livro 17,* o avesso da psicanálise. Rio de Janeiro: Zahar, 1992 (Seminário originalmente proferido em 1969-1970), p. 58.

77. Ibid., p. 66.

78. Ibid., p. 50.

por cadeias, relações, vivificação da presença inevitável desses *outros*, contrariando as pretensões do eu de ser idêntico a si mesmo, parecendo de nada precisar.

E o Édipo nessa história? Por que ainda Édipo, se Lacan insiste que ele "não serve para nada"?[79] No conjunto de aulas intitulado *Para além do Édipo*, ele critica a apropriação do mito pelos analistas. É crucial tornar secundária a trama do assassinato. Afinal, muitas vezes não se tem pai algum a matar. Lacan prefere remeter os mitos de Édipo e da horda primeva à dimensão trágica do problema da verdade, Édipo se dá mal porque quis sabê-la. Nesses termos, a lição do mito é tocar o semidizer, ele ajuda a compreender o que distancia a psicanálise do discurso da ciência, por exemplo. Neste, o saber do mestre baseia-se em *unidades como constantes sempre reencontradas nas contas*, como a energia na física, nas quais o significante pode significar a si mesmo, com proposições sempre verdadeiras. Ora, para Lacan, o significante pode representar tudo, menos ele mesmo.

Reapropriar-se de Édipo como mito, como sonho de Freud, é deslocá-lo de um valor absoluto, como operador imutável. Por que não se concentrar na potência dinâmica da verdade de um mito?[80] Mais uma vez, atentar para as interpelações múltiplas do adulto à criança e lembrar que, do lado do sujeito, qualquer significante serve, pode virar significante-mestre. Do mesmo modo, lembrar que cada significante trabalha com a diferença de cada um com todos os outros, cada um não é o outro significante. Mas eles só *são* algo nas relações.

Relações marcadas por uma decalagem. Se o dito primeiro "decreta, legifera, sentencia, (...) oráculo" e "confere ao outro

79. Ibid., p. 105.

80. Nessa passagem do *Seminário 17* (1992, pp. 112-113), Lacan afirma que Freud preservou o essencial da religião, o pai todo-amor (primeiríssima identificação). Discute também a sentença do pai Karamazov – "se Deus está morto, então tudo é permitido" – a fim de articular o assassinato do pai à lei e à ordem. O anúncio da morte de Deus, assim como a morte do pai, consolida a lei, não a afasta, "Se Deus está morto, nada mais é permitido". Nesse sentido, a verdade como não toda fez mover, de algum modo, o prisma da transgressão como parâmetro.

real sua obscura autoridade",[81] resta a impossibilidade de dizer a verdade toda sobre o sujeito. A função do pai em termos estruturais se dá nesse encontro-desencontro, firmando-o como aquele que não sabe nada da verdade. Se Freud substitui os saberes que recolheu de "todas essas bocas luminosas por Édipo", é preciso retirar dessa operação um saber como pretensão de verdade não toda, semidita.[82] Lacan nos alerta que atribuir o poder e o gozo ao pai separa o significante-mestre da dinâmica que o instituiu, como fez Édipo quando respondeu o enigma. Dessa forma, Lacan prefere evocar o pai real, efeito de linguagem, produção, pai "por causa de significantes", não por conta de outro real.[83]

Do discurso do mestre ao discurso capitalista, o significante-mestre aparece inatacável, superpotente, e o gozo passa a se contar, se totaliza – mais-de-gozar forjado como soberano bem. Nesse sentido, autores como Safatle[84] pensam a espoliação do gozo como grande estratégia do capitalismo por inscrevê-lo nas coordenadas do princípio do prazer segundo o cálculo do esforço e da eficácia produtiva. Nele, é preciso aplacar a experiência do excesso não pelo caminho da repressão, mas incluindo-a na reprodução de uma desmedida colonizada do gozo. Resta então ao *a* a tarefa de arejar o mais-de-gozar. Quando nada se ajeita, quando "isso não pode parar de girar. Se não gira, range no nível de *a*". Daí Lacan[85] dizer que os ouvintes de seu *Seminário*, enfileirados, eram todos *a*, "todos abortos do que foi para aqueles que os engendraram, a causa do desejo".[86] Somos presentificações dos desencontros de expectativas, dos "pedidos" de amor.

81. Jacques Lacan. Subversão do sujeito e dialética do desejo no inconsciente. In LACAN, Jacques. *Escritos*. Rio de Janeiro: Zahar, 1998. (Obra originalmente publicada em 1960), p. 822.

82. Jacques Lacan. O *Seminário, livro 17*, o avesso da psicanálise. Rio de Janeiro: Zahar, 1992 (Seminário originalmente proferido em 1969-1970), p. 92.

83. Ibid., p. 122.

84. Vladimir Safatle. *Maneiras de transformar mundos: Lacan, política e emancipação*. Belo Horizonte: Autêntica, 2020.

85. Jacques Lacan. O *Seminário*, livro 17: O avesso da psicanálise. Rio de Janeiro: Zahar, 1992 (Seminário originalmente proferido em 1969-1970), p. 92.

86. Ibid., p. 170.

Mesmo que tudo isso produza marcas, que seja nossa matéria--prima, algo resta inominável: o ato, o berro.[87] Se "a intrusão (da psicanálise) na política" só pode ser feita "reconhecendo-se que não há discurso – e não apenas o analítico – que não seja do gozo, pelo menos quando dele se espera o trabalho da verdade",[88] é que o gozo sustenta os laços sociais, mas também é base das forças disruptivas daquilo que resta inapreensível. Da impotência da verdade ao poder dos impossíveis.

## Pistas para um giro decolonial: o que a psicanálise tem a ver com isso?

> Ora, na medida em que nós negros estamos na lata de lixo da sociedade brasileira, pois assim o determina a lógica da dominação, caberia uma indagação via psicanálise. (...) por que o negro é isso que a lógica da dominação tenta (e consegue muitas vezes, nós o sabemos) domesticar? E o risco que assumimos aqui é o do ato de falar com todas as implicações. Exatamente porque temos sido falados, infantilizados (*infans*, é aquele que não tem fala própria, é a criança que se fala na terceira pessoa, porque falada pelos adultos), que neste trabalho assumimos nossa própria fala. Ou seja, o lixo vai falar, e numa boa.[89]

Nessa passagem de *Racismo e sexismo na cultura brasileira* (1984), Lélia Gonzalez, socióloga mineira e mulher negra, nos convida a uma incursão na minorização de raça. Acompanhado da psicanálise como instrumento crítico, podemos dizer que o texto se inscreve no campo decolonial,[90] uma vez que há nele a escolha política de não adotar para outros contextos ideias canônicas prontas; o reconhecimento de que os saberes são situados; uma crítica à perspectiva do ponto zero, típica do viés eurocentrado. Além

87. Ibid., p. 168.
88. Ibid., p. 74.
89. Lélia Gonzalez. Racismo e sexismo na cultura brasileira. *Revista Ciências Sociais Hoje*, Anpocs, 1984, p. 225.
90. Ver S. Castro-Gómez; R. Grosfoguel. (Orgs.). *El giro decolonial: reflexiones para una diversidad epistémica más allá del capitalismo global*. Bogotá: Siglo del Hombre Editores, 2007. Para um comentário introdutório ao pensamento decolonial, ler L. Ballestrin, América latina e o giro decolonial. *Revista Brasileira de Ciência Política*, n. 11, 2013, pp. 89-117.

disso, Lélia Gonzalez faz uma análise centrada na racialização e no racismo, fundamentais para compreendermos a distribuição de posições de poder, de prestígio social e para a subalternização de negras e negros no Brasil.

Lélia Gonzalez faz um exercício de escrita original ao expor a democracia racial e a ideologia do branqueamento como mitos organizadores dos laços sociais no Brasil, "todo mundo é brasileiro antes de tudo, graças a Deus".[91] Com humor, seu caminho epistemológico psicanalítico permite que ela dê o mesmo peso a relatos de episódios cotidianos e a textos acadêmicos consagrados para analisar a capilaridade desses mitos, difundidos em diferentes frentes. Pode-se dizer que seu interesse na linguagem tal como a psicanálise, sobretudo lacaniana, a trabalha vem da importância do *lixo* como matéria de análise e como elemento inseparável de sua própria constituição teórica. Ao mesmo tempo, a radical legitimidade (d)isso que fala permite dar lugar ao dejeto protagonista de uma análise sobre como esse mesmo é falado. Nesse sentido, a posição da mulher negra é fundamental para a autora. É o lixo por excelência (mulher, negra) que toma a palavra, seu próprio marcador social como disparador, sustentando que não há conhecimento desencarnado e a potência de tomar a palavra.

Como vimos, dizer que não há metalinguagem é assegurar que a verdade é produção. Impossível que a linguagem seja neutra. Se a linguagem é situada, a pretensa harmonia e neutralidade do mito confessa *outra coisa* do que diz. Esse seria um aspecto do uso da linguagem, segundo a psicanálise, como instrumento crítico que interessa a Lélia Gonzalez, colocar a céu aberto aquilo que o mito esconde. No caso da democracia racial, o texto revela uma verdade como ficção que trabalha desmentindo a concretude da violência do racismo no Brasil. Como nos situamos no

91. Lélia Gonzalez. "Racismo e sexismo na cultura brasileira". *Revista Ciências Sociais Hoje*, Anpocs, 1984, p. 226.

mundo via linguagem, esse desmascaramento envolve uma análise das produções de relações de poder e uma aposta política na possibilidade de outros discursos, de outras realidades.

Em seu passeio pela linguagem, Lélia Gonzalez resgata o termo *mu'kama*. Do kimbundo, *mu'kama* quer dizer originalmente *amante escrava*. Na língua portuguesa ganha o sentido de *escrava de companhia*, dedicada aos serviços domésticos, a acompanhar pessoas da família ou ama de leite. A violência da dimensão sexual bem como da concubinagem são mascaradas. Outro termo, *mulata*, originalmente "negra nascida no Brasil",[92] refere-se à estrela do carnaval, ao reinado das negras e negros como subversão da ordem dominante. Que não nos enganemos, o instante efêmero de glória subverte, mas também reforça o mito da democracia racial, a imagem da harmonia, o orgulho das "coisas nossas". Só em aparência esse momento evanescente contrasta com a dureza do cotidiano da mulher negra como trabalhadora doméstica. Lélia Gonzalez defende que os dois termos, mulata e mucama, tentam dividir o inseparável. Perfeitamente reversíveis, eles dependem de *onde* e *de quando* se olha, mas ambos confirmam a máquina de submissão do olhar objetificador quando subalterniza a mulher negra.[93]

Na minorização da mulher negra, o texto destaca o lugar da mãe preta, elo fundamental entre nosso passado colonial e nossa presente colonialidade. Seu estatuto expõe nossas contradições e ajuda a traçar possíveis saídas. É preciso lembrar aqui da decalagem entre o real impacto das mães pretas nas subjetividades brasileiras e a ausência gritante de análises sobre elas no Brasil, mesmo que se possa rastrear estatisticamente uma "continuidade histórica" do trabalho das escravas às trabalhadoras domésticas

92. Lélia Gonzalez. Racismo e sexismo na cultura brasileira. *Revista Ciências Sociais Hoje*, Anpocs, 1984, p. 240.

93. Lélia Gonzalez diz que a raça negra é objeto *a* no Brasil. Captamos disso algo intermediário entre as corporificações – a bunda, o corpo desejado da mulata, o corpo negro assassinado, explorado – e elementos "imateriais" da nossa história que rasuramos, que nos compõem, no entanto, como Améfrica ladina. Restos que tombam dessas rasuras, da tentativa de limpar, embranquecer o que somos, movendo nosso desejo, nosso amor-ódio.

sub-remuneradas hoje.[94] Assim, Lélia Gonzalez contesta nas minguadas narrativas acadêmicas sobre o tema que a visão branca das mães pretas são "poços de amor" - afinal, com ela o escravo "vira gente"[95] –, argumento muitas vezes usado como prova da nossa democracia racial, para suavizar a escravidão brasileira. A autora faz uma (não tão) simples constatação: elas são apenas mães. Forçadas a tal, destituídas de seus "corpos e destinos",[96] sem dúvida. Dessa maternidade imbuída de violência, Lélia Gonzalez escolhe ressaltar o transmitido às crianças brancas e branqueadas - nossa língua, o *pretuguês*.

Pascale Molinier[97] tem razão quando afirma que ter uma babá é desde sempre trazer para o meio da sala a política. É notável a disputa de narrativas que o código higienista (branco) engendrou ao defender que as mães brancas se ocupem de suas crianças, temeroso da transmissão de doenças e da degenerescência cultural imbuídas nos cuidados da mãe preta. Resultado: a mãe preta dá lugar à babá ou ama-seca no século XIX. Tal discurso, associado ao "trabalho da hegemonia do discurso burguês", unificador de aspirações, minoriza outras narrativas sobre a maternidade fora de um discurso medicalizante, presentes, por exemplo, no candomblé. Segato[98] destaca nessa religião a eloquência sobre duas mães, Yemanjá e Oxum.

Rita Segato, inspirada em Judith Butler, privilegia a ideia de foraclusão para destacar a violência dessa estratégia de apagamento, figurada na ausência de inscrição do nome-raça dessas mães, seja no discurso acadêmico, seja no reconhecimento das domésticas como peça-chave dos lares de classe média hoje. Para ela, prova definitiva do "acatamento da modernidade colonial

94. Rita Segato (2006). *Édipo brasileiro: a dupla negação de gênero e de raça*. Brasília. Disponível online.

95. Lélia Gonzalez. "Racismo e sexismo na cultura brasileira". *Revista Ciências Sociais Hoje*, Anpocs, 1984, p. 235.

96. Rita Segato (2006), Ibidem, p. 11.

97. P. Molinier "Une mère peut-elle en 'tuer' une autre?". In R. Segato. *Oedipe noir: des nourrices et des mères*. Paris: Payot, 2014.

98. Rita Segato (2006), Ibidem.

como sintoma" no Brasil.[99] Lélia fala em termos de denegação.[100] Isso porque é central insistir no *pretuguês*, marca indelével, a *rasteira* dada pelas mães pretas na cultura dominante branca no Brasil. Nessa língua nossa passa certamente o racismo, a minorização das negras e negros que o mito da democracia racial tenta apaziguar, tirar do registro do conflito, dos jogos de dominação. O pretuguês compõe aqui uma contraestratégia. Lembrar que somos *Améfrica ladina*[101] é (re)escrever o que se desmente. Perturbar a crença de que somos brancos, expor a aposta reiterada nesse ideal de Europa como parte da justificativa do massacre da população negra é um possível ponto de viragem para elaborarmos socialmente nossa neurose, que toma nossa amefricanização como falha. Ora, não é a neurose descrita por Deleuze e Guattari como a tentativa de "guardar para si uma última terra colonial, um último território"?[102]

Aspecto central do racismo à brasileira, o higienismo ajudou, no século XIX, a foracluir a raça encarnada na mãe, oferecendo "a possibilidade de um olhar de fora, estranhado, a uma elite que está, precisamente, buscando essa saída". Selada nossa modernidade colonial como sintoma, reforçam-se racismo e misoginia num só golpe. Lélia Gonzalez narra a cena do lançamento de um livro. Numa mesa redonda nada de espaço para os objetos de estudo. Uma mulher negra decide reclamar e causa um grande rebuliço, "estraga" o evento de branco feito para falar sobre negras e negros melhor que elas/es mesmas/os... Rita Segato traz à cena fotos antigas de crianças brancas acompanhadas por uma

99. Rita Segato (2006). *Édipo brasileiro: a dupla negação de gênero e de raça*. Brasília, p. 16. Disponível online.

100. Ver também Jô Gondar. "Um racismo desmentido" in: Marília Etienne Arreguy; Marcelo Bafica Coelho; Sandra Cabral (Orgs.). *Racismo, capitalismo e subjetividade: leituras psicanalíticas e filosóficas*. Niterói: Ed. UFF, 2018, pp. 47-65. Prefiro não tomar essas diferentes análises como excludentes.

101. Neologismo criado pelos psicanalistas Betty Milan e MD Magno. Há várias acepções da palavra *ladino*: indígenas e negros mais letrados, afastados dos trabalhos manuais; malandro, maligno. A substituição do "t" pelo "d" faz pensar também na *de*negação.

102. Gilles Deleuze e Félix Guattari. *O anti-Édipo: capitalismo e esquizofrenia*, trad. bras. Luiz B. L. Orlandi. São Paulo: Ed. 34, 2011, p. 183.

mulher negra. Motivo técnico: o tempo de exposição para a foto exigia alguém que conseguisse manter a criança quieta, ou seja, as mães! Após 1880, uma assombrosa mudança: só temos notícias das mães pretas nas fotografias pelas mãos escuras que saem de um cobertor e seguram as crianças claras.

Em face da inscrição minorizada, Lélia Gonzalez trata os brancos e os embranquecidos como os tios ou os grandes cornos dessa história, denunciando sua ridícula posição colonizada, mas também o papel dos restos que escapam dessa violenta racialização. Dejetos que revelam o escamoteamento do real produzido pela simplicidade do mito, apagando a história, instaurando uma "natureza".[103] Parte do processo de dar espaço a outras formas de inscrição discursiva daquilo que se denega e/ou floraclui é também, para Lélia Gonzalez,[104] tornar-se negro como uma conquista. Ver-se negro nessa captura pelo social da diferença racializada, passo acompanhado de uma postura política de enfrentamento das forças que aprisionam as posições minorizadas.

Quanto ao exercício de escrita-denúncia de Lélia Gonzalez, impossível não lembrar as palavras de Conceição Evaristo[105] sobre mulheres negras que se interessam pela escrita – muitas vezes pertencentes a meios não letrados ou semialfabetizadas. Se o ato de ler ajuda a apreender o mundo, escrever "pressupõe um dinamismo próprio do sujeito da escrita, proporcionando-lhe a sua autoinscrição no interior do mundo". Para mulheres negras, a escrita faz emergir dessa dupla subalternização um ato de insubordinação, longe de "ninar os da casa grande" são *escrevivências* feitas para "incomodá-los em seus sonos injustos".[106] Ato de

103. Neusa Santos Souza. *Tornar-se Negro ou As vicissitudes da identidade do negro brasileiro em ascensão social*. 2. ed. Rio de Janeiro: Graal, 1983, p. 25.

104. Lélia Gonzalez (2018). *Primavera para as rosas negras*: Lélia Gonzalez em primeira pessoa. São Paulo: UCPA Editora.

105. Conceição Evaristo Da grafia-desenho de minha mãe um dos lugares de nascimento de minha escrita. In. *Representações performáticas brasileiras: teorias, práticas e suas interfaces*, (Org.) M. A. Alexandre. Belo Horizonte: Mazza Edições, 2007, pp. 16-21.

106. Ibid., p. 4.

fazer lembrar que "não há cadeia significante sem um chinês, um árabe, um negro que passam pela cabeça e vêm perturbar a noite de um branco paranoico".[107] Multiplicação de possíveis.

## Para não concluir

Este texto partiu de reiteradas tentativas de fazer a psicanálise aderir a produções de minorização, via patologização, por meio da normalização da diferença, não reconhecendo-a. A importância do *O anti-Édipo* aqui se deve ao exercício de denúncia-investigação desses mecanismos nessa obra. Pelos menos dois constituíram o fio da meada do livro: a psicanálise como colaboradora das minorizações e, ao mesmo tempo, como teoria-prática cuja potência crítica é capaz de desarticular produções de dominação do outro. O alerta é que essa potência se secundariza quando atende ao chamado da ordem social, às vezes imperceptível, veiculado *na melhor das intenções*, nos universais, na sonhada neutralidade. O Édipo é central na crítica dos autores por nos afastar da política, por ainda guardar "uma última terra colonial", "um último território".[108] Deleuze e Guattari realizam um tipo de cartografia dos danos do familiarismo na psicanálise (e não somente nela), mostrando que é impossível decriptar as produções sociais sob um modelo de família nuclear, que se quer passar por fechada às forças políticas e econômicas. Para isso, é preciso voltar à grande descoberta freudiana sobre o inconsciente: os cortes-fluxos do desejo. Invenção que desponta e se apropria das ambiguidades, das dúvidas, contradições, nos pontos de fuga da própria psicanálise, nas passagens entre clínica e teoria.

O uso dessas passagens contra uma psicanálise cúmplice das minorizações passa, certamente, pelo seu reconhecimento como

107. Gilles Deleuze e Félix Guattari. *O anti-Édipo: capitalismo e esquizofrenia*, trad. de Luiz B. L. Orlandi. São Paulo: Ed. 34, 2011, p. 135.

108. Gilles Deleuze e Félix Guattari. *O anti-Édipo: capitalismo e esquizofrenia*, trad. de Luiz B. L. Orlandi. São Paulo: Ed. 34, 2011, p. 183.

saber situado. Falamos da importância de reconhecer a teoria sexual infantil sobre a divisão binária dos sexos como impregnada da visão do menino, já inscrita no social.

O pensamento decolonial de Lélia Gonzalez é habitado por forças edípicas. Ela retira do silenciamento a raça e a racialização, (re)inscrevendo-as a partir da posição da mulher negra minorizada, seu marcador social. Reconhecer de onde somos vistos como menores e deslocar os mitos que circundam essa operação é passo essencial para deslocar narrativas, tomar outras posições, construir resistências. Interessa também como a família aparece em seu texto. A mãe branca é a outra, o pai branco é o tio ou o corno. Édipo nuclear explode por todos os lados, ao trazer o íntimo como político na infernal máquina social. Como pensar nossa história com justeza sem incluir o fator escravidão e seus múltiplos derivados no estabelecimento de posições de prestígio e poder, da foraclusão ou denegação da história à necropolítica hoje?

Nesse sentido, percorremos algumas lições do *cenário com várias possibilidades* para deslocar não somente uma predeterminação do sexual, mas para incluir a diferença sexual e todas as outras diferenças em processos de produção, multiplicidade de fatores incapaz de garantir ou determinar a partir de onde a criança vai se situar. O modo como Lélia Gonzalez aborda a figura da mulher negra no Brasil nos ajuda a pensar as reproduções das diferenças sexuais como inseparáveis de recortes de raça, de classe social, enfim, remetem às forças políticas, econômicas e sociais, perpassadas por mitos, não ditos, naturalizações capazes de objetificar, de minorizar. Assim, os mitos que compõem os jogos de distribuição de poder e de assujeitamento são úteis se os deslocamos de uma verdade absoluta, como prova da dinâmica da verdade, semidita, não toda.

"Não venha me dizer que o discurso universitário está no quadro", diz um estudante a Lacan. Ele retruca que a função de um saber transmitido numa sociedade "existe".[109] Os mitos, as historinhas, os apagamentos são materialidades, produzem corpos, subjugam, criam maiorias. Essa é a lição para não bradarmos universalidade e neutralidade como mágicos desarticuladores de poderes. *O anti-Édipo* e *Racismo e sexismo na cultura brasileira* exercem um reconhecimento dos efeitos das minorizações, por vezes aparentemente distantes de muitos de nós. Ambos os textos nos lembram das existências e as potencializam em sua diferença. Lembram que a psicanálise nunca pôde prescindir delas.

109. Gilles Deleuze e Félix Guattari. *O anti-Édipo: capitalismo e esquizofrenia*, trad. de Luiz B. L. Orlandi. São Paulo: Ed. 34, 2011, p. 188.

## Viver a partir do inconsciente

*Entrelaces de uma ética ecofeminista da psicanálise*

ANA MINOZZO

Ao concluir o filme *Une Politique de la Folie,* de 1989, Tosquelles – o psiquiatra anarco-sindicalista catalão que fundou a psicoterapia Institucional na França – nos deixa com uma "profecia": a de que o proletariado deveria manter-se conectado ao inconsciente em vez de na tomada de consciência.[1] Freud, para Tosquelles,[2] acreditava inicialmente que sujeitos poderiam tornar-se conscientes de seu inconsciente e problemas desconhecidos, formulando para si uma verdade que aliviaria o sofrimento. No entanto, Freud, como sugere Tosquelles, muda de tom por volta dos anos 1930, já desencantado com a ideia de tomar consciência em favor de "tornar-se inconsciente". Não é segredo que o Freud de Tosquelles tinha sabor lacaniano, era um "Freud francês".[3] Em *Novas conferências introdutórias*, Conferência XXXI "A dissecção da personalidade psíquica", elaborada por Freud em 1933, encontramos uma versão final da famosa máxima psicanalítica apresentada também em *O ego e o id*[4], em 1923: "*Wo Es war, soll Ich warden*". *Where Id was, there ego shall be*, na tradução para o inglês de James Strachey. O que Freud propunha, no entanto, era que a intenção

1. No original: *rester branché sur l'inconscient et non sur la prise de conscience.*

2. F. TOSQUELLES 'Une politique de la folie'. In: *Chimères. Revue des schizoanalyses,* v. 13, outono 1991, pp. 66-81.

3. S. TURKLE *Psychoanalytic Politics: Freud's French Revolution*. Nova York: Basic Books, 1998.

4. Sigmund Freud. 'The Ego and the Id'. *The Standard Edition of the Complete Psychological Works of Sigmund Freud, Volume XIX (1923-1925): The Ego and the Id and Other Works*, 1923, pp. 1-66.

da psicanálise fosse de "fortalecer o ego, tornando-o mais independente do superego, expandindo seu campo de percepção e alargando sua organização, para que assim possa apropriar-se de porções frescas de Id".[5] Ao passo que essa passagem soa como um contrato entre a psicanálise e a adaptação social – tal adaptação permitiria uma libertação de um superego imponente na produção de um ego forte, sem tantas repressões e cheio de liberdade individual, desses que caem muito bem em uma sociedade neoliberal –, esta também nos remete ao contrário da adaptação à moralidade internalizada. Nesta passagem de Freud, encontramos também uma definição do projeto psicanalítico como uma expansão, uma modificação do senso de si, que torna este 'eu' menos petrificado e pregado na Lei, capaz, assim, de estabelecer uma relação ética com aquilo que está além da própria consciência. Lacan, como sabemos, compartilhava desta interpretação, não passando tão longe das críticas feitas por Deleuze e Guattari ao projeto psicanalítico, como veremos.

É na nuance da ambiguidade deste trecho ("*Wo Es war, soll Ich warden*") que vive minha aposta na psicanálise, da qual trato nas páginas a seguir. Uma aposta precisamente na intervenção ecofeminista a partir do pensamento de Deleuze e Guattari sobre a mesma. O que a psicanálise faz, ou pode fazer, para lidar com as batalhas do sofrimento psíquico e psicossomático e que, ao mesmo tempo, descentraliza o sujeito moderno humanista, abrindo possibilidades para a criação de novas formas de viver, de novos mundos? Neste texto, abordo a fricção entre o conceito psicanalítico de Édipo, da negatividade no limite entre "ser" (*being*) e "tornar-se"[6] (ou o "devir", como tradução de "*becoming*") e as construções políticas levantadas pela emergência climática a partir desse impasse ontoepistêmico. Assim, proponho cons-

5. Cf. Sigmund Freud. New Introductory Lectures On Psycho-Analysis. *The Standard Edition of the Complete Psychological Works of Sigmund Freud, Volume XXII (1932-1936): New Introductory Lectures on Psycho-Analysis and Other Works*, 1933, p. 80.

6. Neste artigo trabalho com duas traduções do conceito de "*devenir*"/ "*becoming*", optando por não enclausurar o movimento crucial do termo no significante "devir" em português. Embora "devir" seja a tradução comum no Brasil, acrescento aqui o termo "tornar-se"

truir uma leitura feminista do Antropoceno como um problema ético com o qual nós, pensadores psicanalíticos, temos que assumir uma posição. Frente às demandas da emergência climática contemporânea, torna-se fundamental viver "a partir do inconsciente". Uma intervenção ecofeminista necessita de uma avaliação do Real para além de um excesso Simbólico e para além da negatividade, tecendo, assim, um Real *comum*.

## Antropoceno e psicanálise: um encontro necessário

Antropoceno é o termo atualmente em debate sobre a nossa era geológica. Proposto no ano 2000 por Paul Crutzen e Eugéne Stoermer,[7] o Antropoceno marca mudanças de temperatura, composição química da atmosfera e da biodiversidade causadas pelo impacto do "humano" desde a aceleração industrial e, mais ainda, os bombardeamentos atômicos do século XX. Para estudiosos da emergência climática, o Antropoceno reverte o contrato moderno, como escreve Bruno Latour,[8] no qual há um abismo ontológico entre o humano e a natureza que constrói um "nós" racional a partir da delineação da diferença, de um transcendente imposto como único e da seguinte separação daquilo que escapa desta abstração fixa.[9] Assim, entender a emergência climática como uma era geológica do *anthropos* traz consigo questões políticas mais profundas. Afinal, aqui mora uma ideia fixa da Terra ou da Natureza como uma totalidade, como "pano de fundo" sobre o qual diferentes culturas de um mesmo *anthropos* vivem – assim qualquer pluralidade é apenas cultural ou epistemológica, e não

para agitar/balançar a significação por vezes fixa e esvaziada do jargão deleuziano em nossos estudos. Aqui, o debate entre "*being*" e "*becoming*" aparece como "ser" e "tornar-se", enfatizando a diferença destas duas posições dentro da teoria e prática psicanalítica.

7. P. CRUTZEN e E. STOERMER. The "Anthropocene". *Global Change Newsletter of The International Geosphere--Biosphere Programme* (IGBP). Maio 2000. Disponível online.

8. Bruno Latour. *We Have Never Been Modern*. Cambridge, Mass.: Harvard University Press, 1993.

9. D. Ferreira da Silva."On Difference Without Separability". *Catalogue of the 32nd São Paulo Art Biennial 'Incerteza Viva'*, 2016, pp. 57-65.

ontológica, enquanto o "humano" e a "natureza" permanecem desconectados.[10] Este humano, o *anthropos* em questão, seria um "Eu transparente", como escreve Denise Ferreira da Silva.[11] O "Eu transparente" dá as condições do pensamento europeu pós-iluminista, realizando uma abstração desta figura ontológica universalista que cruza o pensamento desde o século XVII (passando por Descartes, Kant, Hegel... e pela psicanálise). Frente à emergência climática, algo fundamental desta divisão ontológica que caracteriza a abstração da vida na Terra em uma forma de diferenças, separações e extrações de valor dentro de um sistema patriarcal, colonial e extrativista, "cai por Terra"...[12]

Latour,[13] assim como Isabelle Stengers[14] e Donna Haraway,[15] para citar apenas as teóricas com maior destaque, pensam nesse momento como a irrupção, ou o intrometimento de Gaia,[16] ou seja, " entendimento de que todos tecidos e organismos "tornam-se' juntos, em colaborações constantes, que compõem um emaranhado de múltiplos ecossistemas complexos. Uma visão oposta ao evolucionismo neodarwinista e sua noção de seleção e competição entre organismos. Pensar na Terra como Gaia expande essa divisão entre natureza e humano, e convida à uma nova reformulação das interações e da interdependência profunda daquilo que se chama de vida. Portanto, Gaia reverte a lógica ontoepistêmica

10. Eduardo Viveiros de Castro. *Métaphysiques cannibales*. Paris: PUF, 2009.

11. D. Ferreira da Silva*Towards a Global Idea of Race*. USA: University of Minnesota Press, 2007; D. Ferreira da Silva,"On Difference Without Separability". *Catalogue of the 32nd São Paulo Art Biennial 'Incerteza Viva'*, 2016, pp. 57-65; e D. Ferreira da Silva."How". *E-flux journal*. dez. 2019. Disponível online.

12. Achille Mbembe. "Decolonizing Knowledge and the Question of the Archive". Talk given at the University of Witwatersand, 22 abr. 2015. Disponível online.

13. Bruno Latour. *Facing Gaia: Eight lectures on the new Climactic Regime*. Cambridge, UK: Polity Press, 2017.

14. Isabelle Stengers. *In Catastrophic Times: Resisting the coming Barbarism*. Londres: Open Humanities Press/Meson Press, 2015.

15. Donna Haraway. *Staying with the Trouble: Making Kin in the Chthulucene*. Durham, NC: Duke University Press, 2016.

16. Gaia é um termo proveniente do trabalho de James Lovelock e Lynn Margullis, que propuseram durante os anos 1970 e 1980 que a evolução funciona a partir da "simbiogênese".

da "diferença/separação",[17] abrindo espaço para o "comum"[18] – este comum já articulado como necessidade política e social adquire, assim, uma urgência fundamental – de Vida.

Em Gaia, a biosfera é composta das condições de vida na atmosfera terrestre, desta forma, a natureza e as condições materiais da Terra não são mais apenas o ambiente ou o pano de fundo no qual a vida acontece, mas a vida em si. Gaia, usando o vocabulário de Karen Barad,[19] nos confronta com um "*deep entanglement*", um emaranhamento profundo que subverte qualquer ilusão do excepcionalismo humano; ou desse contrato do humanismo moderno onde apenas ao "Eu transparente" é conferida a possibilidade de agência, ou probidade ética vinda da razão, aparecendo, portanto, como um humano "no" mundo em vez de um humano "do" mundo.[20] Em Gaia, humanos também estão sempre "tornando-se – em conjunto" – ou "*becoming -with*" em vez de "*being*".

Assim, não podemos mais pensar em um Antropoceno do "Eu-Transparente" separado de uma Natureza fixa. Passamos a tentar abstrair a vida na Terra como uma vida emaranhada e em constante transformação. Em questão está um materialismo que nada tem a ver com a fluidez que às vezes, de forma negativa, é chamada de "pós-moderna"; mas um materialismo ético, ecofeminista.[21] Diante dos desafios dessa era do Antropoceno, e respondendo à irrupção de Gaia e à reversão do contrato moderno, onde é que a psicanálise pode se situar? Será que os modelos ontológicos de Freud e Lacan ou os modelos relacionais em sua pluralidade nos dão uma abertura ampla o suficiente para repensar essa chamada

17. D. Ferreira da Silva."On Difference Without Separability". *Catalogue of the 32nd São Paulo Art Biennial 'Incerteza Viva'*, 2016, pp. 57-65.

18. Cf. Judith Butler. *The Force of Nonviolence*. Londres e Nova York: Verso, 2020; Silvia Federici. *Re-enchanting the World: Feminism and the Politics of the Commons*. USA: PM Press/ Kairos, 2018; e F. Moten, e S. Harney.*The Undercommons: Fugitive Planning & Black Study*. Nova York: Minor Compositions, 2013.

19. K. Barad. *Meeting the Universe Halfway: Quantum Physics and the Entanglement of Matter and Meaning*. Duke University Press, 2007.

20. D. Ferreira da Silva. "How". *E-flux ornal*. dez. 2019. [On-line] Disponível online.

21. R. Braidotti *Posthuman Knowledge*. Cambridge, UK: Polity Press, 2019.

ecofeminista, ou será que apenas repetem, suturam ou teimam nas bases de um "antropocentrismo" patriarcal, colonial e extrativista do "Eu Transparente" que se eleva ao excluir e dividir?

Lacan, em 1957, no auge do seu estruturalismo, interpreta o aforismo freudiano – *Wo Es war, soll Ich warden* – com um certo *twist*, acreditando ser mais fiel à Freud que os Ego Psychologists e analistas Britânicos daquele tempo.[22] Em vez de focar em fortalecer o ego, na sua versão temos uma clara expansão do ego: "Onde isso/id estava, devo [eu] advir" ["*Where it was, I must come into being*"].[23] Lacan vê a descoberta de Freud como uma lição de que não podemos ignorar a excentricidade radical do eu em si mesmo. Não muito tempo depois, em seu Seminário sobre *Ética*,[24] de 1959-60, Lacan discute tal aforismo novamente, desta vez defendendo que a ética psicanalítica está além da moralidade do superego, ou da moralidade do Simbólico, envolvendo, portanto, um encontro com o próprio desejo. A ética mobilizada pela psicanálise seria, desse modo, uma ética do Real.

Aí encontramos um primeiro obstáculo. Quando Lacan, em 1957, caracteriza o inconsciente como o discurso do Outro, a subjetividade está explicitamente orientada a um Outro em par com a Lei, a linguagem e a alteridade radical. O Outro é um "outro" não limitado a identificações ou projeções do nível do ego, mas uma presença mais abrangente esculpida no Simbólico sobre a qual uma dialética deixa um vão, um espaço, no qual o sujeito vem a tornar-se. Se o inconsciente é o discurso do Outro, o Real fica subsumido a seus limites e "ser" (*being*) não deixa muito espaço para novos devires/tornar-se (*becomings*). Se o Real é um Real do "ser" e não do "tornar-se", uma alienação do nível da "separação" humanista ainda se faz valer.[25] É neste

22. Jacques Lacan. *The Seminar of Jacques Lacan. Book V: Formations of the Unconscious. 1957-1958*. Londres: Polity, 2017.

23. Jacques Lacan. *Écrits*. Paris: Les Éditions du Seuil, 1966, p. 435.

24. Jacques Lacan. *The Seminar of Jacques Lacan. Book VII: The Ethics of Psychoanalysis. 1959-1960*. Nova York: W.W. Norton & Company, 1997.

25. Veja a nota de rodapé 7, onde exponho a escolha de trabalhar com os termos "devir" e "tornar-se" neste texto.

ponto que Guattari[26] problematiza o estruturalismo lacaniano, avançando a partir daí com suas críticas. Como consequência, podemos dizer que a "tomada de inconsciência" envolve abrir-se ao "tornar-se" em um campo de possibilidades que vai além da subjetividade "transindividual" do lacanismo, possibilitando, de tal maneira, a conceitualização de um sujeito emaranhado, em sintonia com uma ética ecofeminista da interdependência. Em outras palavras, a profecia militante de Tosquelles pede não só para que se viva a partir do inconsciente, mas que se reavaliem as miragens coloniais, patriarcais e humanistas do inconsciente psicanalítico, formulando, assim, um terreno capaz de responder aos desafios do Antropoceno.

## Inconsciente comum

De certa forma a teoria Freudiana do inconsciente e o sujeito dividido de Lacan são críticas da tradição humanista que vê em um Homem/humano uma unidade, completude e coerência. No entanto, o universalismo de Freud e Lacan trabalha com uma antropologia que confere unidade à humanidade, ou ao "nós", o "um" da civilização. Compartilhando de mitos (Édipo) e de um Simbólico ancorado numa "falta", o sujeito de Freud-Lacan vem sendo criticado por pensadoras feministas há décadas e mais recentemente pelas pensadoras das pós-humanidades,[27] Rosi Braidotti, pensadora feminista italiana dessa vertente, argumenta que já no pós-estruturalismo dos anos 1960 e 1970 – com Foucault, Luce Irigaray e Deleuze, entre muitos – há uma contribuição enorme ao derrubamento da dependência pós-kantiana em uma noção liberal e humanista do sujeito como necessidade de

26. Félix Guattari. *Chaosmosis. An Ethico-aesthetic paradigm*. Bloomington and Indianapolis: Indiana University Press, 1995.

27. Cf.: G. Rubin "The Traffic in Women: Notes on the 'Political Economy' of Sex".In: (Org.). Reiter, R. *Toward an Anthropology of Women*. Nova York: Monthly Review Press, 1975; e T. Brennan *Between Feminism and Psychoanalysis*. Londres: Routledge, 1989.

probidade ética, moral e política.[28] Por conseguinte, esse "eu transparente" atrapalharia uma potência ética. Para a autora, o feminismo pós-estruturalista e, mais especificamente, o feminismo pós-humanista implicam estar situada, prestar contas e uma precisão cartográfica nos relacionamentos com outros, na alteridade e – acrescento aqui – em Gaia. Talvez possamos falar de um inconsciente ético, ou de um Real afetivo e ético, de interconectividade e interdependência.

Braidotti[29] defende um movimento para além das noções de sujeito com cheiro de humanismo "unitário", não apenas até o patamar da crítica pós-estruturalista da psicanálise lacaniana – a qual ela vê como dependente de valores universais como o significante-mestre, o falo, a Lei, a falta etc. –, propondo, então, uma forma de "subjetividade nômade". Braidotti fala a partir das teorias ecológicas, feministas, pós-humanas, pós/decoloniais que conversam com a obra de Deleuze e Guattari. Em *Transpositions* (2006), especificamente, ela trata da necessidade de tomar a Vida como um sujeito, nos afastando da identificação, dos modelos pós-hegelianos de uma subjetividade e negatividade dialética, e nos aproximando de uma ética da multiplicidade e da afirmação, uma ética do "not-one"- do "não Um".

Braidotti elabora a ideia de um "estranho em nós" que é em grande parte inspirada na psicanálise, propondo um encontro ético de afetos em fluxo e não só um excesso de "mim em/sobre mim". Na minha leitura desse material, essa proposta ética pode ser acatada a partir de um Real que não é apenas um excesso de gozo (*jouissance*) da pulsão no corpo, não capturado pelo significante ou sublimado, alimentando sintomas, sexualidade e angústia. Também não é aquele Real de Žižek[30] que insiste em ser

28. R. BRAIDOTTI. *Transpositions: On Nomadic Ethics.* Cambridge, UK: Polity Press, 2006; e R. Braidotti. *Per Una Politica Affermativa.* Milano: Mimesis Edizioni, 2017.

29. R. BRAIDOTTI. *Transpositions: On Nomadic Ethics.* Cambridge, UK: Polity Press, 2006; e R. Braidotti. *Nomadic Theory. The Portable Rosi Braidotti.* Nova York: Columbia University Press, 2011.

30. S. Žižek. *Interrogating the Real.* Londres: Continuum, 2010; e S. Žižek. *Incontinence of the Void: Economico-Philosophic al Spandrels.* Londres: Short Circuit, 2017.

apenas uma impossibilidade inerente ao Simbólico, o qual cabe na dialética hegeliana que situa o sujeito nesse vão de negatividade. O caso seria de um Real que vibra os encontros generativos das formas de vida, humanas e não humanas, e das condições de vida, materiais e imateriais, situando a subjetividade como um improviso que se amarra temporariamente naquilo que está além de si mesmo. Isso é o que Braidotti chama de uma ética da interdependência, além da identificação.

## Negatividade e afirmação: ficar com este problema

Na clínica encontramos exemplos vibrantes da negatividade. São sintomas que se repetem, perdas não superadas que agem como ímãs de dor, excessos traumáticos que sugam e giram como uma máquina de lavar... até a não existência da "*relação sexual*". São fantasias imaginárias, uma satisfação que nunca vem e enigmas do corpo que desafiam os dicionários médicos, mas que, por mais que causem muito sofrimento, permitem que a vida continue, de um jeito ou de outro, resistindo a dominações. Até mesmo no coração da negatividade há algo afirmativo, algo que segue em frente.

Seguindo os primeiros ensinamentos de Lacan,[31] especialmente os Seminários I e II, e sua rixa com os Ego-Analysts a Pós-Freudianos de seu tempo, é imperativo que aceitemos a não adaptabilidade do sujeito, que conta com um Real singular que não pode ser reduzido a delineações imaginárias nem a molduras simbólicas.[32] A identificação com o analista e o reforço das defesas do ego em busca de uma melhor "adaptabilidade" eram, para Lacan, uma interpretação equivocada da revolução Freudiana.[33]

31. Jacques Lacan. *The Seminar of Jacques Lacan. Book I: Freud's Papers on Technique. 1953-1954*. Nova York: W.W. Norton & Company, 1991a; e Jacques Lacan. *The Seminar of Jacques Lacan. Book II: The Ego in Freud's Theory and in the Technique of Psychoanalysis, 1954-1955*. Nova York: W.W. Norton & Company, 1991b.

32. M. Ruti, *The Singularity of Being: Lacan and the Immortal Within*. Nova York: Fordham University Press, 2012.

33. J. BENJAMIN. "Beyond Doer and Done to: An Intersubjective View of Thirdness". *The Psychoanalytic Quarterly*. v. 73, n. 1, 2004. pp. 5-46.

Insistindo na não adaptabilidade do sujeito,[34] Lacan propõe o sujeito dividido ancorado na negatividade do desejo. Esse modelo da negatividade nos ensinamentos de Lacan é bem nítido nas primeiras décadas de seus trabalhos e na compilação dos *Escritos*, e, como se sabe, é influenciado por Hegel a partir de Kojéve. Neste modelo a negatividade do desejo é o que garante a "autoconsciência" ou um "Eu/Being" revelado na linguagem. Lacan faz uso desta fórmula em seu Seminário V, de 1957-58, defendendo que a dialética do desejo dá consistência à subjetividade para além da consciência. Em Lacan, o ego será essencialmente uma miragem do sujeito; um sujeito atravessado pelas forças discursivas, sociais, políticas e por um Real excessivo. Alenka Zupančič[35] chama essa negatividade fundante do "ser" ("being") de um "vão" (*gap*), de "com-sem" (*with-without*), que ela articula a partir do ensaio de Freud sobre *A negação* (de 1925), que nos traz essa possibilidade da presença na ausência no discurso. Negatividade não é um buraco vazio, mas um vão arejado que faz a subjetividade possível.

É nesta não adaptabilidade subjetiva, o coração da psicanálise lacaniana, que a negatividade e a afirmação se encontram, e, como desejo apostar, precisamos ficar com este "problema" de pensar o Real como um excesso, ou um além-do-sujeito que é afetivo, emaranhado e coletivo - como insinua Guattari.[36] É neste excesso além de si que a afirmação insiste, nos movendo para além da lógica da falta. Negatividade vira uma marca da delineação ontológica de um sujeito neurótico situado (europeu, homem, tudo aquilo...). Como sabemos, em *Capitalismo e esquizofrenia*, de 1972 e 1980, Deleuze e Guattari abordam justamente este problema, oferecendo uma implosão da psicanálise, desde a triangulação edípica até os *Mil platôs*. *O anti-Édipo*, primeiro volume desta

34. P Van Haute. *Against Adaptation. Lacan's "subversion" of the subject. A close reading.* Nova York: Other Press, 2002.

35. A. Zupančič. (2012a). 'Not-Mother: On Freud's *Verneinung*'. *E-flux journal, March 2012.* Disponível online.

36. Félix Guattari. *Schizoanalytic Cartographies*. Londres e Oxford: Bloomsbury, 1989; e Félix Guattari e Suely Rolnik. *Molecular Revolution in Brazil.* USA: Semiotext(e), 2007.

colaboração, foi considerado por muitos como uma extensão da empreitada lacaniana, levando suas críticas da psiquiatria e da psicanálise hegemônicas ainda mais longe.[37] É fundamental que se considere a rejeição da adaptabilidade em Lacan, onde vejo que as críticas de Deleuze e Guattari tomam fôlego – um projeto expandido por pensadoras feministas e pós/decoloniais – afinadas eticamente com o espírito de Freud e Lacan. Nas críticas mais potentes, também não podemos esquecer que Lacan subverteu práticas dominantes na psicanálise e revisou seus próprios conceitos entre os anos 1930 e o fim dos anos 1970.

Enquanto os fundamentos ontológicos entre a negatividade e a afirmação podem ser contrastados tão vividamente na teoria; na práxis, se seguirmos tanto Freud quanto Lacan, e mesmo Deleuze e Guattari, do começo ao fim, é possível enxergar em suas jornadas – que exploram as potências de elementos radicais e não normativos dentro de suas tradições – muitas oportunidades de encontro, convergências e um possível "pensar junto" em vez de um (tipicamente patriarcal) "pensar contra". Com seus estilos, Freud, Lacan e Guattari, enquanto clínicos, valorizavam singularidades da clínica como suas maiores bússolas. A psicanálise se reinventa a cada sessão, ainda assim, como Guattari questiona em *Caosmose*, "o inconsciente freudiano se transforma ao longo da história: perdendo uma riqueza e um ateísmo inquietante de suas origens e, em sua versão estruturalista, recentrando-se na análise do eu, na adaptação social e na conformidade com a ordem significante".[38] O entrelaçamento ecofeminista da ética psicanalítica seria, assim, um apelo às raízes da psicanálise – ou, mais apropriadamente, aos seus possíveis rizomas, e, quem nos dera, seu micélio.

37. François Dosse. *Gilles Deleuze & Félix Guattari: Intersecting Lives.* Nova York: Columbia University Press, 2010.

38. Félix Guattari. *Chaosmosis. An Ethico-aesthetic paradigm.* Bloomington and Indianapolis: Indiana University Press, 1995, p. 10.

## Transposições subjetivas

Quando Braidotti[39] articula a possibilidade ética de uma subjetividade nômade em *Transpositions*, ela mobiliza os conceitos de *bios* e *zoe*, elaborados por Giorgio Agamben, dentro de seu modelo pós-humanista e feminista de imanência. Esse é um artifício teórico que ajuda a não liberalizar o conceito de multiplicidade – um tropeço de muitos trabalhos inspirados em Deleuze que veem a proliferação infinita de uma positividade em suas mãos, propondo um desejo infinito e onipotente que nada tem a ver com a política anticapitalista e ecológica de Deleuze e Guattari. Com *zoe*, Braidotti integra os mecanismos históricos e políticos de isolamento, destruição e alienação "desse tipo" de vida – dividindo a vida em "vida" e "vida nua", como Agamben. A diferença é que ela aciona *zoe* agora como essa força brutal, não humana, como uma categoria produtiva, agindo como uma chave para sair do arranjo subjetivo e da organização biopolítica que depende de uma constituição binária do "mesmo" (*Sameness*). Essa ética ecofeminista proposta por Braidotti é ancorada em termos de *zoe*, ou em uma vida não logocêntrica e generativa: uma micropolítica do afetivo. Em outras palavras, ao romper a dependência no significante fálico – ou seja, da economia política do Mesmo e dos seus Outros constitutivos pela lógica de um espelho e de um binarismo – é possível tomar uma posição ética enquanto um sujeito não unitário, feminista e nômade, responsável (*accountable*), facilitando esse laço de empatia e interdependência com outros humanos e não humanos. Não somente esse modelo se afasta drasticamente da dissolução do outro prevista no modelo hegeliano e ainda presente, com muita nuance, pelo recurso ao Simbólico em Lacan, como nos oferece possíveis diálogos com outras vertentes do feminismo.[40] No feminismo italiano – o feminismo da diferença –, a prática de "*partire da sé*" é defendida

39. R. Braidotti. *Transpositions: On Nomadic Ethics*. Cambridge, UK: Polity Press, 2006.
40. J. Benjamin. "Beyond Doer and Done to: An Intersubjective View of Thirdness". *The Psychoanalytic Quarterly*. v. 73, n. 1, 2004, pp. 5-46.

por Chiara Zamboni[41] como uma alternativa à dicotomia entre transcendência e imanência, considerada pelo movimento como uma artificialidade tipicamente patriarcal. Hortense Spillers,[42] em sua bela discussão do édipo africano, também enriquece a possibilidade de um "eu-comum" na base da *psique* de seu feminismo negro. A lógica de diferença/separação e da chamada de um sujeito do mundo em vez de no mundo, como descreve Denise Ferreira da Silva,[43] vibra neste pensar-junto.

Os argumentos de Braidotti[44] estão próximos da discussão sobre a psicanálise como produtora e reprodutora desta "foraclusão" de *zoe*, do emaranhamento interdependente de Gaia, ou da potência irruptiva de um Real afetivo que ecoa aquilo que Guattari descreve em *As três ecologias*,[45] sua obra de 1989. A fórmula de Braidotti envolve ir além do sujeito dividido de Lacan, disputando a centralidade do Um e a dependência no Nome-do--Pai como regulador da Lei Fálica que dá acesso ao chão comum, ao Simbólico, no qual o sujeito é, por meio da diferença sexual, situado em relação a esse Um que é "Todo". A criatividade de Braidotti e sua contribuição está em delinear tão bem aquilo que ampara o excepcionalismo humano, o Antropoceno (ou a emergência climática) com a questão do sujeito dividido, da diferença sexual e as possibilidades daquilo que Lacan e lacanianos chamam de "Not-All/ ou Não todo". Acadêmicas feministas da psicanálise vêm oferecendo ideias parecidas durantes as últimas quatro décadas, amarrando as críticas pós-estruturalistas da psicanálise lacaniana com o conceito da diferença sexual. Ao passo que esse

41. C. Zamboni. "Al di qua di immanenza e trascendenza. Una via femminile all'essere". *Annali di studi religiosi,* 2004. Bolonha: Edizioni Dehoniane.

42. H. Spillers. "All the Things You Could Be by Now If Sigmund Freud's Wife Was Your Mother: Psychoanalysis and Race". *Critical Inquiry.* vol 22, verão 1996, pp. 710-734.

43. Ferreira da Silva, D. "On Difference Without Separability". *Catalogue of the 32nd São Paulo Art Biennial 'Incerteza Viva'*, 2016, pp. 57-65; e Ferreira da Silva, D. "How". *E-flux journal.* dez. 2019. [On-line] Disponível online.

44. R. Braidotti. *Transpositions: On Nomadic Ethics.* Cambridge, UK: Polity Press, 2006.

45. Félix Guattari. *The Three Ecologies.* Londres e New Brunswick: The Athlone Press, 2000.

assunto já é antigo, a questão da necessidade de compreender a subjetividade a partir da diferença sexual dentro dos círculos lacanianos é ainda bastante problemática.[46]

Ao ir além do binarismo da diferença sexual (tanto do feminino e do masculino como as duas únicas posições quanto da diferença que suscita uma dialética do sujeito em relação ao Outro atravessada pela lógica do falo) e levando a sério os mecanismos de produção e reprodução que engendram este arranjo ainda limitado ao Édipo (o que quer dizer um humanismo universalista, moderno, ancorado na dominação e na extração), Braidotti se alinha ao trabalho iniciado em O *anti-Édipo*, de Deleuze e Guattari, conferindo uma inclinação ecofeminista mais evidente. Assim podemos pensar em uma ética do emaranhamento, da interdependência e da multiplicidade, onde o referencial transcendental é a simbiótica e caótica Gaia em vez desse universalismo fixo do Um que a psicanálise reproduz nessa transcendência do binarismo, da dominação e da exclusão presentes no Édipo, no "Pai" transcendente e universal – que serve tão bem para o delírio colonial, patriarcal e capitalista.

Para Braidotti,[47] o monismo de Spinoza e sua teoria dos afetos, que inspira a metafísica de Deleuze e Guattari, é o que permite pensar muito além da necessidade da diferença sexual como amparo ao desejo. Nesta lógica, não é necessário pensar a partir da diferença sexual e da miragem desse Um que é Todo (seguindo o mito Freudiano de *Totem e tabu*), nem pensar em um "Não Todo" (o feminino em Lacan) como seu contrário binário, sempre travado nos olhos do Mestre... pelo contrário, ao sair dessa miragem ontoepistêmica que é o contrato moderno, o "Todo" desaba por completo. Partimos do "ser" ("*being*") para diversos "tornar-se" ("*becomings*"). Ninguém "é", pois nada "é", apenas se torna, o tempo todo e de forma conjunta, coletiva, comum. Para mim, é essa visão que Braidotti nos permite acrescentar ao

46. Paul Preciado. *Je suis um Monstre qui vous parle. Rapport pour une academie de psychanalystes.* Paris: Bernard Grasset, 2020.

47. R. Braidotti. *Transpositions: On Nomadic Ethics.* Cambridge, UK: Polity Press, 2006.

diálogo e à construção do "comum". Atendendo à lógica matemática, acaba-se por ignorar as próprias reproduções violentas desta lógica, mantendo a psicanálise no âmbito da cegueira *antropo--falocentrica*, como escreve a autora. Esta é uma leitura desafiadora que segue a radicalidade de Freud e Lacan e contradiz visões como a de Alenka Zupančič,[48] a filósofa lacaniana eslovena, a qual defende que apenas com um sistema de "dois" podemos dar conta da dominação e, portanto, da violência patriarcal... assim, a dominação de *bios sobre zoe*.

## *Ser e tornar-se*, apostando na psicanálise

Em seus ensinamentos tardios, quando Lacan estava trabalhando com a clínica borromeana ou a Clínica do Real, começa a aparecer um Real que já não é mais situado dentro dos limites do Simbólico. Essa etapa mais recente de sua obra, nos anos 1970, tão contraditória e complicada quanto as outras, vê a lógica da Falta, ou da questão do Simbólico, não mais como fundante do sujeito, e o corpo ganha destaque. Nessa fase de Lacan, o corpo aparece com um local afetado no qual o Real e novas formas possíveis de viver podem ser articuladas. *Jouissance*, ou gozo – esse conceito ambíguo em Lacan que nos remete à libido freudiana –, é central a tais possíveis articulações. Assim, Miller[49] identifica seis paradigmas do gozo ao longo dos ensinamentos de Lacan – nos primeiros vemos o gozo embalado na linguagem e o sujeito partindo de tal linguagem. Os últimos de tais paradigmas aparecem no Seminário xx, *Mais, ainda*,[50] de 1972-73, onde o gozo ganha autonomia e dali então é o gozo do corpo vivo que reorienta o acesso ao Real – e não mais o Simbólico –, partindo da *lalangue* as possibilidades de um novo Imaginário. Na lição sobre

48. A. Zupančič. "Sexual Difference and Ontology". *E-Flux journal*, fev. 2012. Disponível online.

49. J. A. Miller. "The Six Paradigms of Jouissance". *Lacanian Ink*, v. 17, 2000, pp. 10-47.

50. Jacques, Lacan. *The Seminar of Jacques Lacan*. Book xx: *Encore. On Feminine Sexuality, The Limits of Knowledge*. 1972-1973. Nova York: W.W. Norton & Company, 1998.

o gozo (*jouissance*) que abre o seminário, Lacan diz: "A roupa ama o monge, já que eles são um. Em outras palavras, o que está embaixo do hábito, aquilo que chamamos de corpo, é talvez apenas o resto que chamo de *objeto a*. O que seguirá a imagem é o resto".[51] Nesta passagem, o "resto", ou o excesso que sobra da ideia do sujeito sobre si, é o corpo que, por sua vez, ancora a imagem.

Miller[52] escreve em seu ensaio "*Lacanian Biology*" sobre um movimento nos ensinamentos de Lacan que estabelece a relação entre corpo e linguagem como sendo de satisfação, significação e novamente de satisfação – o gozo do significante no corpo além da significação – nos últimos ensinamentos. Este movimento é crucial para o impasse sobre a negatividade e a falta, e a questão do afeto e do corpo dentro e além do repertório de Lacan. A questão da significação, mais especificamente, guiava a clínica lacaniana "clássica", onde a interpretação era a principal ferramenta de intervenção. Ao deslocar seu foco da significação para um Real inscrito no corpo, a técnica se move em direção ao "corte", ou ao uso cuidadoso da pontuação, onde acrescentar significado (ou esticar o Imaginário por meio do Simbólico) é substituído pela produção conjunta de novos versos, novos poemas que fazem uma ponte entre esse Real do corpo e novas palavras inventivas. A partir do Seminário XX, o fim da análise muda de rumo, já que a interpretação, "ao introduzir mais material significante ao tratamento, de fato encoraja a produção do sentido trazendo ainda mais água para o moinho do inconsciente. Em contraste, o corte isola o gozo na fala e previne a proliferação de sentido que faz da análise algo interminável".[53] Neste último Lacan, ou a partir do Seminário XX, ele "desvaloriza o complexo de Édipo, vendo-o como uma versão mítica – e, portanto, *imaginarisada* – da organização inconsciente. E é com essa *des-imaginarisação* de Édipo que decifrar o inconsciente torna-se menos central ao

51. Ibid., p. 6.

52. J. A. Miller. "Lacanian Biology". *Lacanian Ink*, v. 18, 2001, pp. 17-19.

53. V. Voruz. e B. Wolf. *The Late Lacan, An Introduction*. Albany, NY: State University of New York Press, 2007, p. xi.

tratamento analítico".[54] A análise se transforma de sua versão que almejava decifrar e dar significado a um quebra-cabeça para uma versão voltada à produção criativa de algo novo, uma nova forma de viver, comum.

Nesse deslocamento em direção ao Real na obra de Lacan, uma similaridade emerge com a questão da afirmação, da multiplicidade e da criatividade que Deleuze e Guattari conferem ao devir ("*becoming*"). Com esse movimento para além do Édipo, da Lei Simbólica e além da interpretação, "a relação com significado e verdade é menos valorizada, e, para o Lacan deste período final, o tratamento analítico é orientado pela redução do sintoma. O sintoma tem que ser esvaziado do gozo buscado em sua articulação com a fantasia para que, assim, o sujeito possa pôr em prática seu *sinthôme* para amar, trabalhar e desejar".[55] O sintoma - que é o que Miller[56] resgata como a biologia lacaniana - é corporal, afetivo, de repetição excessiva e, para trabalhar através deste na análise, seguindo essa lógica, é necessário que se encontre uma saída poética - uma saída para fora das armadilhas das repetições que não produzem diferenças.

O foco no significante que corta o corpo e delimita o gozo sem nenhuma significação traz a linguagem de volta para sua materialidade. A clínica borromeana, ou a clínica do Real, foi a tentativa de Lacan de formular um Outro para quando não há Outro, ou o que seria esse sujeito do mundo ao fim da análise.[57] O nó borromeano foi introduzido nos ensinamentos de Lacan acerca de Joyce e de sua solução criativa para a psicose. Tais intervenções teóricas feitas a partir da metade dos anos 1970 vê um Lacan que não mais "se baseia apenas na clínica diferencial e, introduzindo os nós borromeanos, abre espaço para a consequente produção

54. Ibid., p. x.

55. V. Voruz e B. Wolf. *The Late Lacan, An Introduction*. Albany, NY: State University of New York Press, 2007, p. x.

56. J. A. Miller. "Lacanian Biology". *Lacanian Ink*, v. 18, 2001, pp. 17-19.

57. L. Chiesa. *Subjectivity and Otherness. A Philosophical Reading of Lacan*. Cambridge, Massachusetts e Londres-UK: The MIT Press, 2007.

de novas avaliações sobre o sintoma".[58] Isso quer dizer que pensar no sintoma apenas na matriz do diagnóstico diferencial – e as possibilidades estruturais de neurose (histeria, obsessão e fobia), psicose (paranoia, melancolia e esquizofrenia) e perversão (sadismo, masoquismo e fetichismo) – já não se sustenta mais, pedindo que se dê mais atenção aos arranjos singulares do sintoma. O *sinthôme* já não é mais reduzido à determinação estrutural e é na materialidade da linguagem, no Real do sintoma, no corpo e no gozo que os indicadores de novos "tornar-se" ("*becomings*") são lançados.[59] Desta forma, o Imaginário é o corpo, é a Vida, é a matéria, e não necessita do Simbólico como forma de saber.[60] "*Wo Es war, soll Ich warden.*"

Para concluir, neste trabalho aposto não só na necessidade da articulação entre a psicanálise e a política – nessa aliança da esquizoanálise com a psicanálise –, mas também da articulação profunda, do posicionamento ético e estético da teoria e da prática psicanalítica perante esse desmoronamento urgente do pacto social da modernidade, que produz um empirismo e um transcendentalismo alienantes – patriarcais, colonizadores, extrativistas... da ordem da diferença com separação... da ordem do dois e não do muitos. Assim, viver a partir do inconsciente de maneira ecofeminista exige um encontro com as questões de nosso tempo, as irrupções do Real. O que proponho nessa meditação teórica é que a práxis psicanalítica, ecoando as intervenções feitas por e inspiradas por Deleuze e Guattari, se reoriente para o campo do *comum*, em vez de reproduzir reduções alienantes e violentas com uma ontoepistemologia moderna. Só com um toque de esquizoanálise pode a psicanálise ser de fato psicanalítica e promover a vida a partir do inconsciente.

58. M.H. Brousse. "Hysteria and Sinthôme" in: V. Voruz e B. Wolf (Orgs.). *The Late Lacan, An Introduction*. Albany, NY: State University of New York Press, 2007, p. 83.

59. Ibid.

60. C. Soler. *Lacanian Affects: The Function of Affect in Lacan's Work*. Londres: Routledge, 2014.

# Uma certa desordem
## *Esquizos na/da psicanálise*

HÉLIA BORGES

> Alguns pensam que vamos continuar no mesmo embalo, houve até quem acreditasse que formaríamos um quinto grupo psicanalítico. Que pobreza! Sonhamos com outras coisas, mais clandestinas e mais alegres.
>
> GILLES DELEUZE[1]

No livro *Conversações*, no texto "Carta a um crítico severo", Deleuze escreve a Michel Cressole denunciando a problemática, ainda recorrente na atualidade, de buscar a legitimidade do discurso pela exclusão de *um certo dizer verdadeiro*.[2] Essa questão continua presente nos meios psicanalíticos pela busca incessante do lugar legítimo do que seria verdadeiramente *a psicanálise* – como, por exemplo, numa perspectiva estruturalista que se volta para o entendimento da psique "sob o único cajado do significante linguístico",[3] que ainda constitui seus discípulos marcados por "centrar-se na análise do eu, na adaptação à sociedade ou na conformidade a uma ordem significante".[4]

1. G. Deleuze. *Conversações*. São Paulo: Editora 34, 1992, p. 18.
2. Referimo-nos aqui à proposição foucaultiana do dizer verdadeiro enquanto ato parrhesístico.
3. F. Guattari. "Linguagem, consciência e sociedade" in: A. Lancetti. (Org.). *Saúde e Loucura 2*. 3. ed. São Paulo: Hucitec, 1990, p. 5.
4. Ibid., p. 8.

Deleuze e Guattari, em suas construções conceituais, nos trazem ideias que se compõem segundo uma trajetória que se desloca da gênese da linguagem para a matéria expressiva da percepção, para um campo de produção não discursivo, o que nos oferta a possibilidade de construir novos percursos para o saber clínico.

Apesar das tantas críticas realizadas à redução do entendimento do sofrimento psíquico à questão do significante, continua a se disseminar – nas instituições de formação analíticas, nos consultórios privados, hospitais e universidades – uma prática clínica que, se percebendo como verdadeira, se legitima como *A* psicanálise.

A teoria do inconsciente amarrada ao significante decorreu de um caminho trilhado pela psicanálise ao longo do século xx, que, ajustada ao estruturalismo, finda por perder certa riqueza inaugural freudiana, transgressiva ao contexto de sua época. Ressaltamos, por exemplo, como um dos resultados do aburguesamento, o apagamento das produções ligadas à perspectiva econômica que ocorreu em certas leituras da clínica psicanalítica.

A questão econômica vem sendo excluída por uma perspectiva psicanalítica que se realiza a partir de uma leitura conceitual que retira o humano inscrito como parte da natureza, tendo como referência o projeto iluminista no qual se constituiu a modernidade. Esse projeto está pautado em uma tradição conjugada a uma legitimidade que se sustenta no cunho cientificista, na ilusória superioridade da lógica racionalista, desqualificando a corporeidade e a sensorialidade, atrelando-se a uma posição patriarcal/fálico/capitalista/colonial/eurocêntrica.

O conceito de pulsão como força transformadora e impulsionadora que destaca a corporeidade em sua dimensão erótica se tornou obscurecido pela ideia dominante de que, formulado como representação, aliena a força que se atrela ao campo intensivo. Charneira entre o biológico e o psíquico, esse conceito foi elaborado por Freud justamente porque tal perspectiva – descentrando o humano do privilégio da racionalidade que lhe atribuía a superioridade na natureza – viria a confrontar o caminho tomado pela tradição do pensamento cientificista calcado na dissociação entre corpo e psiquismo.

Segundo a tradição moderna do pensamento ocidental, há uma desqualificação do corpo/corporeidade, da sensorialidade como partícipes do campo de operação de signos, já que este território é onde se conjugam forças que podem desvendar novos horizontes possíveis por permitir acesso às singularidades, o que colocaria em risco o projeto realizado pelo Estado moderno. Tal projeto tem como característica um exercício de colonização sobre os corpos, afetos, inteligência, imaginação, através de dispositivos oriundos dos saberes/poderes da ciência, do capital e da mídia que incidem sobre a vida, tomando-a de assalto na sua condição de concretude maior, cujos espaços mais privados e inconscientes vão sendo invadidos, produzindo um efeito de esvaziamento da capacidade crítica. A política, portanto, volta-se para o que considera vida indigna de ser vivida, seja de indivíduos, seja de populações. O corpo não é descartado por ser pecador, mas por ser "impuro" em um novo sentido: imperfeito e perecível – portanto, limitado. Por ser viscoso e orgânico, ele é inexoravelmente obsoleto.

Nossa cultura patriarcal/fálico/capitalista/colonial/eurocêntrica se organiza a partir do entrelaçamento de níveis de controle – controle da economia, da autoridade, da natureza e dos recursos naturais, do gênero e da sexualidade, da subjetividade e do conhecimento. Por sua força de captura, força o silenciamento da capacidade receptiva do corpo, minguando a chance de se afetar com as forças do mundo: forças do dentro e forças do fora. E, às custas de um movimento autoplástico, nos tornamos colonizadores, reproduzindo a lógica perversa de poder, fundamento e verdade. Podemos afirmar, a partir daí, que uma prática colonizadora do pensamento psicanalítico, como prática de poder, se encontra associada à exclusão das intensidades materializadas pelas sensações, ritmos – ou seja, da corporeidade –, na medida em que é justamente por essa exclusão que o olhar fica impossibilitado de oferecer receptividade à alteridade.

O campo das forças é um corpo anárquico, que se caracteriza por um feixe de vibrações, um corpo afetivo, intenso, que traz consigo uma vitalidade não orgânica, de modo a permitir expressar forças e potências imperceptíveis. Uma linguagem que fala antes da palavra.

Logo no início do texto *Carta a um crítico severo*, Deleuze, respondendo às cobranças e aos ataques recebidos, desabafa: "Já estou tão cheio dos verdadeiros ou falsos esquizos que me converteria com prazer à paranoia!".[5] O autor parece nos contemplar com um presente radical: opondo a linha de fuga como dissociada de uma prática viva, ao nomear os falsos esquizos, aponta uma questão bastante presente, que seria a de denunciar os discursos aparentemente críticos que objetivam o escape ao instituído, quando na verdade se mostram discursos repetidores do mesmo ato colonizador que busca silenciar e sufocar aquilo que se manifesta como diferenciador, transformador – enfim, como algo que não permitiria fazer borbulhar, germinar e, portanto, expandir o próprio saber singular.

Para Deleuze, nesse embate parece que se tornar um paranoico seria justamente sair da lógica de uma posição vazia – na qual o discurso é aparentemente de luta, para, se colocando em oposição, captar os sinais de uma produção conservadora e redutora. Assim, poderia restaurar um combate para uma abertura no sentido ampliado do termo, para que a diferença possa se fazer proliferar. Nessa perspectiva, a esquizoanálise deixa de ser, em alguns territórios, um modo de trabalhar a psicanálise implicada no seu próprio ultrapassamento – impedindo modelos redutores e colonizadores, visando a sua própria expansão enquanto

5. G. Deleuze. *Conversações*. São Paulo: Editora 34, 1992, p. 11.

saber –, para se transformar então em uma escola, um método, um modelo, e não em uma formulação que coloca em xeque o fazer psicanalítico, devolvendo-lhe o poder de criação.

As formulações de Guattari e Deleuze realizam uma ruptura com certos elementos que impossibilitam o livre pensar, e impedem que a própria psicanálise deixe de se alimentar da clínica para reinventar-se, movimento necessário para acompanhar a complexidade da existência. Verifica-se assim, novamente, o agarrar-se ao conservadorismo e às limitações impostas pelo pensamento acadêmico na verificação das verdades conceituais e seus fundamentos. Questão política que traz de volta as cenas mais violentas de uma prática fascista, na qual a imposição de ideias silencia as possibilidades das experiências clínicas e críticas que vêm alargar e oxigenar seus saberes e a própria vida.

É importante colocar em relevo a condição excepcional que teve a parceria desses dois autores para produzir questões importantíssimas para a prática clínica e devolver o sujeito à sua existência, ou seja, ao sujeito da *polis*, aquele que fala da sua relação com o mundo, onde está inserido, nas questões políticas, nas questões históricas mundiais, como ambos gostam de falar, trazendo à cena um inconsciente que não é o inconsciente da interioridade, mas que vem com o atravessamento do mundo, nos encontros e agenciamentos com as proposições do mundo.

Hoje, nos levantes que se manifestam no cenário político atual, podemos observar as transformações afirmativas que se operam nesses movimentos insurgentes a partir da potência do coletivo. No entanto, tais transformações redutoras se expressam quando tomadas de novo pela lógica mitigadora do código que, num ato reprodutor do mesmo, atraídos pelo poder, passam a funcionar como opressores, atacando os discursos que se colocam como marginais à sua lógica, provocando constrangimentos e uma onda de silenciamento.

Não é intenção deste artigo recuperar problematizações de questões específicas de Guattari referidas à sua formação com Lacan – isso já tem sido discutido por vários autores que buscam restaurar sua contribuição aos construtos psicanalíticos numa promessa de avanço. Mas é importante marcar que, junto a Deleuze, essa dupla trouxe maior riqueza e turbulência ao pensamento em estagnação vigente na psicanálise, pensamento amortecido que ainda se perpetua em práticas clínicas que se inspiram no conteúdo do discurso, no templo do significante, numa perspectiva colonizadora homogeneizante do conceito.

Nesse sentido, nos convocam a pensar a clínica a partir da crítica. Deleuze, por exemplo, no artigo "O que as crianças dizem",[6] nos faz perceber a importância do percurso, do trajeto e do deslocamento presentes nas manifestações sintomáticas, exortando problematizar a perspectiva do psiquismo atravessado por um mundo fantasmático ideativo onde as associações de sentido constituem o destino de uma prática clínica que finda por alienar e conduzir aos modelos adaptativos e reguladores.

Em seu artigo, Deleuze expõe a importância de atentar para o ambiente que constitui o Imaginário, para a experimentação vivida nas afecções com o meio. Fazendo uma releitura do caso do pequeno Hans, de Freud, o autor desnuda a leitura redutora de um sentido edípico no vetor castração, para ressaltar que é na relação com o meio que se constitui um psiquismo atravessado de corpo – mundo afetando e modificando –, mundificados que somos, e não como a interioridade representada na figura do pai; do teatro edípico do papai e mamãe como Deleuze e Guattari nos chamam atenção no livro *O anti-Édipo: capitalismo e esquizofrenia*.[7]

No entanto, liberar a âncora desse campo significa colocar à deriva tal mundo fantasmático, rompendo com a ideia sustentada na produção de sentido, no significante paterno. Essas críticas parecem tomar um vigor maior nos dias de hoje em função do cenário de colapso que se estabeleceu sobre o que foi construído a partir da instauração da Razão, do humano como aquele que

6. G. Deleuze. *Crítica e clínica*. São Paulo: Editora 34,1997.

7. G. Deleuze e F. Guattari. *O anti-Édipo: capitalismo e esquizofrenia*. Rio de Janeiro: Imago, 1972.

pende no lugar de superioridade, que exclui a experiência da vida na sua força transformadora, produzindo um estancamento das possibilidades existenciais.

No livro precursor *As três ecologias*,[8] Guattari nos fala da limitação imposta por um pensamento, sustentada no poder falo-centrado, colonizador, que caracteriza a extração do lucro e que hoje se manifesta nas biopolíticas/necropolíticas que envolvem a ameaça à própria vida em uma sociedade voltada para o poder das elites – pensamento dissociado das intensidades encarnadas das afecções. É preciso devolver a cabeça ao corpo, para que se restaure a capacidade de um pensamento crítico, ético, que permita reconhecer o direito do outro de existir e, no limite, preservar a vida em extensão e intenção.

Voltando ao artigo do Deleuze, "O que dizem as crianças", em uma nota de rodapé o autor chama a atenção para o texto "Um pequeno homem galo" (1992),[9] de Sandor Ferenczi, em que este irá colocar suas considerações acerca da experimentação vivida pelo pequeno Arpad nos seus trajetos ao galinheiro em construções ideativas e imaginárias a partir de seus mapas de deslocamentos. Nesse artigo, Ferenczi nos comunica que, diferentemente de uma leitura clássica do sintoma como expressão da castração, esse conjunto sintomático poderia ser compreendido como algo que porta em si um processo, uma travessia, um lugar de passagem, onde vários personagens farão parte do que se estaria construindo visando fazer a vida poder passar:

> Em suma, a interpretação psicanalítica enunciar-se-ia da seguinte maneira: o galo significa o pai nesse conjunto de sintomas. No caso do pequeno Arpad, podemos poupar-nos o trabalho de interpretação. O trabalho de recalcamento não foi capaz de dissimular por completo a significação real dessas extravagâncias; o fenômeno primitivo, o recalcado, ainda transparece em seu discurso [...].[10]

8. F. Guattari. *As três ecologias*. Campinas: Editora Papirus, 1990.
9. Cf. "O pequeno homem galo" in: S. Ferenczi. *Psicanálise II. Obras completas*. Rio de Janeiro: Martins Fontes, 1992.
10. Ibid., p. 65.

> [...] relataremos uma última declaração do pequeno Arpad, mostrando que não foi em vão que observou, durante tanto tempo, os galináceos. Um dia disse à vizinha com um ar profundamente sério: "casarei com você, com você e sua irmã, e com as minhas três primas e a cozinheira, não, é melhor a mamãe no lugar da cozinheira". Ele quer, portanto, tornar-se o galo da aldeia.[11]

Aqui, Ferenczi, num ato transgressivo à interpretação de sentido colada à visão familialista edipiana, aponta dois vetores fundamentais para sairmos da lógica do EU vigente na leitura calcada no significante paterno. Seja no apontamento que este autor faz no que se relaciona ao campo que se estabelece além do recalcamento – isto é, o que se coloca na experiência constitutiva a partir das mundificações não codificadas, um inconsciente mais próximo das postulações críticas que Deleuze e Guattari nos propõem, por exemplo, no livro *O anti-Édipo: capitalismo e esquizofrenia*, via as operações maquínicas do desejo; seja ao nos implicar no fato de que nos sintomas emergem os trajetos na construção do desejo, que, fora de uma imposição do proibido, germinam as potências de construção de um novo campo, de um processo que ocorre na travessia de passagens de um lugar para outro, como transmutações, engrenagens fazendo com que Arpad, ao desejar ser "galo da aldeia", quisesse transitar em todos os seres que habitam aquele espaço.

Nesse sentido, é importante recuperar também a ideia de que Ferenczi – *l'enfant terrible de la psychanalyse* – foi alguém que denunciava, com suas proposições determinadas, ideias decorrentes da estrutura de uma instituição que, ameaçada a permanecer em um campo marginal, parecia lutar a todo custo, visando instalar-se em um lugar de legitimidade, o que a tornou reprodutora dos laços de poder. Coloca-se em cena, assim, a hipocrisia profissional que se construía pelo vetor da verticalidade, dos enlaces da clínica com o saber-poder que dominou – e ainda domina – uma certa psicanálise.

11. Ibid., p. 67.

Na conferência "Análise de crianças com adultos",[12] proferida na Associação Psicanalítica de Viena em 6 de maio de 1931, por ocasião do aniversário de Freud, Ferenczi dará continuidade a sua leitura sobre o abuso de poder como traumatogênico. Apresenta a descoberta de mecanismos de autoclivagem narcísica, próximos de seu conceito de autotomia, ou seja, perde-se uma parte do próprio eu, a fim de preservar a existência.

Chamamos atenção para o fato de que não é só em relação aos processos de esvaziamentos vitais que Ferenczi marcará seu discurso, ao falar das manifestações sintomáticas físicas decorrentes dos traumas psíquicos. É importante ainda colocar em relevo a questão da positivação da *posição ativa* do analista intervindo com *ações concretas*. Ferenczi, ao sustentar uma ótica transgressiva à neutralidade suposta do analista, propõe o corpo como campo de trocas visando a efeitos transformadores no tratamento.

Em "Confusão de línguas entre o adulto e a criança",[13] o autor, trabalhando a noção do trauma, compara o efeito psíquico do choque como um anestésico, um aniquilamento do sentimento de si, na incapacidade de reagir, de agir ou de pensar, com vista a defender o si mesmo. Coloca também em relevo a noção do desmentido. Esta noção tem importância capital na medida em que a afirmação do adulto de que o que foi vivido não existiu, a mentira, é o que torna patogênico o traumatismo.

Nestas argumentações, fica bastante evidente que o autor está não só avaliando as consequências psíquicas de traumas entre adultos e crianças, mas está colocando em cena as violências cometidas por analistas nos tratamentos, seja pelos desmentidos, na *hipocrisia profissional*,[14] no que se refere à neutralidade do analista e sua postura de domínio da cena analítica, encarnando o lugar do poder, seja no efeito que o exercício de poder opera no

12. "Análise de crianças com adultos" in: S. Ferenczi. *Escritos psicanalíticos 1909-1933*. Rio de Janeiro: Taurus, 1988.

13. "Confusão de língua entre os adultos e as crianças" in: S. Ferenczi. *Escritos psicanalíticos 1909-1933*. Rio de Janeiro: Taurus, 1988.

14. Ibid., p. 349.

psiquismo do paciente, que, prisioneiro de um processo transferencial abusivo, deixa de saber de si mesmo, anulando seu sentimento de si. Desta forma, Ferenczi percebe o lugar do analista como lugar potencialmente traumático.

O desmentido entra como uma proposta para pensar os efeitos, seja da sedução, na insinuação; seja na intimidação, no medo oriundo da palavra mentirosa, da falta de palavras ou da distorção da realidade mais elementar. A sedução, segundo o mesmo autor, é um desvio, uma deturpação do desejo da criança pelo adulto. Por trás do encanto da pessoa sedutora, que visa ser o objeto do desejo do outro, existem o risco, o drama do despertar das seduções traumatizantes no correr da transferência analítica.

Nesse texto, Ferenczi denuncia a hipocrisia instalada na relação analítica em que os analistas, sustentados no dispositivo da neutralidade, justificam seu comportamento de insensibilidade, permanecendo frios frente à crise do paciente. Aponta, então, a questão da atração e da identificação da vítima com seu agressor, através do processo autoplástico de mimetismo. O autor insiste na importância de o analista sair da onipotência e aceitar o erro como impulsionador do tratamento analítico, pois a possibilidade de o psicanalista reconhecer seu erro incrementa a confiança do paciente e rompe com a trajetória traumática do sujeito identificado com seu agressor.

O trauma nos convoca a refletir sobre a experiência de clivagem, que tem como decorrência o impedimento ao pensamento crítico, pois reproduz a lógica daquele que o violenta, impondo sua verdade ao outro. E, em um movimento de transformação subjetiva, autoplástico, identifica-se à lógica perversa e se organiza através das práticas que instauram a alienação de si pelo subjugamento aos ideais daqueles que ocupam o lugar de poder, reproduzindo a mesma lógica.

Ainda nessa trilha do assujeitamento, é no texto de 1913, "Fé, incredulidade e convicção sob o ângulo da psicologia médica"[15] (comunicação apresentada no IV Congresso da Associação Internacional de Psicanálise, em Munique), que Sandor Ferenczi nos traz problematizações interessantes ao apontar movimentos opressores relativos ao desenvolvimento realizados pelas figuras de cuidado/autoridade, como o desmentido e a traição da confiança gerada pelas mentiras e ilusões, entre outros.

Tais movimentos acabam por fomentar a incredulidade, gerando a crença na própria onipotência, inibindo a capacidade de julgamento, impedindo o pensamento crítico; ou ainda fomentando, como no caso dos histéricos, uma crença inabalável, uma crença cega na figura de autoridade constituída pelos vetores de onipotência deslocados para a figura de amparo. Estes serão aqueles que sucumbirão facilmente ao assujeitamento as verdades imputadas pelas autoridades – abandono infantil: credulidade.

Mais adiante, no mesmo artigo, o autor chama a atenção para o fato de que essa submissão, por vezes, oculta outro lado de incredulidade oculta. Fé cega na aceitação de certos dogmas. Vinga-se, porém, na incredulidade de outras asserções, fazendo com que a independência do julgamento seja algo chegado ao impossível. Considera que as experiências vividas, segundo as quais as figuras de cuidado/autoridade criam dúvida sobre aquilo que as crianças sentem, aumentam exponencialmente a importância do conhecimento lógico como forma de asseguramento. Implica-se, assim, que o pensamento despossuído da percepção sensível e capturado pela lógica opera um furo na capacidade de raciocínio crítico, de julgamento sobre os fenômenos observados.

A tendência, tão evidente nos dias de hoje, em conceder aos líderes a onipotência divina, pode ser considerada uma fixação nesses estágios regredidos em dois tempos da onipotência: no primeiro tempo, o da onipotência primária propriamente dita, em que o mundo gira em torno de si mesmo, o outro inexiste;

15. "Fé, incredulidade e convicção sob o ângulo da psicologia médica" in: S. Ferenczsi. *Psicanálise II. Obras completas.* Rio de Janeiro: Martins Fontes, 1992.

e num segundo tempo, em que já se perdeu a onipotência de si mesmo, mas ainda se permanece fixado na onipotência, só que agora deslocada para figuras de autoridade por uma *confiança cega*, implicada na ideia de que o líder virá nos salvar do desamparo.

Vemos aqui como podemos nos sintonizar com as críticas que nos trazem Deleuze e Guattari sobre as formas colonizadoras e fascistas instituídas a partir de determinados vetores que se encontram nas apropriações dos conceitos, por mais que estes tentem escapar da lógica do poder. Assim como Ferenczi, ocupado com as questões do ambiente nas subjetividades, Winnicott, profundamente marcado pela Segunda Guerra, nos convoca a uma prática clínica que evidencia a relação dinâmica que se dá em uma escuta que se dirige ao outro, e não ao texto. Ou seja, preocupado com as sequelas do ambiente nas produções subjetivas, volta-se para as comunicações que se dão fora do campo discursivo, interpretativo, visando restituir um possível para o outro.

Nessa proposição, podemos encontrar um psicanalista como Winnicott, que rompeu com as ideias de distanciamento/neutralidade do espaço privado do consultório na participação efetiva nas rádios de Londres,[16] tentando restaurar um pensamento crítico ao que acontecia em Londres e no mundo durante a Segunda Guerra Mundial, fosse discutindo publicamente os efeitos devastadores que se colocavam no sofrimento das crianças, no sofrimento da própria humanidade, fosse na psicanálise em relação às lutas de poder dentro da própria sociedade frente à violência que estabelecia no ambiente, chamando a atenção para as bombas que caíam do lado de fora.

É Winnicott também quem nos propõe, em um pequeno e muito rico texto no livro *Natureza humana*,[17] dar seguimento a uma discussão interessante sobre o conceito de pulsão de morte.

16. Cf. A. Santos, A. Belem. "Agenciamentos radiofônicos" in: A. Santos (Org.). *Guattari/Kogawa: Rádio Livre: autonomia: Japão*. São Paulo: sobinfluencia edições, 2020.
17. D. Winnicott. *A natureza humana*. Rio de Janeiro: Imago, 1990.

Guattari,[18] em entrevista realizada por Josaida Gondar e Rogério da Costa, nos fala sobre a importância do conceito de pulsão e da necessidade de este ser problematizado, apontando ser um importante tema da psicanálise que apenas foi discutido nos seus começos, mas que merece novas e urgentes contribuições. Winnicott (1990), no pequeno artigo, irá ressaltar seu interesse no conceito de pulsão criado por Freud; ao mesmo tempo, alarga a questão pulsional falando-nos da solidão inicial do ser, do estado de não-estar-vivo e, debatendo a questão do inorgânico proposta por Freud, afirma a existência desse estado de não-estar-vivo do ser. Ressaltando a ideia original de Freud, Winnicott afirma: "o indivíduo emerge, não do inorgânico, mas da solidão".[19] Como um desejo de não-estar-vivo, estado de paz, segundo o autor, que é anterior ao estado de dependência.

Aproximamos aqui, aos estados de potência do próprio existir, forças da vida que afirmam o viver independentemente daquilo que está lá. Serão essas forças atos revolucionários que positivam a vida na sua expressão máxima, opondo-se em combate aos movimentos colonizadores?

Winnicott rompe com a lógica cientificista que transforma o trágico em seriedade. Foi um psicanalista indisciplinado que se portou como um errante, deixando-se levar pelos acasos, nos quais tropeça no caminho, deslocando seus conceitos na deriva de sua clínica.

Em *Natureza humana*, Winnicott nos diz que habitamos *um mundo que não quer nada*, o que nos retira de imediato de toda uma concepção de mundo mergulhada na negatividade – negatividade que se sustenta em uma tradição na qual a *Weltanschauung* nos fala de um mundo que se define pela antecipação, imprimindo sentido para a vida. Para Winnicott, o ser emerge *para* a vida, num enfrentamento com um mundo que não desejou, e é esta condição que o permitirá se constituir como força de en-

18. Cf. R. Costa. J. Gondar. "Vídeo-entrevista com Felix Guattari" in: A. H. Moura (Org.). *As pulsões*. São Paulo: Editora Escuta; EDUC,1995.

19. D. Winnicott. *A natureza humana*, op. cit., p. 155.

frentamento, positivando a existência. Segundo ele, "a partir da interação com o ambiente, surge um emergente, o indivíduo que procura fazer os seus direitos, tornando- se capaz de existir num mundo não desejado".[20]

Ser *uma amostra-no-tempo* da natureza humana[21] é a afirmação que nos restaura a dimensão de alteridade inscrita na própria lógica da existência. Implicado na crítica à dualidade entre psíquico e somático, esse autor faz ver a condição da vida como positividade: "*nature e nurture*: hereditariedade e criação".[22] A psique não é outra coisa senão a invenção de uma relação ao soma; as experiências vividas no corpo como objeto ou matéria da alma. O corpo se inscreve na alma.

Winnicott (1990) marca nesse livro o valor da infância em todos nós e questiona: como entender a natureza humana se não entender essa criança que inventa o mundo, pois a natureza é pura invenção? O autor propõe uma clínica da invenção a partir de uma disponibilidade corporal para este outro que se apresenta em seu sofrimento e suas impossibilidades existenciais.

Não acabamos nunca de nascer, segundo o autor. O corpo do *infans* é anárquico, um feixe de vibrações, um corpo afetivo intenso, que traz consigo uma vitalidade não orgânica, forças e potências imperceptíveis que podemos perceber em sua vivacidade. A maternagem, para Winnicott, estaria na capacidade de poder ter acesso às micropercepções através dos movimentos dos bebês, que expressam suas marcas pelas articulações. E, ao ter contato com esse sensível-sentiente, pode dar um sentido "ao fundo sombrio",[23] onde as micropercepções ativam um modo de percepção. Ainda no texto "Os estados iniciais", Winnicott (1990) reafirma sua convicção de que o processo de desenvolvimento de um ser humano se dá necessariamente na relação com o ambiente, marcando a receptividade do mundo-ambiente, pois

20. Ibid., p. 26.
21. Ibid.
22. Ibid., p. 29.
23. G. Deleuze. *A dobra Leibniz e o barroco*. São Paulo: Papirus, 2000, p. 148.

todo um movimento para a vida – o continuar-a-existir-no-tempo, ou seja, *o seguir sendo* – confirma a confiança na vida e o valor da vida mesmo em sua descontinuidade.

Nessa perspectiva de que nos tornamos a partir da relação que se estabelece com o ambiente-mundo, no texto "Pensamento nômade" do livro *Por que Nietzsche?*,[24] Deleuze chama a atenção para as estratégias de captura nas sociedades, e que estas se darão nas relações a partir de três principais meios de codificação: as leis, as instituições e o contrato. Estes são meios reguladores que operam pelas representações em seus significados e significantes. Segundo o autor, a Psicanálise se deixou tomar pelo contrato burguês, "fazendo passar sob a forma contractual uma parte dos loucos, no sentido mais amplo, os neuróticos".[25]

É também nesse sentido que Deleuze e Guattari, no livro *O anti-Édipo*, buscam realizar uma análise complexa do sistema de pensamento ocidental, colocando em questão o próprio pensamento que em seus desdobramentos possibilitou o chão ontológico onde a psicanálise foi buscar seus fundamentos, favorecendo a emergência de categorias, por exemplo, como o Édipo. Não só ao triângulo edípico propriamente circunscrito se refere o texto, e seu título *O anti-Édipo: capitalismo e esquizofrenia* já aponta certas implicações decorrentes da questão edípica, na medida em que esta questão se insere numa estrutura de parentalidade ocidentalizada, moderna e capitalística, com suas devidas produções. Trata-se, sobretudo, de denunciar as práticas de subjetivação do mundo contemporâneo que passaram a operar seus códigos de modo invisível, num campo de captura que produz organizações subjetivas, cada vez mais sutilmente desapropriadas de si.

Esta perspectiva do significante paterno legitima a busca e a garantia da origem como fundamento último da razão patriarcal. Ou seja, a questão da origem é privilegiada na cultura ocidental

24. "O pensamento nômade" in: G. Deleuze. *Por que Nietzsche?* Rio de Janeiro: Achiamé, s/d.
25. Ibid., p. 11.

como acesso ao verdadeiro, ao legítimo. E para este pensamento, *logofalocêntrico*, a ideia de verdade estaria centrada na identidade, no pensamento racionalista e na lei do patriarcado.

Propõe contramétodos – se assim podemos dizer – que afrontam com suas linhas revolucionárias as forças que buscam subjugar, assujeitar, fazendo-as explodir. Denunciar os processos de captura que foram tomando de assalto as produções psicanalíticas e suas práticas não visava a outra coisa senão devolver o que foi apartado, transversalizando a existência. Não é por acaso que no mesmo texto o autor chama a atenção para Winnicott como aquele que se encontra no limite da psicanálise, pois desarticula com seus modos de produção as vias conservadoras psicanalíticas. Estas, sustentadas no Édipo e nas representações, reproduzem e fazem funcionar o aburguesamento redutor que tomou conta de uma certa psicanálise, que pela interpretação de sentido silencia os estados vividos.

> Um psicanalista como Winnicott se põe verdadeiramente no limite da psicanálise, porque ele pressente que este processo não mais convém a um certo momento. Há um momento em que não é mais preciso traduzir, nem interpretar, traduzir em fantasmas, interpretar em significados ou significantes, não se trata disso. Há um momento em que será preciso compartilhar de seu estado. Tratar-se-ia de uma espécie de simpatia, de empatia, ou de identificação? É lógico que isto fica certamente mais complicado. O que sentimos, melhor dizendo, é a necessidade de uma relação que não seria nem legal, nem contractual, nem institucional.[26]

Restaurar algo de nomadismo implica não se submeter às produções de sentido que capturam as lógicas errantes que se marginalizam de um centro normalizador que busca incansavelmente restaurar algo que forneceria o lugar da legitimidade de um discurso. Só se pode falar uma língua que seria aquela que se diria na verdadeira psicanálise. É contra isso que Deleuze e Guattari se colocam, e suas críticas se dirigem à produção de um fechamento de modo a manter privado e privilegiado certo olhar da

26. Ibid., p. 12.

psicanálise. Esse olhar se sustenta no conflito familiar e nos significantes a ponto de impedir que a psicanálise consiga expressar-se de modo a restaurar sua potência clínica, desviando-se de si mesmo nos endurecimentos decorrentes das construções conceituais transformadas em trilhas. Afirmam, portanto, a necessidade de resgatar sua força crítica aos assujeitamentos colonizadores, favorecendo a emergência de pontos de fuga frente às limitações impostas que reduzem a experiência do vivido.

Problematizam uma psicanálise que se instituiu a partir dos conteúdos interpretativos, dos fantasmas que se tornam reguladores das dinâmicas psíquicas que se opõem – de modo radical – aos espaços intensivos, quaisquer que sejam, das intensidades sensórias, que apontariam o estilhaçamento de um mundo hostil à vida. Somos todos robôs de uma engrenagem que necessita continuar operando para que as forças capitalísticas encontrem o terreno fértil de sua continuidade.

Temos observado movimentos de crítica ao modelo falocentrado/colonialista de produção de certas construções conceituais da psicanálise clássica localizada no senso comum. Mas é com frequência que descortinamos em alguns desses críticos – que supostamente se posicionam criticamente ao projeto redutor da psicanálise centrado no Édipo, no eu, nas interpretações de sentido – a evidente dificuldade para exercer o que discursam, pois mesmo em oposição aos modos colonialistas findam por reproduzir em suas práticas os modelos verticalizantes vigentes nas estruturas de poder. Uma dissociação entre o fazer e o sentir. Entre o dizer e o realizar.

Uma luta incansável na busca de novos recantos para que se torne possível a ruptura com esse triste horizonte, assim como estar na máxima foucaultiana da eterna *guerrilha contra nós mesmos* – nós que, no contexto neocapitalista, nos subjetivamos e, portanto, nos encontramos vulneráveis a sermos capturados pelos laços narcísicos do poder.

Somos todos herdeiros desse imbróglio, e ao menor descuido repetimos – mesmo sem perceber – práticas de legitimação do verdadeiro discurso psicanalítico, obturando a clareza de que a clínica psicanalítica só pode ser realizada na promiscuidade ativa dos encontros e na resistência aos modelos opressores de um sistema que convoca para si estados de violência em relação aos que manifestam a potência vital de desvio.

# Esquizografias cartoanalíticas
## *Gramáticas, esquemáticas e topologias em e além de* O anti-Édipo*

DANIEL BRISTOW

Esta contribuição consistirá em uma breve série de desvios (cujo sentido tomará forma no decorrer deste ensaio, mas que podemos provisoriamente situar em algum ponto entre a *deriva* e a linha de fuga) através dos planos intersticial e estriado – linguístico, topográfico, orientado à superfície – das gramáticas, esquemáticas e topologias, conforme aparecem e irrompem na extensão, no meio e para além de uma seleção do trabalho predominantemente de Gilles Deleuze e Félix Guattari em O *anti-Édipo* (1972) e de Jacques Lacan (isto é, da esquizo – e da psicanálise); na qual Sigmund Freud estaria atuando como uma espécie de ponto de estofo e intermediação entre eles. O objetivo será mapear certas sobreposições e destacar certos descuidos que acabaram contribuindo para aumentar ostensivos *gaps* e suturas que podem ter permanecido ocultos, ainda que ativos, desde o princípio – ou podem ter aparecido através da fusão das trajetórias – do percurso desses pensadores clínicos do campo psi. Ainda que mais próximas ou distantes entre si que popularmente imagina-se, as diferenças entre a psicanálise e a esquizoanálise permanecem integrais e devem ser mantidas; são antes os usos feitos dessas práticas, e os perversos desvios para os quais os tratamentos estão sendo redirecionados por meio de processos de profissionalização, burocratização, academização e mercantilização – tantas

*. Tradução realizada por Aline Rubin. Contribuições de Anderson Santos. Para algumas traduções de citações diretas, foram utilizadas obras já publicadas em português. [N. T.]

manobras capitalistas (e, nos tempos atuais, em um molde especificamente neoliberal) –, para a qual se deve mirar o objetivo, e é para a raiz e para os rizomas radicais implantados na constituição e (re)territorialização dessas escolas analíticas que esperamos nos voltar aqui.[1]

Sobre a psicose, primeiramente, Freud foi incapaz ou desinteressado em despender a mesma energia que dedicou às neuroses, mas isso não quer dizer, de forma alguma, que o que ele empreendeu foi insuficiente. Inicialmente tendo excluído a estrutura psicótica da proposta psicanalítica, com o decorrer do tempo veio a firmar seus estudos sobre o tema (através da sua análise do caso do presidente do Senado Daniel Paul Schreber ou seu uso repetido da palavra "parafrenia", que sustentou ser descritivamente preferencial à "esquizofrenia", por exemplo), e, posteriormente, concebendo uma crescente posição de centralidade dentro da estrutura psíquica – assim como do *split*, ou divisão; o próprio "esquizo" – aproximadamente do seu texto *Neurose e psicose* (1924) em diante, até a curta, inacabada intervenção na *Spaltung* (1938). Em *Um estudo autobiográfico* de 1925, ele faz a seguinte declaração: "tantas coisas que nas neuroses têm de ser laboriosamente extraídas das profundezas são encontradas na superfície nas psicoses, visíveis a quaisquer olhos. Por essa razão, a clínica psiquiátrica oferece os melhores sujeitos para demonstração de muitas afirmações analíticas".[2]

Foi desse Freud tardio que Lacan tirou tantas inspirações, que, combinadas com seu próprio início na psiquiatria, o levaram a abordar a psicose ali onde Freud não o fez: no interior da clínica

1. Para dois bons e recentes estudos sobre Deleuze e Guattari – com ênfase especificamente no último – a respeito dos seus radicalismos e das diferenças e similaridades entre psicanálise e esquizoanálise, ver: Ian Parker, "Guattari and Us", *Free Associations: Psychoanalysis and Culture, Media Groups, Politics*, 83, 2021, disponível online; e Hannah Proctor, "Daddy Issues: Guattari on Laing", *Unconsciousness Raising*, 2021, disponível online.

2. Sigmund Freud. "An Autobiographical Study" [1925] in: *The Standard Edition of the Complete Psychological Works of Sigmund Freud, Volume* XX *(1925-1926): An Autobiographical Study, Inhibitions, Symptoms and Anxiety, and Other Works*, 24 v. Londres: Vintage, 2001, XX, p. 60. Aqui, a *standard edition* será referida como SE, seguida do volume e do número da página.

psicanalítica. Foi também neste Freud, e em sua própria pesquisa teórica e prática, que Lacan se orientou para – e tomou como ponto de partida – o *sujeito dividido*, o princípio-chave de toda sua obra, até mesmo cunhando o termo "*esquizografia*" em 1931, que foi aplicado especificamente para a escrita dos esquizofrênicos que examinava na época, mas que serve belamente como uma prefiguração de muito da forma das produções em conjunto de Deleuze e Guattari, inscrevendo-os nas multiplicidades que a dupla derivou dos modos esquizofrênicos de operação em que estavam interessados primariamente.[3] Desse modo, esta será uma *cartoanálise* da *esquizografia* – para jogar tanto com a cunhagem de Lacan como com o título do trabalho solo da última fase de Guattari, *Cartographies Schizoanalytiques* (1989) – mapeando os diferentes tipos de escrita que distinguem e aproximam esses projetos esquizos e psicanalíticos, enfatizando a radicalidade de cada um e como eles afetam a clínica contemporânea e suas habilidades para afastar as invasões da mentalidade capitalista nos campos psi. Nessa própria escrita, se habitará e se moverá através de alguns dos registros desses estilistas, para os quais, frequentemente – para parafrasear a descrição de Samuel Beckett do *Finnegans Wake* de James Joyce –, a escrita mesma, daquilo que se trata, é um elemento comovente dos seus trabalhos.

## Um ou vários issos? Gramáticas do Inconsciente

**Freud contra *O anti-Édipo*. *1972*.** "Mas que erro ter dito *o* isso"?[4]

Foi? De que outra forma isso pode ser dito? De tão singular que é – até mesmo pluralizado: é a sua resistência: *ser um, resistir aos vários.*

3. Ver a versão publicada da tese de doutorado de Lacan para referência ao trabalho coautoral intitulado: "Écrits inspirés: Schizographie [1931]", Jacques Lacan, *De la psychose paranoïaque dans ses rapports avec la personalité* [1932]. Paris: Éditions du Seuil, 1975, p. 56, n. 2.

4. Gilles Deleuze, Félix Guattari. *O anti-Édipo: capitalismo e esquizofrenia*, trad. bras. de Luiz B. L. Orlandi. São Paulo: Ed. 34, 2011, p. 11.

*Seus:* quão possessivo é, quão possessivo permanece, impluravelmente! (Incuravelmente?) Certo, estamos aqui nos inscrevendo em uma máquina linguística específica, em um jogo de linguagem, em uma língua materna. Mas é porque o inconsciente funcionou, linguisticamente (a linguagem como efeitos--inconscientes; linguagem dos afetos-inconscientes; linguagem são efeitos inconscientes e seus afetos inconscientes). É assim que acontece na gramática inglesa, contudo, no alemão temos singularmente *Es*, na França (psicanalítica), *ça*, e, mesmo no latim de James Strachey, *the* id.

Sobre isso ou é ou tem: *isso é* ou *está*. Aquela velha dicotomia lacaniana. Deleuze e Guattari nos dizem que "isso fode". É isso mesmo. Mas isto se reproduz; se *diferencia*? (A reprodução diferencia ou lamela? Esqueça a multiplicação e a divisão; o truque é achar um no outro: a diferenciação na proliferação, e *vice-versa*.)[5]

E ainda tem essa coisa de merda que chamamos inconsciente. Que coisinha peculiar, com suas pequenas resistências rabugentas, seus pequenos acessos de raiva, seu pequeno nomadismo sem janelas (uma *parede* para a alma). Claro, precisamos de um pouco de nomadismo para esse inconsciente. *Esse* inconsciente? Mas ele nunca foi um...

Sempre (já, somente) foram (pelo menos) três – *vários, uma baita multidão* – id-, ego-, e supergoicamente.

5. Da lamela – que ele descreve como "algo de extrachato que se desloca como a ameba" – Lacan declara que "é o que é justamente subtraído ao ser vivo pelo fato de ele ser submetido ao ciclo da reprodução sexuada. E é disso aí que são os representantes, os equivalentes, todas as formas que se podem enumerar do objeto *a*". Cf. Jacques Lacan. "Os quatro conceitos fundamentais da Psicanálise". *O Seminário, livro 11.* (Org.) Jacques-Alain Miller, trad. Alan Sheridan. Nova York: W. W. Norton, 1981, pp. 197-198. Deleuze e Guattari retomam a lamela em *Mil platôs*, definindo como "[...] a distribuição da matéria em fatias paralelas, o escoamento lamelar ou laminar do que é fluxo. Essas verticais paralelas formaram uma dimensão independente, capaz de se transmitir a toda parte, de formalizar todas as demais dimensões [...]". Cf. Gilles Deleuze, Félix Guattari. *Mil platôs: capitalismo e esquizofrenia, v. 5*. Trad. Peter Pál Pelbart e Janice Caiafa. São Paulo: Editora 34, 2012, p. 24.

**1923.** Freud, em *O eu e o id*:

> Reconhecemos que o *Ics* não coincide com o reprimido; continua certo que todo reprimido é *ics*, mas nem todo *Ics* é também reprimido. Também uma parte do Eu – e sabe Deus quão importante é ela – pode ser *ics*, é certamente *ics*. E esse *Ics* do Eu não é latente no sentido do *Pcs*, senão não poderia ser ativado sem tornar-se *cs*, e torná-lo consciente não ofereceria dificuldades tão grandes. Se nos vemos assim obrigados a instituir um terceiro Ics, um não reprimido, temos de conceder que a característica da inconsciência perde alguma importância para nós. Torna-se uma qualidade ambígua, que não autoriza as conclusões abrangentes e inevitáveis para as quais desejaríamos utilizá-la. Mas não devemos negligenciá-la, pois a qualidade de ser consciente ou não é, afinal, a única luz na escuridão da psicologia das profundezas.[6]

**1915.** Vamos pousar, então, em nosso caminho, no topografema metapsicológico no qual Freud afirma: "o inconsciente tem um compasso mais amplo"; logo, engloba seus pedaços e seios, de tal forma que, como a *natureza* – na descrição de Alberto Caeiro (cuja filosofia fundou-se na crença "que as coisas são exatamente o que parecem ser") –, são "partes sem todo": uma lição freudiana, ensinada (e desaprendida?) por Lacan.[7]

E onde está Fernando Pessoa em Deleuze e Guattari, afinal? Ele não se tornou praticamente O Profano em *O que é a filosofia?* como o poeta em busca da sensação? O impulso deleuzeano de um "bloco de sensações presentes" como *seres* nos catapulta em um surpreendente agora, mas que erro, talvez, ter dito *o* escritor.[8] Isso, nosso verídico Muitos-Homens (os intermináveis

6. Sigmund Freud. *Eu e o Id, "Autobiografia" e outros textos* (1923-1925), trad. bras. Paulo César de Souza. São Paulo: Companhia das Letras, 2010, p. 15.

7. Sigmund Freud. *The Unconscious* [1915], trad. C. M. Baines et. al., *SE*, XIV, p. 166; e Fernando Pessoa [Alberto Caeiro], "47 On an incredibly clear day" [1914], em *Fernando Pessoa & Co.: Selected Poems*, ed. e trad. por Richard Zenith. Nova York: Grove Press, 1998, p. 65. A descrição da filosofia de Caeiro vem de uma breve biografia do poeta encontrada no início da biografia magistral de Fernando Pessoa de Richard Zenith (a autoridade da língua Inglesa em Pessoa), ver: Richard Zenith, *Pessoa: An Experimental Life*. Londres: Allen Lane, 2021, p. 8. Ver o restante do "Dramatis Personae" (pp. 7-14) para minibiografias de todos os maiores e menores heterônimos.

8. Gilles Deleuze e Félix Guattari. *What is Philosophy?* Trad. Hugh Tomlinson e Graham Burchill. Londres: Verso, 1994, p. 167.

heterônimos de Alberto Caeiro, Álvaro de Campos, Ricardo Reis e os setenta ou mais, o ortônimo e Bernardo Soares); até a própria Devir-Mulher (e a coisa metade-formada de Maria José e seu heterônimo feminino). Ele talvez seja mais um protolacaniano, incorporando a subjetividade dividida e levando-a aos seus limites – exatamente como Joyce fazia contemporaneamente com a linguagem e a significação – esperando summas exegéticas no trabalho de Judith Balso e Alain Badiou.[9]

Um ou vários egos?[10]

**1923.**

> Às vezes ouvimos expressões de espanto pelo fato de o Eu do sonhador aparecer duas ou três vezes no sonho manifesto, uma vez como sua própria pessoa e outras escondido atrás de outras pessoas. Durante a formação do sonho, a elaboração secundária buscou evidentemente eliminar essa multiplicidade do Eu, que não se adequa a nenhuma situação cênica; mas ela é restabelecida pelo trabalho de interpretação. Em si, ela não é mais notável que a múltipla aparição do Eu num pensamento diurno, desperto, sobretudo quando o Eu se divide em sujeito e objeto, contrapõe-se a outra parte sua, como instância observadora e crítica, ou compara seu ser atual a um passado, lembrado, que um dia também foi Eu. Isso ocorre nas seguintes frases, por exemplo: "Quando eu penso no que eu fiz a esta pessoa", "Quando eu penso que eu também já fui criança.[11]

O "split" (spl-it), o "schizz" (Grego: ‘ ’, ‘*skhizein*’; esquizo): está bem ali nele, todo o tempo, inscrito na língua e na bochecha pela papada, assim como *está* bem ali em *mim*, (Ich, *moi*, ego). Sim, até no ego, onde id estava, isso está. Mesmo no

9. Cf. Judith Balso. *Pessoa, The Metaphysical Courier* [2006], trad. Drew Burk, Nova York: Atropos, 2011; e Alain Badiou, "The Age of the Poets", em *The Age of the Poets and Other Writings on Twentieth-Century Poetry and Prose*, ed. e trad. Bruno Bosteels. Londres: Verso, 2014.

10. Decidiu-se aqui manter a palavra "ego", como no original, em vez de "eu", mantendo a diferenciação entre Eu, com letra maiúscula (Ich ou *je* na teoria lacaniana) e ego (ou eu em algumas traduções em português e *moi* na teoria lacaniana). [N. T.]

11. Sigmund Freud. *Eu e o Id, "Autobiografia" e outros textos* (1923-1925), trad. bras. Paulo César de Souza. São Paulo: Companhia das Letras, 2010, pp. 286-97.

*cogito* – como Lacan lê Descartes – é como aqui está em Freud, em "penso onde não sou, logo, sou onde não penso", ou, com a (herética) virada wittgensteiniana: "onde alguém não consegue falar, lá *isso fala*".[12]

Essas breves escavações, reviravoltas e convulsões, essas pequenas incisões e cortes, podemos ser tentados a perguntar por que essa fala e pensamento foram deixados fora de *O anti-Édipo* e não tomados para fins de reterritorialização? Como Patti Smith – a favorita da dupla – uma vez proclamou: "nós o criamos, deixe tomar conta". Assim, podemos ficar ainda tentados a acrescentar novamente à famosa lista de Deleuze e Guattari o "isso fala" e o "isso pensa" como máquinas que agem como evisceradoras do "Eu" (-função), como complicadores do ego, e perturbadoras do imaginário, mas sempre de um simbólico em que eles só podem ser uma gramática em si mesmos. Para realocar a ênfase: "há tão somente máquinas por todas as partes".[13]

## Onde o eu está: Diagramáticas da psique. Redesenhando as Topografias de Freud e baseando-se em Laing

Nossa linha de fuga voou pouco além de uma linha de abertura. Isso é o quanto há em Deleuze e Guattari, quão fecundo é sua multiplicidade textual, quão pouco pode ser coberto em uma tentativa tão inadequada como essa; demonstra, também, como a psicanálise se irrompe nela, como Freud rompe suas costuras. A razão para tal, poderíamos dizer, é que a psicanálise se torna (re)energizada pela esquizoanálise e reacende as máquinas de suas produções-desejantes, colocando em processo um funcionalismo orgonômico que a acelera e alimenta sua novidade, territorialidades, retornos ao seu ímpeto inicial, cuja coagulação

12. Cf. Jacques Lacan, "The Instance of the Letter in the Unconscious, or Reason Since Freud" [1957], em *Écrits: The First Complete Edition in English* [1966], trad. Bruce Fink, em colaboração com Héloïse Fink e Russell Grigg. Nova York: W. W. Norton, 2006, p. 430.

13. Em inglês o autor faz a seguinte diferença nesta sentença: "everywhere it *is* machines" e em nota de rodapé diz que essa frase se lê em *O anti-Édipo* (versão inglesa) como "everywhere *it* is machines" (p. 1). [N. T.]

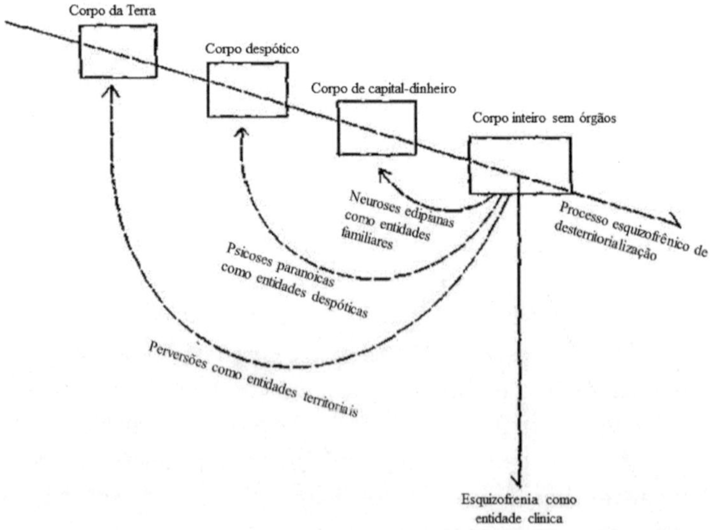


Figura 1. Tradução nossa. [N. T.]

Deleuze e Guattari farejam e caçam à cada oportunidade, e que impulsionou o Freud radical. Podemos designar esse Freud vagamente como aquele da primeira topografia, mas fazê-lo seria um desserviço às radicalidades do seu trabalho tardio que emerge apesar de rivalizar com seu conservadorismo invasor, embora também sendo um daqueles trabalhos anteriores que manteve em função das rotas que intencionalmente os direcionou.

A descrição de Deleuze e Guattari do diagrama apresentado na fig. 1 de *O anti-Édipo* é a seguinte:

> [...] é também possível situar numa única linha a sequência dos diferentes *socius*, seu plano e seus grandes conjuntos; sobre cada um desses planos, uma dimensão paranoica, uma outra perversa, um tipo de posição familiar, e, em pontilhado, uma linha de fuga ou de abertura esquizoide. A grande linha chega ao Corpo sem Órgãos e aí, ou passa o muro e desemboca nos elementos moleculares onde ela devém na verdade o que já era desde o início, processo esquizofrênico, puro processo es-

> quizofrênico de desterritorialização; ou então, ela emperra, salta, recai nas territorialidades mais miseráveis do mundo moderno, ordenando-se como simulacros dos planos precedentes, de modo a grudar-se no conjunto asilar da paranoia e da esquizofrenia como entidades clínicas, nos conjuntos ou sociedades artificiais instaurados pela perversão, no conjunto familiar das neuroses edipianas.[14]

Um desafio mais extraordinário ao *establishment* psiquiátrico e psicanalítico seria difícil de concatenar – agora e especialmente naquele tempo. A força revolucionária e emancipatória, e potencial dessa declaração não pode ser esquecida ou exagerada, ela nos atinge todas as vezes e em todas as releituras. As "territorialidades miseravelmente arranjadas do mundo moderno", simulacro dos planos do corpo do dinheiro-capital, do corpo despótico, do corpo da Terra reinscrito no social como disfunções artificialmente demarcadas para serem retomadas novamente no hospício agrega: as instituições do hospital, lar, família e seus diagnósticos envolventes de neurose edípica, psicose paranoica e perversão; desterritorialização sustentada no seu devir processual e desejo produtivo só é recodificado e clinicalizado, melancolonizado, a sua linha de fuga esmagada contra a parede das conformidades, é classificado, classe-ficado: Édipo deles, da classe dominante, esquizo nosso, do proletariado. (Deleuze e Guattari sobre a questão de classe: "a oposição está entre a classe e os fora-da-classe; [...] entre os capitalistas e os esquizos, na sua intimidade fundamental no nível da descodificação e na sua hostilidade fundamental no nível da axiomática – daí a semelhança, no retrato que os socialistas do século XIX fazem do proletariado, entre este e um perfeito esquizo").[15]

Se R. D. Laing – justamente elogiado muitas vezes por nossos autores, mas também um psiquiatra a quem Guattari acusou de uma "aceitação de uma concepção bastante reducionista de doença mental" – vê a esquizofrenização em todos os pontos dos processos sociais e familiares (onde, de fato, é para ser encon-

14. Gilles Deleuze, Félix Guattari. O *anti-Édipo: capitalismo e esquizofrenia*, trad. bras. Luiz B. L. Orlandi. São Paulo: Ed. 34, 2011, p. 336. O diagrama é apresentado na página anterior.
15. Ibid., p. 338.

trada), Deleuze e Guattari, de forma semelhante, estão acostumados a ver a edipianização em todos os lados nas práticas psi (e *está* sempre no virar da próxima esquina!), enquanto eles retratam o processo esquizofrênico de desterritorialização como algo "puro".[16] É nisso que deveríamos ser cautelosos; mesmo em um acidente de redação, a conceituação de uma pureza acolhe a negação daquilo que seria um desvio dela de qualquer forma, mesmo se o que está não é – e, talvez por implicação, não possa – ser declarado, o que não está é, no entanto, aludido à, e aqui a deriva fica bastante endireitada...

De Laing, Deleuze e Guattari em *O anti-Édipo* atribuem a sua importância

> de modo que não há esquizoanálise que não mescle às suas tarefas positivas a constante tarefa destrutiva de dissolver o eu dito normal. Lawrence, Miller, depois Laing souberam mostrar isso profundamente: nem o homem nem a mulher são, seguramente, personalidades bem definidas – mas vibrações, fluxos, esquizas e "entrelaçamentos". O eu remete a coordenadas personológicas das quais resulta, e as pessoas, por sua vez, remetem a coordenadas familiares – e veremos ao que o conjunto familiar remete, por sua vez, para produzir pessoas. A tarefa da esquizoanálise é desfazer incansavelmente os eus e seus pressupostos [...].[17]

Separar eus e seus pressupostos tem muito da tradição lacaniana e, voltando-se às topografias de Freud, veremos em que medida

16. Félix Guattari. "La Borde: A Clinic Unlike Any Other" in: *Chaosophy: Texts and Interviews, 1972-1977*, trad. ing. de David L. Sweet, Jarred Becker e Taylor Adkins. South Pasadena: Semiotext(e), 2009, p. 185. Ver também a apreciação crítica de Laing no mesmo volume, Guattari, "Laing Divided", pp. 124-128, que termina com a questão cautelosa, posta no movimento de Laing no misticismo: "é possível hoje, ao lidar com a loucura, ignorar as contribuições de Freud e Lacan? Pode alguém encontrar refúgio em um saber personalístico e místico sem tornar o inconsciente prisioneiro de ideologias que tem a missão de reprimir o desejo em todas as suas formas? Vamos torcer para que Laing, que tem se distinguido de uma forma admirável do papel tradicional da psiquiatria, retorne a uma luta concreta contra a opressão sofrida por pacientes psiquiátricos, e que traga uma definição mais rigorosa para as condições de uma prática psiquiátrica revolucionária, ou seja, uma psiquiatria não utopia que pode ser assumida de uma forma massiva pelos trabalhadores da saúde mental vanguardistas e pelos próprios pacientes" (p. 128).

17. Gilles Deleuze, Félix Guattari. *O anti-Édipo: capitalismo e esquizofrenia*, trad. bras. Luiz B. L. Orlandi. São Paulo: Ed. 34, 2011, p. 480.

isso é freudiano também (a um verdadeiro lacaniano, claro, essas tradições são uma e a mesma). Podemos, agora, rastrear a passagem da primeira para a segunda tópica psíquica em Freud, tomando a última das representações processuais de Freud em *A interpretação dos sonhos* (1899) como síntese da primeira (figura 2), e o diagrama presente no *O eu e o id* (1923) como a segunda (figura 3) (deixando de lado a versão modificada dela - como encontrada na 31ª das novas conferências introdutórias em psicanálise - por enquanto).[18]

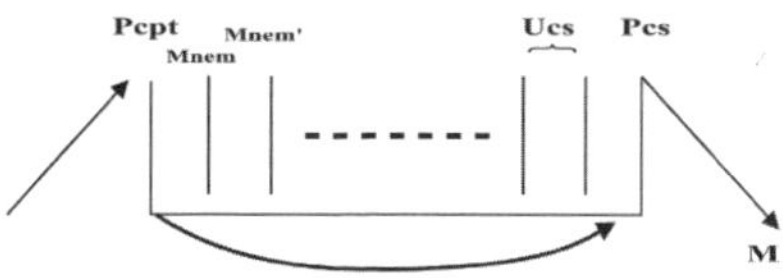


Figura 2

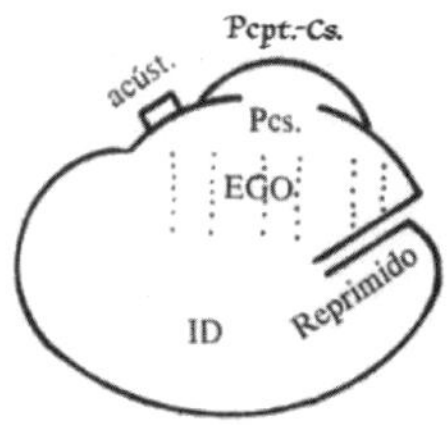


Figura 3

Colocando as diferenças entre eles de lado por um momento, o primeiro modelo topográfico representa, basicamente, o aparelho psíquico *funcionalmente*, enquanto o último mais *estruturalmente*. Freud explica o primeiro diagrama: "na extremidade sensória existe um sistema que recebe percepções [*Pcpt.*]; na extremidade motora está outro, que abre o caminho para a atividade motora [*M.*]. Processos psíquicos avançam, em geral, da extremidade perceptual para a extremidade motora".[19] Dentro disso, "nossas percepções estão ligadas umas às outras em nossa memória [,] falamos disso como 'associação'".[20] "A base da associação reside no sistema mnêmico"; isto implica "a necessidade de supor a

18. Cf. Sigmund Freud. *The Interpretation of Dreams* [1899], trad. James Strachey, SE, V, p. 541 (é precedido por uma importante carta de Freud a Wilhelm Fliess em 1896; cf. Sigmund Freud, "Letter 52" (6 dez. 1896), SE, I, pp. 233-239); Freud, *The Ego and the Id*, p. 24; e Sigmund Freud, *New Introductory Lectures on Psycho-Analysis* [1933], trad. James Strachey, SE, XXII, p. 78.

19. Sigmund Freud, *The Interpretation of Dreams*, p. 537.

20. Ibid., p. 539.

existência não de um, mas vários elementos *Mnem*, em que uma mesma excitação, transmitida pelos elementos *Pcpt.* deixam uma variedade de diferentes registros permanentes".[21]

"Descreveremos o último dos sistemas na extremidade motora como "o pré-consciente" [*Pcs.*], para indicar que os processos excitatórios que ocorrem nele podem entrar na consciência sem maiores impedimentos, desde que certas outras condições sejam satisfeitas".[22] Além disso, "descreveremos o sistema que reside atrás como "o inconsciente" [*Ucs.*], porque não tem acesso à consciência *exceto via o pré-consciente*, na passagem pela qual seu processo excitatório é obrigado a se submeter a modificações".[23]

A funcionalidade descrita e representada aqui é o território bastante familiar da psicanálise: a recepção de estímulos perceptuais, sua inscrição – e fragmentação – em traços de memória, seu tornar inconsciente, sua repressão e seu retorno (i.e., o seu devir-recalque e devir-retorno-do-recalcado) à consciência.

O inconsciente aqui assume uma posição mais discreta e *elementar* no aparelho do que recebe na segunda topografia, primeiro retratado em *O eu e o id*, onde "inconsciente" torna-se mais adjetivo do que substantivo dentro da descrição do aparelho estrutural. Aqui, Freud "chama a entidade que parte do sistema *Pcpt.* e começa sendo *Pcs.* o '*ego*', e [...] chama a outra parte da mente, em que essa entidade se estende e se comporta como se fosse *Ics.*, o 'id'".[24] Nos círculos psicanalíticos, rapidamente se tornou bastante comum confundir o id pelo inconsciente, mas é explicitado por Freud como distintos (sejam como entidades ou como operações, funções ou estruturas).

Francamente, então: o id *é* o inconsciente? Simplesmente: não, o id inconsciente. Para retornar ao que designamos de *topografema* da metapsicologia de Freud – como afirmado em O

21. Ibid.

22. Sigmund Freud. *The Interpretation of Dreams* [1899], trad. James Strachey, SE, V, p. 541.

23. Ibid.

24. Sigmund Freud. *Eu e o id, "Autobiografia" e outros textos* (1923-1925), trad. bras. Paulo César de Souza. São Paulo: Companhia das Letras, 2010, p. 23.

*inconsciente* (1915) – "o inconsciente tem um compasso mais amplo". Freud reaplica a categoria ausente de inconsciente desta primeira representação para aquela atualizada apresentada em sua 31ª Conferência Introdutória – no processo destacando a amplitude de seu compasso – assim como acrescentando a agência do superego ao novo diagrama.[25] A questionabilidade do questionamento de Deleuze e Guattari do "erro" em dizer "*o* id" talvez se repita agora na seguinte questão: nossos cartógrafos psicanalíticos não mapearam muito rapidamente a primeira topografia na segunda...? Poderia ser dito que, na transição da primeira representação da segunda topografia para a segunda representação (entre O *eu e o id* e a 31ª conferência), Freud sobrepõe parte da primeira topografia na segunda; embora não de forma inteiramente incongruente, mesmo que agora seja necessário pouco mais de desambiguação para chegar lá do que a representação e descrição das estruturalidades e processos que a fig. 3 nos oferece em si.

De fato, dentro dessa representação e descrição, o ego dá um trabalho que não fica muito longe do tipo que Deleuze e Guattari o submetem, e as interações das agências *dentro* do inconsciente (embora *dentro*, em oposição a seus agenciamentos sempre já em formação com o que está além do inconsciente individual, o que pode ser mais propriamente deleuze/ guattariano) têm algo rizomático sobre eles. "[...] o Eu não envolve inteiramente o Id, mas apenas à medida que o sistema *Pcp* forma a sua superfície [do Eu], mais ou menos como o 'disco germinal' se acha sobre o ovo. O Eu não é nitidamente separado do Id; conflui com este na direção

25. Vamos agora mostrar esse diagrama, como está em Freud, *New Introductory Lectures*, p. 78 (fig. 4):

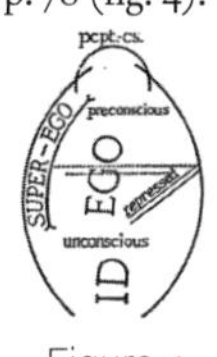

Figura 4

inferior".[26] Nessas passagens, a descrição de Freud no aparelho psíquico é anatômica ao enésimo grau: por exemplo, "o ego tem um 'boné auditivo", ou seja, um "lobo auditivo", representado no diagrama pela abreviação "*acúst.*".[27] Surpreendentemente, Freud declara: "O Eu é sobretudo corporal, não é apenas uma entidade superficial, mas ele mesmo é a projeção de uma superfície".[28] É claro que isso é fundamental para o lacanismo, e para a localização do ego, e do corpo – e sua imagem (especular) – no Imaginário. Essas descrições um tanto planas da superfície do ego, e de suas combinações, inconscientemente, com o id e suas corporeidades, têm algo do sabor esquizoestrutural do funcionamento de O *anti-Édipo* sobre eles, embora Freud esteja aqui certamente construindo um corpo *com* órgãos (mas reorganizados e conectados diferentemente uns aos outros com o corpo do organismo humano), e não um *sem*.[29]

Apesar de Freud não visar à redução ou diminuição objetiva do ego, como Lacan, ou a sua destruição, como Deleuze e Guattari (ele sempre mantém a sua integralidade com a estrutura psíquica), ele encontra o eu aqui com uma incredulidade, cética e, às vezes, sarcástica (semelhante a sua ridicularização anterior por xingamento, ao referir-se a ele depreciativamente em 1908 como "Sua Majestade o Eu"), direcionado para suas pretensões: a ininterrupta (e *ininterpretável*) grandeza e messianismo (sua sempre já condenada tentativa de estabelecer-se como um *anti-Édipo*). De fato, devemos nos voltar novamente, em particular, à declaração de Freud no final da 31ª *Novas conferências introdutórias sobre psicanálise* (lida tão frequentemente em termos de uma simples substituição da primeira cláusula pela segunda). "Onde o id estava, lá estará o Eu", isto é, *no id* (onde deve ser encontrado, e

26. Sigmund Freud. *Eu e o id, "Autobiografia" e outros textos* (1923-1925), trad. bras. Paulo César de Souza. São Paulo: Companhia das Letras, 2010, p. 22.

27. Ibid.

28. Ibid., p. 24.

29. Sobre a ideia de "esquizo-estrutura", ver meu livro *Schizostructuralism: Divisions in Structure, Surface, Temporality, Class*. Abingdon: Routledge, 2021.

se encontra, de 1923 em diante).[30] Freud afirma aqui, também, que "o trabalho da cultura" nos aspectos terapêuticos da psicanálise, que pode fortalecer o ego ao penetrá-lo nas profundezas do id, é uma operação "semelhante à drenagem de Zuider Zee". Na esquizoanálise, talvez, o processo esquizofrênico de desterritorialização pode não ser diferente do eu - como corpo - se despojando dos seus órgãos.

## Édipo, Cortês, o Nó Górdio e o Enigma dos Elos: Topologia Dialética

**Outra Dimensão, via Lacan** A descrição de Deleuze e Guattari de homens e mulheres como "nós" acima (oposto em qualquer sentido a personalidades) vem do interesse de Laing em estruturas enodadas que inspira o seu fino volume poético *Knots*, de 1971. Topologicamente, os nós são uma superfície específica em contraste com os elos. Um nó consiste de uma faixa, amarrada por meio de qualquer número de cruzamentos; elos, de qualquer número de faixas mais que uma, amarradas umas às outras através de qualquer número de cruzamentos, gerando uma única faixa desamarrada, um *nó desatado*, e qualquer número dessas faixas, mais de uma, juntas e não amarradas umas às outras de forma alguma, uma *desvinculação* (é sempre uma designação singular, apesar do número de faixas que compõe sua pluralidade). Laing não discute elos; e Lacan não discute nós... tanto quanto todo mundo pensa que ele faz.

Em grande medida ausente de O *anti-Édipo*, em suas ruminações sobre topologia em *Mil platôs*, Deleuze e Guattari equiparam com "espaço *liso* (vetorial, projetivo ou topológico)", em oposição ao "espaço *estriado* (métrico)": no primeiro caso "ocupa-se o espaço sem medi-lo", e no segundo caso "mede-se o espaço a fim de ocupá-lo".[31] Essa é uma boa definição de trabalho das

30. Cf. Sigmund Freud. *Creative Writers and Day-Dreaming* [1908], trad. ing. I. F. Grant Duff, SE, IX, p. 150; e Freud, *New Introductory Lectures on Psycho-Analysis*, p. 80.

31. Gilles Deleuze, Félix Guattari. *Mil platôs: capitalismo e esquizofrenia, v.* 5, trad. bras. Peter Pál Pelbart e Janice Caiafa. São Paulo: Editora 34, 2012, p. 26. Em uma nota de

diferenças entre espaços topológicos e métricos. No entanto, esses autores são mais atraídos por "uma topologia extraordinariamente fina, que não repousa sobre pontos ou objetos, mas sobre hecceidades, sobre conjuntos de correlações (ventos, ondulações da neve ou da areia, canto da areia ou estalidos do gelo, qualidades tácteis de ambos)" do que a investigação topológica dos nós e elos, mas é para esse território que Lacan se voltou na sua obra tardia, e é com ele que iremos agora nos lançar em um terreno que adiciona uma dimensão extra aos mundos 2-D da topografia, para ver o que pode acrescentar às ideias de subjetivação e (esquizo)estrutura nesse desvio.[32]

Para começar, tomaremos como nossa porta de entrada a extraordinária conceituação da "topologia dialética" que Alain Badiou apresenta no texto coautoral de comentário de 1978, *The Rational Kernel of the Hegelian Dialectic* (por mais ofensivo aos gostos deleuzianos que isso possa ser), que ligará essa seção (o estudo da superfície) e a nossa última deste ensaio (estudo do político):

> A classe trabalhadora é, ao mesmo tempo, uma parte interna da sociedade capitalista (como força produtiva explorada) e uma força heterogênea para esta sociedade, transmitindo essencialmente nada além de sua destruição (na medida em que é a classe política revolucionária). Do ponto de vista da dividida unidade da classe, nem inclusão estrita, nem exclusão absoluta é sustentável. Na realidade, a própria existência do proletariado impede o pensamento do "sistema" capitalista como uma totalidade pertinente dotada de um dentro e um fora. [...] A falta de um exterior não significa um constrangimento intransponível no interior (recuperação) mais do que existiria no interior.
>
> No terreno comum (Hegeliano) da topologia dialética que destrói a oposição representativa do interior/exterior, necessitamos opor o

rodapé os autores dizem utilizar aqui uma distinção espacial feita pelo compositor Pierre Boulez, em *Boulez on Music Today*, trad. Susan Bradshaw e Richard Bennett. Cambridge, MA: Harvard University Press, 1971, p. 85.

32. Gilles Deleuze, Félix Guattari. *Mil platôs: capitalismo e esquizofrenia, v. 5*, trad. bras. Peter Pál Pelbart e Janice Caiafa. São Paulo: Editora 34, 2012, p. 45.

sujeito-cortado [*sujet-coupure*], para qual a falta é a causa fixa, pelo sujeito-dividido do materialismo dialético, para o qual a desorganização da força e do lugar é uma causa móvel.[33]

Essa afinada descrição marxista do proletariado como "a classe que nada transmite além da sua destruição" - devido à sua posição revolucionária e politicamente situada - fala muito sobre a tarefa destrutiva da esquizoanálise como sublinhada acima por Deleuze e Guattari, assim como as cartografias esquizoanalíticas do processo de desterritorialização à "unidade dividida" da situação topológica de classe de Badiou. O que o próprio Badiou deriva disso é uma "topologia dialética", que expande além da subjetiva "causa fixa" da falta de Lacan para o terreno materialista de uma "causa móvel" surgindo da "desorganização da força e do lugar". É por meio da sugestão, ou introdução de tal maleabilidade (para a qual Lacan lentamente estava se dirigindo, antes de sua interrupção e da dissolução de sua escola), combinada com a posterior insistência de Badiou na *subtração* (novamente colhida de Lacan), que podemos reconfigurar alguns dos desenvolvimentos da ligação borromeana.

E devemos insistir: não é um nó. Quanto antes o lacanismo abandonar a sua nomeação incorreta bem catexizada, mais chance teremos. O próprio Lacan em 26 de janeiro de 1976 desistiu disso.[34] Como Alexander, ele cortou o nó górdio para desatá-lo - mais e mais vistoso se tornou desde que esse manto não foi assumido - como Édipo, ele eventualmente resolveu seu enigma, dos elos, embora alguns dos subsequentes topólogos da igreja tenham sido cautelosos em alterar a vulgata.

33. Alain Badiou, Joël Bellassen e Louis Mossot, "Commentary to 'The Rational Kernel of Hegel's Philosophy", in: Alain Badiou, *The Rational Kernel of the Hegelian Dialectic: Translations, Introductions and Commentary on a Text by Zhang Shiying*. Melbourne: Repress, 2011, p. 59. Tradução nossa.

34. Como explica Adrian Price: "no decorrer das primeiras três lições desse seminário [XXIII], Lacan frequentemente usa os termos *nœud* e *nœud borroméen* inadequadamente, referindo-se a ligações de três ou quatro componentes. Da quarta lição em diante, ele retifica seu vocabulário, trocando para *chaîne* e *chaîne borroméenne*, enquanto reserva o termo *nœud* (com algumas exceções) para o componente único nós". Ver Adrian Price, "Note 7 to Chapter 1", in: Jacques Lacan, *The Seminar of Jacques Lacan, Book XXIII: The Sinthome*, ed. de Jacques-Alain Miller, trad. A. R. Price. Cambridge: Polity, 2016, p. 222.

Evidentemente, isso não é para ser um contundente exercício de pedantismo, uma advertência do establishment topológico; uma reprimenda ao uso de uma palavra, o que é adorável, afinal; ou um leigo curvando-se aos árbitros morais e pretensiosos da cientificidade ou matematicidade, que enganam e persuadem "hoax and coax",[35] com impostura ineficaz. É simplesmente que (e eu digo isso como um lacaniano clínico), na "Clínica Borromeana", como às vezes é chamada, nos aproximamos de falar em um registro da teoria – e sobre a teoria – que "tem efeitos". Isso não quer dizer contenciosamente que estamos praticamente *aplicando psicanálise à essa clínica*, ou insistir que o façamos; é simplesmente dizer: nossa teoria; bem, tem efeitos. E, portanto, não é para insistir, ou postular, o que pode uma palavra fazer ou desfazer para alguma coisa (e o que esse fazer ou desfazer faz ou não faz em si); isto é, não é para postular o *não* do "Nó". Pelo contrário, é para reposicionar o nó, e situar o elo: desbloquear uma pequena passagem, para fazer um pequeno avanço, para retomar uma heurística, um pouco: uma causa modesta, talvez, para pensar; e uma pausa humilde, em ação. Uma vez que o nó pode se tornar como uma madeira que não podemos ver pelos elos que são como árvores.

Assim, partiremos agora de um nó para chegar ao elo, e de uma topologia moebial até uma topologia borromeana. Tomemos o nó com a notação 9 de Rolfsen (estritamente falando, o que usamos aqui é a versão quiral do que aparece na tabela de Dale Rolfsen) (fig. 5) – isso é um nó com nove pontos de cruza-

35. Em inglês, essas palavras são "hoax and coax" e foram usadas aqui, junto com um ouvido para a rima, para fazer referência implícita ao chamado "caso Sokal", no qual, em 1996, o professor de matemática Alan Sokal fez uso de um artigo pegadinha – que foi publicado no jornal *Social Text* – em uma tentativa de descreditar a "teoria pós-moderna". No livro *spin-off* dele e de Jean Bricmont, conhecido como *Intellectual Impostures* (Imposturas intelectuais) no Reino Unido, os autores visam Deleuze e Guattari – entre uma série de outros – e tentam "persuadir" (ou levar) os pretendidos leitores para longe do que eles caracterizam como "impostura intelectual" (portanto, há outro jogo em inglês na ressonância com o termo "ineffectual imposture" ("impostura ineficaz") que encerra esta frase; Jacques Derrida descartou a conivência original simplesmente como uma "piada prática rápida".

mento (através dos quais a faixa é feita de laços por cima ou por baixo) – manobrado por meio de uma série de movimentos de Reidemeister em sua forma fusiforme (fig. 6).[36]

36. Cf. Dale Rolfsen. *Knots and Links*. Providence: American Mathematical Society, 2003, p. 398. Para uma explicação dos movimentos de Reidemeister moves, cf. C. Adams, C. Colin. *The Knot Book: An Elementary Introduction to the Mathematical Theory of Knots*. Providence: American Mathematical Society, 2004, p. 13.

Figura 5 Figura 6

Podemos agora imaginar a criação desse nó a partir de uma fita de Moebius de 15 meias-voltas[37] como na figura 7, em que as meias-voltas são contadas em uma sequência tal que as últimas três voltas, cronologicamente, 13 a 15, se aglutinam em torno do núcleo do nó. Ao todo, então, apresenta-se uma superfície não orientável; no meio de cada, uma fita de Moebius de três meias-voltas se torna isolável, que, se isoladas e removidas da estrutura – cortadas no pontos A, B e C como na figura 8 (que remove as voltas dos números 13 a 15, aqui apagadas no diagrama, restando 12 meios-giros na estrutura) –, envolve três faixas cortadas com as pontas de cada que tocam as pontas correspondentes; se elas estiverem conectadas entre si, a estrutura se liga a três faixas (cada uma de 4 meias-voltas, na verdade cancelando-se umas às outras por remover a propriedade da fita de Moebius) como o elo borromeano que subsiste (como a dialética mesma) especificamente sobre sua tripartite.[38]

37. Cf. o apêndice do meu livro *Schizostructuralism: Divisions in Structure, Surface, Temporality, Class* (Routledge, 2021) para a determinação inicial de uma versão de engenharia reversa do processo aqui descrito.

38. Um pouco de informação adicional é fornecida aqui para auxiliar o leitor a respeito das propriedades dessas construções. Em primeiro lugar, as meias-voltas (numeradas de 1-15 na figura 7) mostram onde, se um ponto atravessasse a faixa, ficaria "virado" no seu avesso (estritamente falando, contudo, isso não o coloca do "outro lado" da faixa, pois a faixa só tem um lado, logo, uma vez que todas as meias-voltas foram viradas do ponto de deslocamento, volta-se ao seu lugar de partida, sem ter cruzado um lado: isso é facilmente demonstrável construindo uma única meia-volta da fita de Moebius com uma faixa de papel e traçando uma linha linearmente na sua extensão, que volta ao seu lugar de partida sem cruzar uma borda).

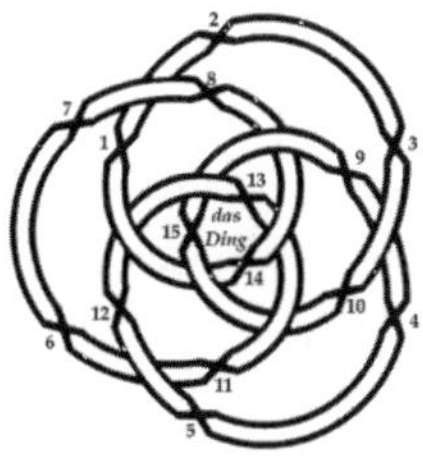


Figura 7

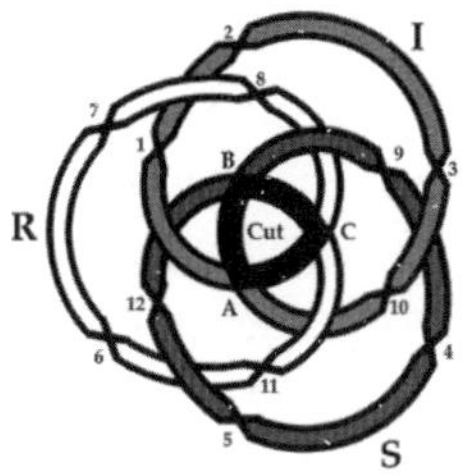


Figura 8

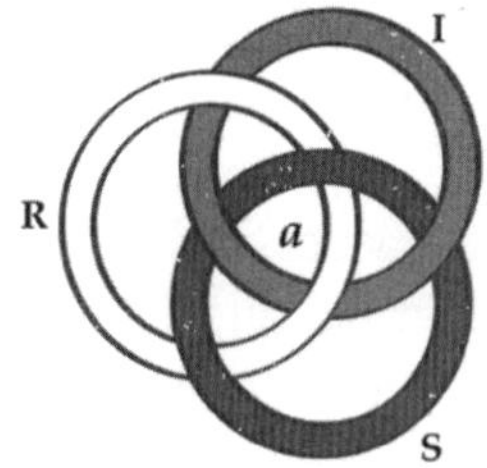


Figura 9

Podemos, agora, configurar uma conceitualização de subjetivação, possibilitada por essa separação de três estágios consecutivos de

Essas meias-voltas podem também ser representadas bidimensionalmente por meio do que eu chamo de pontos de achatamento. Eles mostram o que resulta se alguém achata uma faixa - construída de papel ou fita - em sua forma mais simples. Além de contar meias-voltas (números ímpares resultam em fitas de Moebius), pontos de achatamento são úteis também para determinar as propriedades das faixas, observando os modos nos quais as fitas se dobram sobre si mesmas. Por exemplo, a fita resultante na figura 8 tem pontos de achatamento que demonstram as propriedades normais de desatamento quando isoladas unicamente (e se suas pontas estão coladas): ou seja, se elas fossem feitas de tiras de papel, elas desdobrariam para ficar em suas bordas como faixas singulares de dois lados. Apenas uma pareceria como a representação na figura 10, em termos de pontos de achatamento (o que também poderia ser usado para redesenhar as superfícies inteiras nas figuras 7 a 9, se alguém assim desejasse).

Figura 10

Também de interesse, nesse ponto, seriam os resultados do que arriscamos chamar os componentes constituintes ou operações topológicas elementares. Isso sugere que nós complicados (e elos) são feitos de (vários) componentes mais simples (faixas, nós e elos, em várias combinações) que podem ser extraídas por meio de processos de *subtração*; e que esses processos diferem uns dos outros baseados na organização espacial do nó envolvido. Por exemplo, tirando a fita de Moebius de três meias-voltas do meio do nó de Rolfsen 9 em formação fusiforme na figura 8 (e recolocando as pontas soltas nos seus correspondentes mais próximos), somos deixados com a dita fita de Moebius e um elo borromeano. Contudo, se nos aplicarmos tal subtração ao nó Rolfsen 9, como organizada na figura 5, podemos remover o elo de Whitehead (Rolfsen 5) do meio e ficar com um desatamento dos elementos remanescentes.

um fenômeno não sequencial, "geral" (em oposição ao "processual"), indicado pelo primeiro, segundo e terceiro estágios das figuras 7, 8 e 9. Em sua discussão de *anti-personológica* que listam – "vibrações, fluxos, esquizas e 'nós'" – Deleuze e Guattari, passam a afirmar que o (re)torno de um homem ou uma mulher a esses estágios levaria a "libertar as singularidades pré-personais que eles encerram e recalcam" e à mobilizar seus fluxos.[39] Algo bem diferente ocorre se seguirmos a linha lacaniana dessa topologia dialética que aqui destacamos, pois descobrimos uma teoria edípica que se apresenta não tanto como uma teoria *negativista* psicanaliticamente afirmada e clinicamente confirmada – que Deleuze e Guattari tomam como (e com razão destacar, sendo tomada pela maioria do establishment psicanalítico, em eterna recorrência), e se ofendem – mas, como uma teoria da negação que opera mais do modo de conceitualização da *negação da negação* de G. W. F. Hegel (com desculpas de novo por essa referência implacável):

> Uma determinação como a negação [...] é introduzida apenas pelo negativo, não pelo positivo.
>
> E então *-a* multiplicado por *-a* também é +a2, porque o negativo *a* deve ser considerado não apenas da maneira oposta (nesse caso, teria que ser multiplicado por *-a*), mas porque deve ser tomado negativamente. Mas a negação da negação é o positivo.[40]

Como sempre a *negação*, por suas posicionalidades próprias, a subtração de *das Ding*'s (fig. 7) através do *corte* (fig. 8) é – ou se torna – sua *negação da negação* ou, o que podemos cunhar via Hegel, de sua *positivação*, resultando na (fig. 9) como ao mesmo tempo o objeto (causa) do desejo e significante da falta. Assim, se postularmos o nó moebiano como *um pedaço do real*, ele deve ser imediatamente imaginarizado (territorializado) – pois o real não pode deixar de ser metaforizado para que possamos abordá-lo de todo – como um reino de gozo fusional e borbulhante, balbu-

39. Gilles Deleuze, Félix Guattari. *O anti-Édipo: capitalismo e esquizofrenia*, trad. bras. Luiz B. L. Orlandi. São Paulo: Ed. 34, 2011, p. 480.

40. G. W. F. Hegel. *Science of Logic*, trad. ing. de A. V. Miller. Abingdon: Routledge, 2010, p. 431.

ciando *lalíngua*; seus fluxos e rupturas e intensidades esquizas maravilhosas, mas alojadas em um plano moebial solipsístico de consistência, oscilando em torno do *Ding* (eminentemente) inacessível, "a Coisa", que é na verdade o *ur-bjeto*[41] de Freud, sempre impenetrável, aparentemente inerte e nunca compreensível (conforme ilustrado na figura 7). Obviamente, isso não é de forma alguma uma maneira de sugerir que o que encontramos aqui é o reino da psicose ("em si", ou assumindo a forma de um de seus "dialetos"), pois esse nó moebial é *a-subjetivo*, é *sem desejo*, um elemento que é *adicionado* a ele por *subtração*. Podemos descrever o momento sem-momento do *corte* (uma inauguração atemporal do inconsciente, que é sempre fora do tempo, como Freud o entende) como o *pré-subjetivo*, uma instantaneidade que não permanece, enquanto o *pré-pessoal* – que Deleuze e Guattari designaram como "bem abaixo das condições de identidade" (condições que estariam no Imaginário para Lacan) – é o que esse não momento poderia a vir ser sustentado (por meio das desterritorializações).

Nesse devir-elo, então, Édipo e castração podem ser vistos coincidindo (desejo e produção, também), enquanto sua separação em complexos discretos é o resultado *processual* da subjetivação *geral* (como o objeto que falta e o objeto-desejado são aqui do mesmo modo).[42]Assim, a subjetivação processual é estimulada pela interrupção do *a*, em torno do qual três anéis – o Real (R), o Imaginário (I) e o Simbólico (S) – (constitutivo e elementar do inconsciente) emergem, por amarrar três vezes

41. Para um melhor entendimento deste conceito, sugerimos a leitura de uma extensa e precisa nota de rodapé de *O anti-Édipo*, pp. 287-288, realizada pelo tradutor Luiz B. L. Orlandi. [N. T.]

42. A coincidência do Édipo e a castração aqui sugere como o Édipo pode ser positivo e negativo ao mesmo tempo; como resultado da negação da negação, assume seu aspecto positivo (ou seja, resultado $+a$ de $-a \times -a$) ao passo que, se não resultou disso (no fracasso do complexo de Édipo em se estabelecer, do qual Freud sempre foi sintonizado), ele ainda pode vir a ser *colocado em* questão. A leitura de Lacan do caso do pequeno Dick de Melanie Klein é exemplar aqui, onde ele demonstra como Klein – em vez de descobrir – de fato impõe o Édipo à criança por meio das analogias do trem de brinquedo. Ver *The Seminar of Jacques Lacan, Book I: Freud's Papers on Technique, 1953-1954*, Jacques-Alain Miller, (Org.), trad. John Forrester. Nova York: W. W. Norton, 1991, p. 68.

de ponta a ponta, e oscilam; animados por ele, mas condenados a nunca alcançá-lo, assim como não podem *das Ding*, e como não podem reter o não momento (traumático) do *corte*. É esse não momento que nossas coordenadas subjetivas contam com a re-amarração das três faixas soltas (sequenciada no segundo estágio processual, figura 8), em qualquer amarração, determinando a "escolha" da estrutura psíquica: neurótica, psicótica ou perversa (se pensamos as estruturas freudianas propriamente oscilatórias e não hierárquicas) (Lacan sugere uma ligação direta do R e do S na psicose, por exemplo).

Se, como dissemos anteriormente, o nó moebial fusiforme não tem a ver com qualquer noção patologizante da psicose, é então citado aqui para enfatizar a necessidade do *corte*, para qualquer subjetivação; da *subtração*, para qualquer ontologia. A linha de fuga topológica oferece não apenas teorias da negação e da falta, que certamente eram anátemas para Deleuze e Guattari pelo acesso à outra dimensão, mas também a teoria dos elos, para além da [teoria] dos nós, que pode ser não somente de interesse para a esquizoanálise, mas que poderia servir para desamarrar alguns dos embaraços que há tempos assombraram o lacanismo.

É de se perguntar se essa configuração geral/processual do devir-elo do nó é mais psicanalítica ou esquizoanalítica, ou se ela reside em algum lugar no meio. Enquanto esta será uma questão deixada sem resposta aqui, podemos dar uma coda na forma de uma passagem do final do capítulo "Introdução à esquizoanálise" que encerra *O anti-Édipo*:

> Vimos como a tarefa negativa da esquizoanálise devia ser violenta, brutal: desfamiliarizar, desedipianizar, descastrar, desfalicizar, destruir teatro, sonho e fantasma, descodificar, desterritorializar – uma espantosa curetagem, uma atividade maldosa. Mas trata-se de fazer tudo ao mesmo tempo, pois é ao mesmo tempo que o processo se liberta, processo da produção desejante seguindo suas linhas de fuga moleculares que já definem a tarefa mecânica do esquizoanalista.[43]

43. Gilles Deleuze, Félix Guattari. *O anti-Édipo: capitalismo e esquizofrenia*, trad. bras. Luiz B. L. Orlandi. São Paulo: Ed. 34, 2011, pp. 505-506.

## Projeto para uma Esquizologia Política

### Anticapitalismo de Deleuze e Guattari

> Consideremos por um instante as motivações que levam alguém a deixar-se psicanalisar: trata-se de uma situação de dependência econômica devinda insuportável ao desejo, ou cheia de conflitos para o investimento de desejo. O psicanalista, que diz tantas coisas acerca da necessidade do dinheiro na cura, mantém-se soberbamente indiferente à questão: quem paga? Por exemplo, a análise revela os conflitos inconscientes de uma mulher com seu marido, mas é o marido que paga a análise da mulher. Não é esta a única vez que reencontramos a dualidade do dinheiro, como estrutura de financiamento externo e como meio de pagamento interno, com a "dissimulação" objetiva que ela comporta, essencial ao sistema capitalista. Mas é interessante encontrar esta essencial dissimulação, miniaturizada, pavoneando-se no consultório do analista.[44]

Reverência para essa "dissimulação" poderiam, sem dúvida, ser encontradas entre tantos psicanalistas *extremamente indiferentes*, mas Freud não pode ser contado entre essas listas. Escondido em lugares no decorrer de sua obra, Freud destaca a necessidade de uma "psicoterapia para as pessoas" gratuita (de custos), e o estabelecimento de centros para essa disseminação, e tem plena consciência da diferença que faz saber as motivações que levam alguém a psicanálise, e de onde o dinheiro está vindo.[45] Peguem essa passagem de *A psicogênese de um caso de homossexualidade feminina* (1920), que habilmente toca nessa "dualidade do dinheiro" – sua operação como "moeda emocional", assim como colocou Anca Carrington; e as operações de moeda emocional de insis-

44. Gilles Deleuze, Félix GUATTARI. *O anti-Édipo: capitalismo e esquizofrenia*, trad. bras. Luiz B. L. Orlandi. São Paulo: Ed. 34, 2011, p. 473.

45. Para uma pesquisa histórica dessas chamadas para terapia financeiramente acessíveis – na parte de Freud e outros primeiros analistas socialmente orientados – e o que eles abriram socioterapeuticamente, ver Daniel Bristow e Jaice Sara Titus, "Towards a Political Psychology: Historical Materialism and Psychoanalysis", *Awry: Journal of Critical Psychology*, 2, 2021.

tência e de suporte financeiro – que Deleuze e Guattari atestam (embora isso de forma alguma invalide as críticas supremamente apontadas, que cada vez mais se aplica a tantos):

> Situações como a do proprietário que encomenda ao arquiteto uma mansão conforme seu gosto e suas necessidades, ou a do patrocinador devoto que solicita ao pintor um quadro de tema sagrado, num canto do qual se veja ele próprio em adoração, não são realmente compatíveis com as exigências da psicanálise. Sempre ocorre que um marido procure o médico com a seguinte instrução: "Minha mulher está nervosa, por isso relaciona-se mal comigo; devolva-lhe a saúde, para que o nosso casamento volte a ser feliz". Mas frequentemente se verifica que tal solicitação é irrealizável, isto é, que o médico não pode produzir o resultado em vista do qual o homem queria o tratamento. Logo que a mulher se livra de suas inibições neuróticas, resolve acabar o matrimônio, que se mantinha apenas com a premissa de sua neurose. Sucede também que um casal de pais deseje que se cure o filho nervoso e desobediente. Para eles, um filho saudável é aquele que não lhes cria problemas e que pode lhes dar alegrias. O médico talvez obtenha a cura desse filho, mas após o restabelecimento ele toma seu próprio caminho com maior decisão, e os pais ficam mais insatisfeitos do que antes. Em suma, não é algo indiferente que uma pessoa busque a análise por iniciativa própria ou que outros a conduzam a ela, que a pessoa mesma deseje a sua mudança ou apenas os parentes que a amam, ou dos quais se espera tal amor.[46]

Analistas radicais em ambos os campos psicanalíticos – e esquizoanalíticos podem ser encorajados a interrogarem-se em que moedas seus pacientes pagam, monetariamente, e familiar-emocionalmente: as circulações de capital que fluem através do paciente, as marcas do tesouro primário que o sujeito pode ter-se enrijecido em, pois – como Karl Marx coloca no segundo volume de *O Capital* – "é na forma de um tesouro que existe qualquer dinheiro cuja circulação é interrompida".[47]

Em Deleuze e Guattari, desejo por revolução e desejo revolucionário se encontram e se tornam um, como em *politilibido*, uma

46. Sigmund Freud (1920). "Sobre a psicogênese de um caso de homossexualidade feminina" in: *Psicologia das massas e análise do eu e outros textos (1920-1923)*, trad. bras. Paulo César de Souza. São Paulo: Companhia das Letras, 2011. v. 15, pp. 105-6.

47. Karl Marx. *Capital: A Critique of Political Economy, Volume 2* [1885], trad. David Fernbach, 3 vols. Londres: Penguin Classics, 1990, p. 146.

energética economia da produção-desejante.[48] Dentro do *socii* e *habiti* do Capitalismo Mundial Integrado, o próprio Guattari estava colocando isso em prática: ao conectar a sua máquina-La Borde ao agenciamento-psi, suas multiplicidades foram esquizoides, seus planos imanentemente interrompidos, os ritmos da comuna – *barricadências* – a rima das estruturas das pessoas que servem – *rizometria* – as melodias da desterritorialização – a quarta peça de plano de Sylvano Bussoti – ecoa. A música deles ainda pode ser ouvida.

Através desses desvios, nossa carruagem nômade retorna trazendo em seu pequeno carregamento – e rudemente transmitido a um resistente *Anti-Édipo* – a negação da negação e a necessidade do terceiro para a dialética. Pois, na verdade, como no caso de Pessoa (a mesma palavra em português para "Pessoa"), devir-Alberto Caeiro implicava devir-Álvaro de Campos e devir-Ricardo Reis. Contra – e em confirmação a – Caeiro, as coisas somente são o que são ao tornarem-se outras.

48. "Oposto a Reich, esquizoanalistas não fazem distinção em natureza entre economia política e economia libidinal", Deleuze e Guattari escrevem em O *anti-Édipo*, p. 416. Infelizmente, Wilhelm Reich teve que ser deixado de fora deste ensaio, contudo, na questão de unificação – separatoriedade dos domínios da política e da libido – não há voz mais saliente que o primeiro momento de Reich.

# Da psicanálise à esquizoanálise: os polos do inconsciente

## *Para uma genealogia clínica do esquizo, do paranoide e dos paranoanalistas* [*]

SERGIO DARIO RAGONESE

A proposta deste texto é realizar uma aproximação a partir de um ângulo psi para alguns conceitos (não exclusivamente psi) que Gilles Deleuze e Félix Guattari abordam ao formular sua proposta de esquizoanálise, e cujo *phyllum*, cuja genealogia, é frequentemente desconsiderado e/ou confundido, senão desconhecido. Começo com a impressão de que profissionais e estudantes desse campo, ao abordarem a obra desses autores, podem não somente ter dificuldades com as referências de filosofia política ou geral, antropologia, linguística, literatura etc., mas também sobre aquelas que derivam especificamente do domínio "psi".

As noções dos polos do inconsciente, também nomeados como polos de delírio, do desejo etc., são casos exemplares que tomarei aqui e que permitirão dar o pontapé: estes são denominados *paranoico* e *esquizofrênico*, porém, não se tratam de referências diretas a entidades clínicas em si (diagnósticos psicopatológicos individuais), mas para tomar os tipos correspondentes de delírio como modos de funcionamento do inconsciente, do desejo, do sentido e da percepção.[1] Na sequência, realizarei um pequeno percurso genealógico através de algumas noções psicanalíticas

*. Tradução realizada por Anderson Santos.

1. Não devemos confundir o polo paranoico com a máquina paranoica, o polo esquizo com o processo esquizo, ou ambos com os tipos de catexis ou investidas de mesmo nome. Cada noção das recém-referidas possui um peso diferencial em relação às demais.

que poderiam elucidar a construção desses conceitos esquizoanalíticos, considerando o lugar que diferentes teorias dão às psicoses associadas a determinados termos e à loucura, no sentido amplo.[2]

Penso que é preocupante o fato de que a obra da dupla francesa tenha sido tão mal compreendida nos espaços psi, assim como o fato de a grande maioria dos que estudam esses autores em profundidade (mesmo profissionais psi ou outros terapeutas) não estudar com seriedade a psicanálise, a qual estes também dialogavam. Para tentar contribuir com tal atitude de pesquisa, que poderá permitir debates mais sérios do que os atuais (demasiados *anti* uns dos outros para poder discutir com argumentos), tentarei ser o mais compreensível possível. Por outro lado, ao final do texto, serão propostas as noções de *paradigma terapêutico hegemônico* e *paranoanalista,* que tentarão ser operações para nos reposicionar em relação aos problemas clínicos, epistêmicos e sociais.

## Breve panorama de nossos autores de referência

Quando Deleuze e Guattari se conheceram, em 1969, este último trabalhava no hospital psiquiátrico de La Borde (desde o início dos anos 1950) e, também antes, militava em partidos de esquerda. Como analista individual, de grupo, militante e apaixonado pela filosofia, ele se preocupou, entre outras questões, com a reprodução prática de abordagens segregativas da loucura e a extensão dos usos da psicanálise que não trabalham em uma perspectiva contrária à opressão social de uma classe sobre outra. Por sua vez, encontrou em Gilles Deleuze alguém interessado em localizar a loucura com uma potência do pensamento e não como um erro, um fracasso, ou um desvio para corrigir ou desacreditar. Entre ambos foi construída uma complexa máquina, não apenas teórica, mas uma análise concreta dentro da qual as

2. Não falaremos aqui sobre as classificações nosográficas de psicose em si, nem de todos os tipos de loucura em geral, porém, abordaremos alguns aspectos de ambas dimensões consideradas relevantes (entre outros) do uso dos conceitos de paranoia e esquizofrenia.

figuras do indócil, do desobediente, do louco, do desviado, do degenerado, do revolucionário, do anormal (e do anomal),[3] mas também da mulher e da criança (cada qual à sua maneira), tomaram valiosos lugares para repensar a subjetividade, o desejo e o social. Quando Deleuze e Guattari escrevem seu primeiro livro juntos, formulam a ideia de que "a" psicanálise tende a pensar o psiquismo não apenas pelo familiarismo (e de um lugar acrítico para com a reprodução social), mas também com o que conceituam como um polo paranoico-segregativo (que mencionaremos mais adiante); tal familiarismo (conservador de todas as relações sociais hegemônicas burguesas) tem a conceitualização acerca da neurose, da psicose, da infância etc. Inspirados em Lévi-Strauss, afirmam que o Édipo da criança é uma ideia do macho, adulto, pai e paranoico (e aqui não se referem à pessoa com tal diagnóstico psicopatológico, mas a quem agarra o saber e o afirma como Verdade). Édipo, assim, expressa o medo do déspota-patriarca de perder seu lugar de segurança e poder; é ele quem (supostamente) entende e diz o que acontece com a criança (que não possui voz ou voto), e o sanciona com desconfiança.

## A desprestigiada escola inglesa de psicanálise e algumas derivas. Loucura e realidade

Melanie Klein forneceu uma leitura inovadora do psiquismo infantil, assim como contribuiu com uma consideração teórica inédita na psicanálise a respeito do que seria o esquizofrênico e o paranoide, pensando-os desde as ansiedades/angústias precoces. Nos anos 1940, formulou a *posição paranoide* como o primeiro modo

3. "Pôde-se observar que a palavra "anômalo", adjetivo que caiu em desuso, tinha uma origem muito diferente de "anormal": a-normal, adjetivo latino sem substantivo, qualifica o que não tem regra ou o que contradiz a regra, enquanto que "a-nomalia", substantivo grego que perdeu seu adjetivo, designa o desigual, o rugoso, a aspereza, a ponta de desterritorialização. (...) Os feiticeiros se utilizam então do velho adjetivo "anômalo" para situar as posições do indivíduo excepcional na matilha". Gilles Deleuze, Félix Guattari. *Mil platôs: capitalismo e esquizofrenia, v. 4*, trad. Suely Rolnik. São Paulo: Editora 34, 2008, pp. 25-26.

de organização do que seria um eu precário e primitivo, e algumas relações de objeto nos primeiros três meses de vida.[4,5] Não é um fato menor que Klein tenha começado postulando que aquele eu primitivo e sua dinâmica pulsional e objetal partiam de uma organização mínima egoica e *paranoide*, remetendo este adjetivo ao medo persecutório de ser atacado pelo ambiente (depois de ter projetado nele uma pulsão de morte inata). Conceituar o outro a partir do próprio é um mecanismo conhecido: tal organização tão incipiente, aquele "eu" nos primórdios da vida humana individual, é apenas outro suposto de adultos paranoides. E o próprio Lacan apontará para um núcleo paranoide no funcionamento do eu.

O *esquizo* que Melanie Klein logo agregará àquela posição refere-se aos processos de excisão e dissociação, que também serão articulados ao destrutivo da pulsão de morte, a qual Freud já se referia como um *desligar*, e aqui seria um *desmembrar* daquela organização precária. Neste modelo teórico, a psicose do adulto será lida como aquela preparada por particulares modos precoces de transitar as ansiedades dessa posição. No entanto, e isto é importante, tal posição (esquizo-)paranoide não seria exclusiva de tais adultos; o resto dos seres humanos também operariam por regressões transitórias a essa posição, como mecanismos de defesa frente a angústia/ansiedade (e o *esquizo* sobre ela seria visto em ocasionais rupturas do fio lógico do discurso e na desconexão entre palavras, ou entre pensamento e ação).[6] Assim, no modelo kleiniano podemos ser tomados em afetos paranoide, esquizoide ou depressivo, sem que haja algo como uma estrutura de personalidade que se organize da maneira que corresponde a entidades isoladas pela psicopatologia sob cada um desses nomes. Ao mesmo tempo, segundo Klein, o analista deve trabalhar

4. Logo foi mais difundido o nome de posição esquizoparanoide, e nem sempre se sabe que esta denominação foi uma modificação posterior que a autora fez para integrar seus desenvolvimentos aos que fizera Fairbirn (que formulava uma posição esquizoide) ao mesmo tempo.

5. Melaine Klein (1975/2015). *Envidia y gratitud, y otros trabajos*. Buenos Aires: Siglo XXI.

6. Ibid., p. 23.

no sentido de integração e síntese do dissociado (o qual seria alcançado na chamada *posição depressiva*), interpretando as causas da excisão para progredir[7] na relação do eu com os objetos.[8] Em Klein o inconsciente é um saber já sabido (pelo sujeito ou pelo analista de plantão). Algo mais conhecido acerca dessa teoria é a conceituação dos *objetos parciais*, aos quais Deleuze e Guattari se referem diversas vezes, mas não os conceituarão como necessários para ser superados em direção a um objeto total (não são hegelianos como a sra. Klein, que busca sintetizar). Nesta escola inglesa de psicanálise, o pulsional projetado dominará a cena conceitual, e na técnica clínica isso repercute de modo que os analistas fazem esforços para não mudar elementos em seus consultórios nem modificar suas roupas ou aparência pessoal, uma vez que tudo o que emerge em sessão deve ser a projeção pura do psiquismo individual do paciente, portanto, o analista não será capaz de pensar em si mesmo a não ser influenciando negativamente. O ideal científico positivista de neutralidade, observar sem participar, é levado ao extremo. Nunca antes a psicanálise foi tão individualista, conservadora, reacionária, liberal, opressora, biologicista e naturalizada. Isso é sabido, mas ao mesmo tempo, e curiosamente, nunca até então havia sido menos preconceituosa com as psicoses: faz a psicanálise falar de posições e núcleos psicóticos como parte de cada um (e para além do psicopatológico), não apenas no passado, mas também como um possível virtual aberto.

Outra coisa acerca de Klein: a interpretação analítica leva a atualizar uma posição depressiva: em grande parte de seus relatos clínicos, ela conta como seus pacientes se tornaram apáticos, caem na inércia, na indiferença, e ela os lê como um sucesso![9] Com razão, as operações de Klein para levar o paciente à posição

7. Klein é tão evolucionista no ontogenético quanto eram as demais teorias "psi" dominantes em sua época. Então, com Lacan, procederá para um modo de leitura que não requer mais falar sobre regressos e progressos, já que o tempo deixará de ser linear.

8. Ibid., p. 29.

9. Ibid., p. 28. Logo a esquizoanálise lerá nisto, com Baruch Spinoza, a relação entre afetos tristes e diminuição da potência, e tomará um caminho absolutamente distinto do kleini-

depressiva serão as que um analista que codifica e bloqueia o desejo poderia fazer (como diremos com Deleuze e Guattari) e que está localizado em um polo paranoide; é isso que chamamos de *paranoanalista* (quem sabe ler a Verdade e revelá-la): explicar, dar todo o sentido, unificar, sintetizar, reconhecer, restituir etc. Retomaremos isto em outro momento.

Antes de prosseguir, cabe recordamos de alguns elementos da teoria de Sigmund Freud: nunca lhe pareceram corretas as denominações de demência precoce (Kraeplin) nem a de *esquizofrenia* (Bleuler) para a entidade psicopatológica em questão. Em sua história do *Caso Schreber*,[10] ele nos conta de sua discordância com a denominação da esquizofrenia (literalmente *mente dividida*), uma vez que *esquizo* não seria o exclusivo (ou essencial) de tal quadro psicopatológico, mas um postulado teórico geral a respeito do funcionamento psíquico em relação aos seus mecanismos de defesa (visibilizado, em princípio, nas neuroses). Por conseguinte, propõe outra denominação para a entidade clínica, uma mais consonante ao que observou nesse caso: *parafrenia*,[11] a qual torna perceptível a articulação entre paranoia e esquizofrenia.

Anteriormente, em 1908, em uma carta a Jung, Freud diz que "há, por assim dizer, uma *paranoia inconsciente, que se torna consciente no curso da psicanálise*", e na seguinte frase acrescenta "*através da análise levamos os histéricos pelo caminho da demência precoce*".[12] Esta última frase não contradiz a anterior, indica apenas uma direção de cura, da qual Jean Allouch agrega pertinentemente: a) Freud-Jung utilizam nestas cartas de 1908 as denominações paranoia e demência precoce como equivalentes, de modo que,

ano, que excede os objetivos deste texto, mas não pode ser reduzido tão simplesmente a apontar as paixões alegres, ao estilo *new age*, visto que há alegrias, segundo Spinoza, que também advêm da tristeza. Além disso, não se trata de integrar, sintetizar, unificar ou pretender entender uma causa necessária na história individual.

10. Freud lê este caso desde o complexo paterno; Klein desde projeção-perseguição, da divisão do eu e dos objetos; Lacan através de uma operação significante; e Deleuze e Guattari desde o histórico-político-social e da relação desejo-corpo sem órgãos.

11. Sigmund Freud. *Obras completas. Tomo XII*. Buenos Aires: Amorrortu, 1999. p. 70.

12. Jean Allouch. "¿Paranoización? Simple indicación sobre la dirección de la cura" in: *La locura compartida*. México, DF: Libros de Artefacto, 1997, p. 106.

como é evidente a partir do contexto dessas cartas, análoga sua psicanálise a uma paranoização (notemos que será oposta à esquizofrenização proposta por Deleuze e Guattari); b) *Levar pelo caminho* não implica converter o histérico em paranoico (nem em esquizofrênico, na proposta da dupla francesa), apenas transitar por um caminho semelhante. E precisamente o que deve ser investigado é "*semelhante em que ponto?*" ...

Outra ideia freudiana, que também concederá um lugar em "O" psiquismo (todo psiquismo) a um sintoma que até então era atribuído exclusivamente aos fenômenos psicóticos, é que a primeira pegada mnêmica seria o signo perceptivo (representação-coisa, representação não verbal) de uma alucinação de desejo (a famosa experiência alucinatória de satisfação). Portanto, a pedra fundamental de cada aparelho psíquico tratar-se-ia de uma inadequação à realidade, através da percepção de um baú que preenche plenamente (naquele momento) um peito alucinado.

Por último, em distinções freudianas, temos em grande estima uma ideia na distinção neurose-psicose de 1924, a qual posteriormente parece ter ecos em Donald Winnicott: "*Chamamos de normal ou saudável um comportamento que une certos traços de ambas as reações: que, como a neurose, não desmente a realidade, mas, como a psicose, procura modificá-la*".[13] Depois disso, ele nos diz que tal comportamento *normal* (veja que aqui ele não fala de uma *pessoa normal*), "*adequado para fins*", tenta efetivamente modificar algo no mundo exterior, em vez de produzir uma modificação interna, como aconteceria nas entidades psicóticas. Com Deleuze e Guattari (e com Foucault) se torna evidente quem são os que trabalham assim, e que nunca foram denominados *normais* (estes estão mais ligados à imagem que Freud nos insere de neurótico, em que a vassalagem-obediência prevalece sobre as demandas da realidade externa... ou seja: quem perde ali é o desejo).

Retomemos aqui as escolas inglesas: em ruptura teórica com Klein, Winnicott postulará que os estados de não integração

13. Sigmund Freud. *Obras completas. Tomo XIX*. Buenos Aires: Amorrortu, 2006, p. 195.

seriam primários em relação a todo tipo de organização--integração. Ele não parte, como ela, de um eu primitivo já organizado, temeroso, e de algum modo pensante sobre seu entorno, mas precisamente do desorganizado e do *fazer experiência* (sem ainda poder pensá-la). Em relação a isso, já em 1952 postula o que chamou de *espaço transicional*, o qual chegou a denominar como *zona intermediária da loucura*,[14] a qual não possui nenhuma relação com o psicopatológico, mas pelo contrário: implica sentir a vida e fazer uma experiência em um campo não egoico nem de relação de objeto, um campo inapreensível do "entre", que volta a se abrir no jogar (como na arte, na espiritualidade e na experiência cultural). Trata-se de jogar como um verbo, não do jogo como substantivo (muito menos interpretá-lo, como Klein). Winnicott argumenta que os pacientes *esquizoides* são os que estão cheios no problema de sentir a vida, e que ensinam os analistas a considerar uma dimensão que não possui relação com o pulsional e que não foi desenvolvida em teoria. Ao falar de *esquizoides* ele se refere àqueles que mostram um acentuado desinteresse no mundo, uma profunda retração libidinal (o que Bleuler denomina de *autismo* do esquizo), porém não possuem os sintomas característicos da entidade clínica *esquizofrenia* (nem os do espectro autista). Ele os considera mais próximos de uma possível saúde (criativa e ligada à experiência) do que daqueles pacientes exitosos e racionalmente adaptados à realidade que buscava Freud.[15] A adaptação bem-sucedida à realidade para esse inglês seria efetivamente patologizante. O só posso jogar se você souber e entender de antemão que as regras produziriam robôs que existem e falam uma língua morta (como ele disse sobre os kleinianos), não seres sensíveis que vivem e experimentam. *A mera sanidade é pobreza* se referirá repetidamente, por isso é claro que sua teoria da loucura não está orientada por uma vontade de classificação nosográfica e ainda é mais positiva que outras concepções psicanalíticas. Sustentará

14. Donald Winnicott (1958/1999). *Escritos de pediatría y psicoanálisis*. Barcelona: Paidós, p. 307.
15. Id., (1971/2013). *Realidad y juego*. Barcelona: Gedisa, pp. 115-118.

que, para ser encorajado a jogar e a inventar novos jogos, será preciso se arriscar em uma experiência que não estará previamente estruturada; sua suposição é que o não estruturado pode liberar terapeuticamente, ao contrário de Klein, para quem isso só levaria a mais ansiedade e mecanismos de defesa (por exemplo, por ameaça de fragmentação). Entretanto, Winnicott pensará na possibilidade de construir saúde como algo mais valioso do que atacar patologias (outra clínica). Além disso, neste modelo teórico-clínico, analisar alguém será analisar um ambiente: o bebê (e o adulto) como um indivíduo-ilha não existe. Em vez de buscar o átomo que funciona mal, estudará o sistema de relações que engendra sofrimento (outra epistemologia). Um conceito desse autor, mais explicitamente mencionado por Deleuze e Guattari, será o de *objeto transicional*, que a psicanálise dominante restringe à infância individual e coloca como avatar na relação com a mãe (algo a ser superado na linearidade do desenvolvimento), enquanto o inglês o estendeu a toda a vida, em especial à experiência cultural.[16] Outro procedimento que poderia ser chamado de pré-esquizoanalítico desse pediatra e psicanalista será o de capturar o dissociado sem negá-lo ou integrá-lo, e, às vezes, nem mesmo compreendê-lo; a distância com Klein aqui, como com o pulsional e o individual, é máxima.[17] O que não constituirá um aspecto esquizo positivo para ele, mas uma organização defensiva, será o que ele conceitualizou de *medo do colapso (breakdown)*,[18] e que pode levar a uma invulnerabilidade para com o outro. Assim, temos nesse autor uma distinção fundamental entre a introversão e a retração libidinal do estado esquizoide (que não é claramente

16. Os familiarismos do cultural, como o aqui operado pela psicanálise burguesa, são sempre conservadores, pois escondem o sócio-histórico-político-econômico, tanto quanto certas relações e dispositivos de saber-poder-subjetivação. Donald Winnicott (1971/2013). *Realidad y juego*. Barcelona: Gedisa, p. 157.

17. Ibid., pp. 124-133.

18. Donald Winnicott (1989/2015). *Exploraciones psicoanalíticas I*. Buenos Aires: Paidós, p. 111.

diferente de saúde),[19] e esta invulnerabilidade ao outro (um bloqueio de afeto-desejo) que geralmente é encontrado em muitos quadros de esquizofrenia clínica. A profunda conexão consigo mesmo (em detrimento da vassalagem-obediência neurótica que apresenta Freud) teria um potencial desejante salutogênico, enquanto o *colapso* implicaria ir ainda mais longe e ter se desconectado muito, dizem Deleuze e Guattari: ricochetear sobre a parede, caindo em um buraco negro antiprodutivo e anticonectivo.

## Processo, afectos, esquizes. No caminho do *esquizo* e passando por Lacan

Ronald Laing e David Cooper, antipsiquiatras ingleses, tomam a herança winnicottiana mais provocativa junto com o marxismo e propõe que, de fato, no delírio, possa haver um processo (como dizia Karl Jaspers) cuja interrupção seria iatrogênica: as instituições e abordagens psi hegemônicas não permitem nada mais do que um *breakdown* (naufrágio/colapso), onde deveria ser favorecido um *breaktrough* (abertura/atravessamento): dar os meios para o paciente realmente fazer algo na realidade, seja através de uma teatralização do delírio, uma modificação do ambiente ou outros modos. Não será mais interessante referir que o paciente denominado psicótico não é realista (como pensava certo Freud com a psiquiatria clássica e as significações instituídas em "sentidos comuns"), mas que a alucinação e o delírio exigem alguma realização em determinado ambiente (modificar a realidade, como colocado por aquele Freud de 1924). Segundo Winnicott, precisamente seria explicitada essa realidade à qual não deveria ser muito bem adaptada: é a do capitalismo, suas instituições e práticas.

Deleuze e Guattari sustentam a ideia de tal processo de delírio/desejo (e seus bloqueios, que impedem o *breaktrough*) e falam

19. "É de suma importância para nós que, no nível clínico, não encontremos uma linha clara de separação entre saúde e estado esquizoide, ou mesmo entre ela e a esquizofrenia completa." Donald Winnicott, 1971, p. 117.

sobre *o processo esquizofrênico*[20] (uma esquizofrenia não psicopatológica que atravessa todos nós, uma multiplicidade, uma não integração, que nos é sempre atual; um movimento aberrante não pessoal que passa através das pessoas e as impulsiona). O aprisionamento deste processo daria lugar a entidades clínicas psicopatológicas (embora este não seja o único critério que eles propõem a esse respeito). Pensando no aberto, fragmentário e sensível desse *esquizo*, eles também dirão que a pessoa chamada de "*esquizofrênica*" é quem mais se aproximou desse centro de vida intenso e processual (não-egoico-organizado),[21] porém, foi reterritorializada em uma patologia, tornou-se um produto-interrupção. Naquele solo *esquizo-desejante* haveria um sentir sobre o qual é construído todo *eu penso.*[22] Com isso, mencionam que o conteúdo racional ou racionalizante dos delírios é construído sobre algo não linguístico e especialmente desestruturador. Além disso, eles nos dizem que a racionalidade de uma sociedade (a realidade dominante que naturalizamos) é a racionalidade que pode ser construída para aquela coisa profundamente irracional que passa por ela de ponta a ponta. O reverso da estrutura[23] é o que explicamos postulando no lugar de *O inconsciente está estruturado como uma linguagem*: *O inconsciente des-estruturante como um desejar.*

É preciso destacar duas considerações lacanianas que farão uma marca em Deleuze e Guattari, e que os levaram a dizer que "*Lacan esquizofrenizou a neurose*"[24]: a) *objeto a* é o que causa desejo, não no sentido de causa-efeito, mas no qual produz, empurra, põe em movimento (o desejo e a análise) o que é buscado, ou seja, o maquinário em movimento, não um objeto pontual de satisfação: o desejo deseja desejar. Isso implica, segundo esses autores uma identidade do produzir e do produzido (o desejo produz

20. Além disso, essa noção inclui: *elan vital* (Bergson), *forças ativas* (Nietzsche) e *força de trabalho* (Marx).

21. Gilles Deleuze, Félix Guattari (1972/1995) *El anti-edipo. Capitalismo y esquizofrenia* I. Buenos Aires: Paidós, pp. 27, 94, 136-137.

22. Ibid., p. 26.

23. Ibid., pp. 319-320.

24. Ibid., p. 320.

desejo). Ao mesmo tempo, essa noção também quebra a concepção da estrutura como fechada, sendo *objeto a* (assim como *o transicional*) um fragmento-chave que se demarca do dualismo interior-exterior e opera no seu *meio*; assim, seria uma partícula que se autonomiza do corpo individual e da estrutura, e os coloca em movimento. Nesta leitura singular deste objeto (sem se referir a uma falta ou perda como Lacan) é que esses autores o equiparam as suas *máquinas desejantes*; b) o paciente esquizofrênico seria aquele que pode perceber o que é falado por outros, que não é aquele que pensa tal ou qual coisa em sua cabeça (por exemplo, nos delírios de intrusão ou controle do pensamento) e esse fenômeno realmente acontece em todas as entidades clínicas (não só nessas psicoses), uma vez que (afirma-se que) o inconsciente e o discurso são sempre *discurso do Outro*. Na neurose essa questão é encoberta, ofuscada: acredita-se que seja a si próprio quem fala, mas somos falados por Outro; enquanto nas psicoses o inconsciente estaria *a céu aberto* (primeira amostra: os polos aparecem nus). Essas noções inspiraram a dupla francesa a falar que a enunciação não é individual e/ou de um sujeito, mas coletivo, como parte de um *agenciamento coletivo de enunciação* (segunda amostra, que leva a estudar o conteúdo sócio-histórico-político dos chamados delírios psicóticos).

Apesar de duas referências lacanianas do que esquizofreniza a neurose, eles dizem que os psicanalistas neurotizaram a psicose medindo-a em relação a um Édipo ausente, e novamente deixando o psicótico no lugar de déficit em relação ao neurótico. E aqui intervém o que já sabíamos de entrada: no modelo teórico lacaniano tudo falta, a todos nós nos falta algo: Pai, lei, falo etc. Entretanto, para entender uma falta há necessidade de se ter uma certeza paranoide onde deveria haver algo.[25] Isso não escapou de Lacan quando disse que *no Real não falta nada*, porém ele preferiu

25. Transcendência platônica psi: a existência é julgada em função de critérios racionais que representam uma dimensão inapreensível, ausente, eterna, "verdadeira", e que, portanto, não pode ser questionada. A reversão do platonismo, ambição nietzscheana, passaria na clínica esquizoanalítica pela reversão da estrutura, suas transcendências e polos paranoides.

escolher o caminho do simbólico durante a maior parte de sua vida. Deleuze e Guattari terão uma impressão semelhante à de Winnicott: em vez disso, deveria seguir para algo do *esquizo*, da experiência e da presença-imanência, uma direção contrária a todo esforço estruturalista, paranoizante ou melancolizante, mas isso não deve implicar em rejeitar tudo isso, mas estudá-lo.

Um terceiro elemento que tomam de Lacan: ele falou de uma *esquize*, uma certa divisão ou dissociação fundamental – entendida como bipartição. Já em seu segundo Seminário utilizará essa noção para explicar a teoria de Fairbairn (onde falará de uma *esquize* do eu e uma do objeto), contudo, nove anos depois falará de uma esquize primitiva do sujeito e do ser, que está em relação aos *objetos a*. Uma das referências mais conhecidas, por exemplo, é a esquize entre o olho e o olhar: *Onde vejo o olho, não vejo que sou olhado; onde não sou olhado, não vejo o olho.*[26] Assim como já havia argumentado com uma lógica semelhante (e reformulando o cogito cartesiano): *sou onde não penso, penso onde não sou.*[27] Ambas as formulações procedem de tal divisão no sentido de uma disjunção, mas que pode comunicar-se ao dissociado entre si se introduzirmos uma sequência temporal: *quando estou em a não estou em b*, mas depois disso *posso me mover* ao lugar lógico *b, e já não estarei em a.* Não se trata de disjunções exclusivas-excludentes, como as distinções estruturais (*quando estou em a jamais posso estar em b:* quando estou em neurose nunca mais posso estar em psicose). Tampouco se trata de ocupar dois lugares ao mesmo tempo e negar a sequência temporal, mas de estudar os diferentes tipos de divisões: Deleuze e Guattari estão interessados em disjunções inclusivas ("e", "e também") que não implicam simultaneidade; nesse sentido, pensaram nas esquizes do desejo, a partir do fluido e comunicante. Isto é o que eles apontam como um inconsciente esquizo-desejante que se encontraria nitidamente em certos momentos do caso Schreber: o movimento de ser filho para ser pai,

26. Jacques Lacan (1973/2015). *El Seminario. Tomo 11: Los cuatro conceptos fundamentales del psicoanálisis*. Buenos Aires: Paidós.

27. Jacques Lacan (1966/2009). *Escritos 1*. Buenos Aires: Siglo XXI.

de estar vivo para ser morto, ser um homem para ser uma mulher, e a detenção posterior em algum dos termos seria um bloqueio ou *colapso* [*breakdown*] do processo, não uma reconstrução necessária ou estabilização metafórica delirante. O que resgatam aí, mais uma vez, é uma potência de *abertura/atravessamento* que não engloba as diferenças ao juntá-las, nem as desconecta ao separá-las.[28] Em nenhum momento se referem ao fato de que todo o caso se reduz a isso; simplesmente tomam essas divisões fluidas e comunicantes (homem/mulher, pai/filho, vivo/morto), como uma mostra do *inconsciente a céu aberto*, do qual um neurótico se defenderia com recursos paranoides, como as identidades e disjunções excludentes. Vale ressaltar que o termo *esquize* em Lacan significava necessariamente bipartição, fratura em dois, enquanto que em Deleuze e Guattari implicará principalmente (partição em) multiplicidades. Curiosamente, o esquema freudiano utilizado em seu texto de 1924 referido acima (*A perda da realidade na neurose e na psicose*) chega ao ponto de dizer que o patológico é aquele (o processo, diríamos) que antecede o delírio (o qual seria apenas uma tentativa posterior de cura pela via da racionalização, como então Freud entende a cura),[29] enquanto aqui o sofrimento é colocado em relação a esse bloqueio.

Um capítulo à parte dos conceitos e ideias lacanianas é o do freudo-lacanismo dominante, que, aliado à psicopatologia herdada, constituiu uma verdadeira hegemonia do campo psi, apelando para os usos mais reacionários e burgueses das obras de Freud, Lacan, e outros. Assim, afirma que ainda existem entidades clínicas diferenciadas, mas elas não serão mais fenomenológicas ou comportamentais como nos tempos da psiquiatria clássica, senão (pior ainda) a noção de estrutura será utilizada como forma de reforçar os imaginários sociais instituídos mais reacionários acerca da loucura (periculosidade, segregação, custódia, dependência). Aqui as diferenças são menos comunicativas entre si:

28. Gilles Deleuze, Félix Guattari. O *anti-Édipo: capitalismo e esquizofrenia*, trad. bras. Luiz B. L. Orlandi. São Paulo: Ed. 34, 2011, pp. 82-83.
29. Sigmund Freud. *Obras completas. Tomo XIX*. Buenos Aires: Amorrortu, 2006.

se a estrutura de tal ou qual paciente for neurótica, psicótica ou perversa, seria de uma origem diferenciada e para sempre. Essas disjunções estruturais são exclusivas-excludentes: "*se é neurótico, psicótico ou perverso*" etc. Se o que chamamos de surto psicótico acontecer ao suposto neurótico, então se diz que foi diagnosticado erroneamente; a autocrítica é feita desta ou daquela operação diagnóstica ou a quem realizou, porém o a priori estrutural sempre sai ileso. Em nossa leitura, a noção de estrutura em si permanece visível como um reduto platônico no pensamento da escola francesa: uma verdade eterna e imutável, contida na alma – não é um fenômeno observável, pois dizem que os sentidos enganam; assim, obtemos uma construção racional naturalizada. Isto somente pode aumentar as abordagens segregativas para uma gama ativamente expandida de pacientes (uma vez que não há necessidade de ter sintomas psicóticos para ser assim para sempre) e alimentar aqueles significados sociais reacionários e neuróticos--paranoides que chamamos de *medo da loucura* do outro, ao qual não é moldado nas boas maneiras da Razão normalizadora.

## Retomando os polos

Cabe destacar que as características retiradas por Melanie Klein das entidades clínicas homônimas para definir a posição esquizoparanoide, não são as mesmas que Deleuze e Guattari tomam para construir os polos de desejo, delírio e semiótica perceptiva. Trata-se de situar contatos específicos entre os saberes, sem que os sistemas sejam os mesmos, e, portanto, seus elementos, embora sejam chamados de iguais, assumem um caráter diferente em cada conjunto teórico. Como vemos, Deleuze e Guattari herdam algumas profundas questões do kleinismo, típicas das correntes inglesas e independentes das críticas de Lacan sobre as mesmas, enquanto retomam essa ideia típica da clínica anglo-saxã de cuidar dos elementos psicóticos que não só os neuróticos possuem, mas todos os seres humanos. De qualquer forma, a dupla considerará o que de cada teoria abre e o que fecha as teorias e práticas, e como, em cada caso, pensam o desejo, a subjetividade e o social.

Lembremos que tender ao polo esquizo, como propõem em seu primeiro livro juntos, não implica fazer/tornar-se esquizofrênico, nem romantizar a loucura, ignorá-la, nem subestimar qualquer sofrimento, muito menos algo que só acontece em/com tais pacientes "psicóticos". Simplesmente o esquizo não é a esquizofrenia-entidade, mas outra produção conceitual (assim como qualquer psi sabe que o gozo não é prazer, termos intercambiáveis no senso comum instituído, mas de forma alguma nas teorias). Quando a dupla francesa levanta seu polo esquizo, está pensando em tender ao processo de abertura e divisões comunicantes, uma construção conceitual não caprichosa que terá enormes consequências clínicas, ao mesmo tempo em que permite elucidar as práticas de saber-poder-subjetivação – e não as justificar, como fazem os aparentemente saudáveis racionalistas paranoides. O processo de abertura é, por si só, desterritorializante e envolve pensar a situação, em vez de aplicar respostas "familiares", já conhecidas e estabelecidas. Desse modo, o desejo não seria um conteúdo mental a ser reconhecido, mas uma ação incodificável para desejar, fazer, conectar etc. Não esgotável de direito, apenas extinguível em tal ou qual fato. Assim, *fazer esquizoanálise* seria tender ao que abre o desejo, como para estudar o que o fecha (porque também há fechamentos temporários que são necessários para viver a vida); é resistir à leitura para um polo paranoico (já-saber, organizar apenas racionalmente), o estabelecido, a impotência de ação, o individualismo, o juízo de valor e qualquer posição moral, estupidez, morte, autojustificada, a estreiteza da vida, a superioridade de alguns, a segregação de outros etc.

## Do paranoanalista à uma refundação das democracias

Até agora propusemos um percurso, parcial e fragmentário, por alguns saberes psi que atravessaram direta ou indiretamente noções de Deleuze e Guattari sobre esquizo, esquize, esquizofrenia, paranoia, tipo de objetos etc. O trabalho pode ser ampliado e aprofundado em muitas outras referências psi, e fora desse campo, em direção ao campo filosófico, sociológico, antropológico, entre outros. Precisamente, falamos de uma genealogia clínica, dando a entender que é fragmentária e que outras poderiam ser traçadas, menos centradas em disciplinas psi. Para finalizar, queremos recordar que, para além da letra explícita da teoria, a reconfiguração esquizoanalítica desses conceitos acarreta diversas consequências sobre as práticas analíticas e sociais. O esquizo e o paranoico não seriam mais características essenciais e individuais de determinado indivíduo (o que reforçaria o estigma social associado à loucura), e os profissionais psi deveriam ser capazes de perceber que temos sido formados por conhecimentos que justificam e perpetuam a consequente segregação aos mesmos.[30] Vamos nos aprofundar um pouco nisso.

Segundo Eduardo Menéndez, no campo das abordagens em Saúde prevalece um *Modelo Médico Hegemônico*[31] que se estendeu além da medicina para abarcar todas as práticas assistenciais e terapêuticas; a Psicologia, tal como a conhecemos hoje, foi reconstituída à imagem e semelhança desse modelo. Para ser mais preciso, devemos dizer que se configura assim um *Paradigma Terapêutico Hegemônico*, cuja constituição abriga múltiplos modelos teóricos e práticos (não apenas médicos ou psicológicos), nem todos coincidem entre si em suas lógicas, mas se comunicam em seus efeitos práticos. Este paradigma hegemônico exerce seu poder sobre as tentativas de estabelecer campos divergentes dele,

30. Félix Guattari. *De Leros a La borde. Prácticas analíticas y prácticas sociales.* Madri: Casus Belli, 2013.

31. Emiliano Galende. *Psicoanálisis y Salud Mental: para una crítica de la Razón Psiquiátrica.* Buenos Aires: Paidós, 1994, p. 349.

por exemplo, a medicina social, a Saúde Coletiva, a Epidemiologia Crítica, ou as psicologias jurídica, social, educacional e institucional. No caso da psicanálise, é notório como a Psicopatologia, recarregada de estruturalismo, tem operado como um operador central desse paradigma, a fim de capturar qualquer noção provocadora e qualquer tentativa de modificar a chamada organização racional do trabalho (por exemplo: médico/analista saudável e sapiente – paciente doente, objetalizado e desconhecedor do que lhe sucede) e suas pretensões científicas – o que não significa o mesmo que científico. Notemos que essa dinâmica somente pode exercer a condição de rejeitar, marginalizar ou extinguir aquelas ideias, noções e conceitos que (como vimos neste texto), na psicanálise, restauraram uma condição humana central e geral ao esquizo, ao paranoide e às loucuras.

Com isso, não devemos supor que a Psicanálise conhecida e criticada por Deleuze e Guattari em 1972 é a mesma que outras psicanálises existentes nos dias de hoje – nem que não tenha relação. Eles atacam uma instituição burguesa-capitalista, entre outras, uma instituição muito específica que tem sido diretora de batuta do dito Paradigma Terapêutico Hegemônico. Ora, a figura pessoal que caracteriza as práticas profissionais associadas a esse paradigma nem sempre diz respeito ao psicanalista, mas às vezes também aos cognitivo-comportamentais, e por que não ao esquizoanalista? No entanto, se move, age, de um modo particular, e, por isso, podemos nomeá-lo aqui como *paranoanalista*, o qual tendemos a ler desde aquele polo paranoide. Dizer que alguém funciona desse modo não é atribuir-lhe uma identidade profissional (quem atribui identidades já opera naquele polo), mas sim vê-lo de um ponto de vista entre outros possíveis. Não é atribuição de uma (pretendida) realidade para o outro, é uma localização conceitual que reside no olhar que percebe e significa um modo de ação; não tem nada a ver com saber algo sobre aquele, mas com situar seus atos e movimentos em coordenadas que não pretendem ser objetivas; esta operação permitiria abrir dimensões pragmática-políticas (no sentido amplo). Os *paranoanalistas* não podem se elucidar, pois estão apaixonados pelo Poder, e não por qualquer um, senão pelo Saber algo sobre o outro: com isso não me refiro a um sentimento, mas a uma prática. Eles precisam ter Códigos Despóticos que serão sua palavra sagrada, sua Verdade revelada e conhecida. Eles pensam que sabem qual é a verdadeira nosografia psicopatológica. Amam as teorias hegemônicas, as posições distintas, a territorialidade de sua poltrona, seu pavilhão, suas salas de aula universitárias etc. Uma característica que vale ser salientada é a necessidade de o paranoanalista desconfiar e acusar os outros – *responsabilizar subjetivamente*, dizem. Ele nem sequer acredita ser parte do problema. É que o polo paranoide gira sobre um eixo com duas faces bem marcadas: desconfiança-certeza. Ao desconfiar da alteridade torna-se um corolário da certeza em relação à própria posição (o método indiciário de Giovanni Morelli, Sherlock Holmes e Freud é ilustrativo a esse respeito: é feito para encontrar o criminoso e mentiroso). Ele vê perigo e manipuladores em todos os lugares, especialmente em seus pacientes. Esse personagem acha que pode saber quem ele é. Ele "sabe" a Verdade sobre o psiquismo, os grupos, as instituições etc. Tem a capacidade de ler os códigos de forma "adequada", ele nos fala, por exemplo, da "*verdadeira psicanálise*" ou do "*verdadeiro Deleuze*", e nos diz que o resto do mundo está nitidamente errado ("*a síndrome do déficit de* atenção *é inventada, mas há outros diagnósticos, os* que eu *uso, que não são*"). Ama a Razão, as essências, as transcendências, tanto quanto tudo estabelecido desde que seja conservador e implique algum sistema de privilégios (do qual ele não irá se afastar).[32] Assim que *o paranoanalista* é um profissional psi, vemos na práxis repetir certas ações e decisões baseadas no paternalismo, suspeitas, identificação e a objetivação-objetalização dos outros. Isso está de acordo com o chamado Modelo Asilar de assistência-segregação-

32. Aqui o uso de "ele" no masculino remete à categoria conceitual majoritária (que com Deleuze e Guattari não envolve uma quantidade, mas uma produção de práticas de opressão). Podemos chamar homem/adulto/branco/heterossexual/paranoico/(supostamente) autônomo e razoável.

-custódia da loucura, o Modelo Tutelar jurídico e a Psicopatologia. Todos esses são fragmentos daquele Paradigma que sustenta um determinado discurso de ordem e suas práticas, fabricam o que os estudiosos *queer* chamam de *policiais do psiquismo*.

Note-se que, neste esboço de um percurso genealógico, não é aleatória a proposta da figura do *paranoanalista*: a segunda referência que fizemos anteriormente a Lacan nos levou à sua reformulação do cogito cartesiano: *penso onde não sou, sou onde não penso*. Pensar não garante Ser. Em uma inspiração deleuzo-guattariana que retoma algumas dessas reflexões lacanianas, postularemos que dizer, dizer-se, ou dizer-lhe respeito de si, o que um "é" psicanalista ou esquizoanalista não tem implicação necessária para o que se "é" ou "se torna", nem com a posição efetivamente ocupada em determinado campo – acreditar que se sabe o que "é", mesmo que fosse algo, seria sustentar um cartesianismo consciencialista, pré-freudiano. Visto que um não É uma essência, e um não pode saber o que está sendo, estando, ou se tornando, então, se levamos o inconsciente a sério, dizer/dizer-se não deveria implicar mais que uma tomada de posição sempre arriscada e provocadora, nunca uma afirmação identitária autodenominada – segundo Lacan, esta é uma das versões da "loucura", acreditar que alguém sabe quem se é,[33] como se não dependesse de todo um jogo de relações exteriores que transborda a consciência de si. Apenas a partir de um polo paranoide, consciencial, de certeza, de saber absoluto, se pode esperar uma autodenominação do que alguém seria (e não estou afirmando que alguém seja algo); para isso, haveria que, curiosamente, se esquecer de tudo o que foi dito acerca do discurso e desejo do Outro, bem como o sócio-histórico. A esquizoanálise, nisso também, retoma a psicanálise para aprofundá-la. "*Contra aqueles que pensam "eu sou isto, eu sou*

33. "Quando Chuang-Tzú está acordado, ele pode se perguntar se não é a borboleta que sonha que ela é Chuang-Tzú. Ele está certo, (...) porque isso prova que ele não está louco, que não se acredita de modo idêntico a Chuang- Tzú (...)" (tradução nossa) (Lacan, 1973/2015, p. 84). Também "se um homem que se acredita rei é louco, não menos o é um rei que se acredita rei. (...) tal é a fórmula geral da loucura que encontramos em Hegel. (...) uma estase do ser, numa identificação ideal" (Lacan, 1966/2009, pp. 161-163).

*aquilo" [...] é preciso pensar em termos incertos e improváveis: eu não sei o que sou, seriam necessárias tantas investigações e tentativas, não-narcísicas, não-edipianas [...]. O problema não é ser isto ou aquilo como ser humano, mas antes o de um devir inumano".*[34]

Também se conecta a isso o raciocínio que esses autores evidenciam ao pensar questões como o que seria o revolucionário e a filosofia, cruzando do primeiro ao último livro juntos. Assim, o filósofo não é definido por seus diplomas universitários que o habilitam, mas pelo que faz quem cria conceitos. Dessa forma, Nietzsche e Guattari foram filósofos sem a necessidade de diplomas universitários: simplesmente criaram conceitos filosóficos, o que nem todo acadêmico sobre o assunto faz. Embora seja um militante de esquerda, nem ele nem ninguém poderia dizer "na Verdade" que é um revolucionário (individual-pessoalmente), não apenas por causa do essencialismo implícito no enunciado, mas também porque tal adjetivo se aplicaria melhor a um processo e a posições concretas nas relações de poder que deverão ser analisadas a cada vez - há que ver como esse "revolucionário" trata sua esposa e os que considera loucos.[35] Então, eles nos dizem que o revolucionário não é um Ser, mas um Devir, e não se devém na imaginação. Precisamente aquele que devém, um devir-minoritário, faz o que Deleuze em sua penúltima entrevista relaciona a sua ideia de que "*não há governo de esquerda*",[36] porque *a esquerda* não implica em uma questão molar e macropolítica de um partido ou de um governo. Portanto, mais importante do que Ser é a ação. Assim, pouco importa, por exemplo, que os psicanalistas critiquem a "Psicologia" ou os chamados esquizoanalistas critiquem os psicanalistas, como, infelizmente, vemos com frequência, dado que são formas, modos de fazer e perceber, de devir e não de molaridades. É apropriado seguir a indicação da

34. Gilles Deleuze. *Conversaciones*. Madri: Editora Nacional, 1995, p. 19.

35. Gilles Deleuze, Félix Guattari. (1972/1995) *El anti-edipo. Capitalismo y esquizofrenia I.* Buenos Aires: Paidós.

36. Gilles Deleuze. El abecedario. La penúltima entrevista. Colectivo Editor Devenir Imperceptible, s/d, pp. 72-73.

época de *O anti-Édipo*: combater o fascismo não é acusar o outro de fascista, mas estudar até que ponto e de que maneira, todavia, ainda somos. Qualquer um que se diga esquizoanalista deveria estar ciente dessas questões. Por isso, talvez a esquizoanálise (como a filosofia) não permita se definir em uma identidade no sentido disciplinar tradicional, e é algo que se faz, às vezes, e nem sempre por vontade própria, às vezes, apenas porque é *forçado*. Desse modo, assim como há escritores (como Joyce, Kafka, Proust, Beckett) que, sem saber, fizeram esquizoanálise, há psicanalistas que também a fazem em tal ou qual situação ou que fazem também uma terapia cognitivo-comportamental, mesmo sem saber. Por outro lado, haverá quem se autodenomine esquizoanalista e que às vezes faz psicanálise ou literatura. Não se trata do Ser identitário de cada coisa, mas de perspectivas ou pontos de vista que não são nada objetivos (nem querem ser), mas não ficam em um mero jogo intelectual-verbal, embora sirvam precisamente para traçar rotas e cartografias, ou seja, para viver uma vida.

Ora, a hipótese a ser implantada aqui é que o trabalho teórico-prático de Félix Guattari em sua complexa abordagem da subjetividade, da loucura, do socioinstitucional, da ecologia, do capitalismo etc. tem como um de seus eixos o combate às práticas do *Paradigma Terapêutico Hegemônico*, profundamente reacionário e fascista, considerando a articulação destas com várias disciplinas e práticas sociais, e reconhecendo na abordagem que uma sociedade dá à loucura uma amostra da relação que tem com tudo o que escapa às normas impostas pelo modo dominante Homem/Adulto/Branco/Heterossexual/Racional etc. Nesse contexto, fazer *esquizoanálise* implicaria permitir viver as multiplicidades sem totalizá-las, as disjunções inclusivas, a experiência, o pensar na situação e sustentar um movimento instituinte que seja elucidado criticamente. Trata-se de escolher a tendência que permite expandir a vida, e não aquela que a limita, reprime, segrega, identifica e essencialmente classifica. Para esta tarefa, descartar toda

"A" psicanálise, como alguns acreditam deduzir da obra da dupla francesa, seria uma tolice e simplificação demasiado apressada, seria um dogmatismo.

Quiçá, estas crises paradigmáticas que vivemos atualmente permitam reconfigurar algumas Psicologias (ou práticas herdeiras) na altura de uma *refundação da democracia*.[37] Não é por acaso que os últimos textos de Guattari convergem a postulação de um paradigma ético-estético (ao contrário de qualquer paradigma científico e supostamente Verdadeiro e inquestionável), a postulação de uma ecosofia e a refundação tanto das práticas analíticas e sociais como das democracias. Neste último texto, Guattari imaginava um amor ao dissenso (não uma mera tolerância do diferente), outra relação com o outro e com a loucura, práticas antissegregativas e dessegregativas, uma nova solidariedade que não incorre em regionalismos ou na constituição de meras comunidades isoladas, uma relação ecosófica com o meio ambiente, o social e o mental, em que a sobrevivência humana não dependa da destruição de recursos naturais não renováveis; em que a ciência prolifere tanto quanto os saberes menores, plebeus e extradisciplinares, em que os chamados loucos (se tal denominação persistir) e outras dissidências não sejam patologizados, marginalizados, aprisionados, tutelados e semiotizados/sentidos como perigosos; onde o desejo não seja compelido a significar, se unificar, classificar. Em tal cenário, a função analítica também pode ter se democratizado.

37. Félix Guattari. *¿Qué es la ecosofía Textos presentados y agenciados por Stéphane Nadaud*. Buenos Aires: Cactus, 2015.

## As aranhas, os Guarani e os Guattari

*Por que importa ativar a força micropolítica do trabalho com o inconsciente?*[*]

SUELY ROLNIK

Este ensaio emerge das sensações dos efeitos em meu corpo de um mau encontro e dois bons encontros, que ocorreram (e seguem ocorrendo) simultaneamente. Tais encontros me levaram a fazer ajustes na cartografia conceitual apresentada no livro *Esferas da insurreição.*[1] Refiro-me à cartografia do regime de inconsciente colonial-racial-patriarcal-capitalista (dominante nas sociedades ocidentais e ocidentalizadas, sob o império do capitalismo globalitário),[2] assim como das estratégias de resistência nesta esfera (micropolítica), que venho elaborando há várias décadas, cuja versão mais recente é o livro em questão.

O mau encontro é com o cenário distópico que se instalou em várias regiões do planeta, um cenário especialmente sinistro no Brasil e que só vem se agravando desde 2018, quando o livro foi publicado, logo após a prisão de Lula e alguns meses antes da eleição de Jair Bolsonaro à Presidência da República.

*. Este ensaio é uma versão reduzida do livro: *As aranhas, os Guarani e alguns europeus: outras notas para uma vida não cafetinada*. São Paulo, n-1 edições, 2023 (prelo), fruto de um trabalho que venho realizando desde 2018, cujas diferentes etapas foram publicadas em ensaios e apresentadas em conferências e entrevistas (as que se realizaram em modo remoto estão disponíveis no Youtube).

1. Suely Rolnik, *Esferas da insurreição: notas para uma vida não cafetinada*. São Paulo: n-1 edições, 2022, 3ª edição revisada (1ª edição, 2018, seguida de duas reimpressões). Uma terceira edição, revisada, encontra-se no prelo.

2. O termo “globalitário” é de autoria do geógrafo brasileiro Milton Santos (1926-2001).

O primeiro bom encontro é com as sub-versões[3] deste cenário distópico, empreendidas fundamentalmente pelos movimentos negros, indígenas, feministas, ambientalistas e dos dissidentes sexuais e da submissão à noção de gênero, que têm logrado impor-se cada vez mais na cena pública.[4] Refiro-me igualmente aos levantes de diversas sociedades da América Latina, impulsionados por tais movimentos, nos quais se experimentam outros modos de existência, autogeridos e autônomos e que, em sua relação com o Estado, vêm abrindo caminhos para novas formas de governabilidade. São movimentos e levantes que têm gerado efeitos de contágio cada vez mais potentes por todo o continente, funcionando como verdadeiros disparadores de transfigurações no cenário vigente.[5]

A força maior de tais sub-versões se encontra na ativação de perspectivas micropolíticas de relação com a vida das ancestralidades afro-brasileiras e indígenas atualizadas no presente.[6] Desse

3. A noção de "sub-versão" é de autoria de Silvia Rivera Cusicanqui, em seu livro: *Un mundo ch'ixi es posible. Ensayos desde un presente en crisis*. Buenos Aires: Tinta Limón, 2018). Tal noção revela o sentido maior do termo subversão: as práticas, individuais e coletivas, de criação de mundos dissidentes do mundo em sua versão vigente emergem dos subterrâneos dessa própria versão, produzindo deslocamentos em suas camadas tectônicas.

4. Evidentemente, os referidos movimentos não começaram hoje. Inúmeros movimentos de resistência dos povos indígenas e dos afrodescendentes atravessam os cinco séculos que nos separam da fundação das nações que formam este continente: sua fundação escravocrata e genocida a serviço de seus colonizadores. E se, hoje, tais movimentos se intensificam e se expandem, é porque, na última década, eles lograram impor-se com mais força, na contracorrente de seus reiterados silenciamento e invisibilização, quando não de sua destruição física, promovidos pelos procedimentos perversos do sistema dominante nesses contextos, que nunca deixaram de existir. Os demais movimentos, mais recentes, dos grupos sociais feministas, ambientalistas e dissidentes sexuais e da noção de gênero, ganharam, igualmente, uma força de propagação exponencial na última década.

5. Exemplos dessa experimentação coletiva recente incluem o movimento zapatista no México (que teve início há quase três décadas e persiste ainda hoje) e, mais recentemente, os levantes sociais no Chile (2019-2020) e na Colômbia (2021-2022), que sustentaram a vitória de Gabriel Boric Font à presidência do Chile e de Gustavo Petro e Francia Márquez Mina à presidência e à vice-presidência da Colômbia, sendo esta última a primeira vice-presidenta afrodescendente da história do país (o que nas Américas Central e do Sul só aconteceu uma vez, com a eleição de Epsy Alejandra Campbell Barr para a vice-presidência da Costa Rica, de 2018 a 2022).

6. Poderíamos agregar que também em certas vertentes do feminismo atualiza-se uma ancestralidade das mulheres, anteriores ao cancelamento de seu exercício micropolítico ativo de relação com a vida sob o estigma de "bruxaria". Tal cancelamento, micropolítico, é tão violento quanto a destruição de seus corpos nas fogueiras, na esfera macropolítica.

primeiro bom encontro, privilegiarei a mencionada perspectiva presente na cultura Guarani, a partir de alguns vocábulos de seu idioma,[7] em seus efeitos em meu corpo.

O outro bom encontro – distinto, mas com a mesma qualidade vital – é com os modos de existência não humanos para os quais os movimentos ambientalistas têm chamado nossa atenção. Interessa-me extrair de tais modos de existência certas pistas que eles nos indicam para o trabalho de resistência micropolítica ao regime de inconsciente dominante. Entre eles, destacarei aqui um certo *know-how* das aranhas.

Os efeitos destes três encontros em meu corpo reverberam nas marcas de certas ideias inscritas em sua memória, provenientes de uma determinada vertente de pensadores europeus. São pensadores que problematizaram a perspectiva que tende a prevalecer na produção do pensamento eurocêntrico, desde a Antiguidade clássica, orientada pelo regime de inconsciente colonial-patriarcal, especialmente em sua versão moderna, consolidada no Iluminismo, à qual podemos agregar as designações racial-capitalista: uma perspectiva "antropo-falo-ego-logocêntrica". Tais pensadores não só problematizaram essa perspectiva, mas lograram construir uma perspectiva distinta, no seio da própria produção filosófica sob seu domínio, criando conceitos portadores de sementes de futuros que têm germinado de diferentes maneiras e em diferentes tempos e contextos.

Se são as marcas desta vertente que privilegio na memória de meu corpo, é porque a escolhi como herança entre as várias vertentes da filosofia moderna ocidental que compõem o universo cultural de minha condição de branca, brasileira de classe média, filha de imigrantes judeus poloneses exilados do nazismo, nascida no pós-guerra e atuante no mundo acadêmico. E se, no título deste ensaio, atribuí o nome de Guattari aos europeus que

7. Devo a Ticio Escobar a iniciação a certos termos do idioma Guarani e aos respectivos conceitos de que são portadores.

compõem esta vertente,[8] é porque uma especial sintonia se apresenta, em meu corpo, entre a marca da vida que traz este nome e os efeitos dos encontros com aqueles movimentos, assim como com as aranhas. Tal marca é portadora da ativação da força micropolítica do trabalho com o inconsciente: condição para produzir, efetivamente, o mencionado deslocamento de perspectiva na tradição ocidental. Guattari exerceu esta ativação em suas criações conceituais (em seus solos e seus duos com Deleuze), assim como, e indissociavelmente, em suas intervenções clínico-estético-políticas ao longo de sua existência, em vários campos sociais e do pensamento, nos legando uma profusão de pistas para levar tal ativação adiante. Atribuir o nome de Guattari ao conjunto de pensadores dessa vertente é, também, um gesto de gratidão por tudo aquilo que essa vida nos ofereceu e continua nos oferecendo para assumirmos mais plenamente a responsabilidade com aquilo que podem nossos corpos.

É a partir da composição dos efeitos desses encontros em meu corpo com as mencionadas marcas que já o constituíam que esboço este novo desenho da cartografia em questão. Um desenho para ser revisto e transformado por seus leitores (e, se for o caso, descartado, parcial ou integralmente).

Isto posto, começarei apresentando, brevemente, o tal *know how* das aranhas e um primeiro vocábulo do idioma guarani. Estes são os dois personagens conceituais com os quais será instalada a cena da cartografia em processo acima mencionada.

8. Para citar apenas alguns dos pensadores europeus que confluem nesta vertente, aos quais atribuí o nome de Guattaris, podemos evocar, além do próprio Guattari, Spinoza, Nietzsche, Bergson, Benjamin e Deleuze, entre outros.

## Dois personagens abrem a cena

### Personagem 1: a aranha

Figura 1

As aranhas lançam um fio de seda ao ambiente com o qual tecem suas teias, cuja função é suprir suas necessidades: abrigar-se, cortejar, colocar ovos e aninhá-los, capturar presas para alimentar-se, proteger-se de predadores etc. Esse fio, produzido em seu corpo, tem a propriedade de sintonizar o espectro variado de frequências de vibração das forças vitais dos elementos que compõem o ecossistema em que ela se encontra inserida. E o fio vibra em tais frequências propagando ondas até chegar ao corpo da aranha trazendo-lhe essas qualidades intensivas. As sensações dos efeitos dessas vibrações constituem a presença viva desses outros no corpo do animal. Nesse primeiro momento, a aranha sente passivamente essa presença, bem como a alteração que ela provoca em seu estado vital.

Mas a coisa não para nessa passividade: a aranha toca com suas patas essas sensações, e os pelos que as envolvem captam a direção e o sentido das fontes de vibrações dessa presença e suas qualidades intensivas e avaliam seus efeitos em sua potência vital.

Seja qual for o nome que se dê a esse modo de conhecimento – saber-do-vivente, saber-ecológico, saber-eco-etológico ou outros –, o que importa é que ele constitui a bússola que orienta a aranha para escolher onde ancorar o fio para tecer sua teia (um galho, o batente de uma porta, o canto de um teto etc.) e com que arquitetura tecê-la, em função do que dispõe no ambiente para responder àquilo que a vida lhe demanda, face aos efeitos do ecossistema em seu estado vital.

Um mundo emerge na teia criada pela aranha em suas interações com os componentes do ecossistema. Esse acontecimento transfigura tanto o ambiente e a rede de interações que o constitui quanto a própria aranha e seu modo de estar no mundo. Assim, outras transfigurações vão se operando a cada vez que a aranha cria uma nova teia ou quando reajusta ou destrói uma teia já existente, em função daquilo que capta do ambiente ao tocar as sensações dos efeitos das vibrações das forças que o compõem em seu estado vital. O toque de suas patas em tais sensações é, pois, o que permite à aranha atuar como um agente ativo do ecossistema.

## Personagem 2: um primeiro vocábulo do idioma guarani

*Ñe'ẽ*, vocábulo que designa a palavra, compõe-se de dois termos: palavra e alma – tal qual vários vocábulos do idioma guarani, cujo sentido se encontra na ligação imanente entre dois termos. Isso indica que, para os Guarani, palavra e alma são potencialmente inseparáveis (o que vale para todo tipo de linguagem, não só a verbal). Para preservar este sentido, proponho traduzi-lo por "palavralma".

Obviamente, a alma para os Guarani não tem o sentido que prevalece no ocidente, que separa a alma do corpo e de seu campo relacional. Até onde consigo alcançar, eu diria, com minhas palavras resultantes das mencionadas reverberações, que a alma para os Guarani é a força vital que anima cada corpo em interação variada e variável com as forças que animam os demais elementos (humanos e extra-humanos) que compõem um ecossistema ambiental, social e mental. Os efeitos das vibrações de tais forças em cada corpo compõem-se com ele, o que gera alterações em sua alma, num processo contínuo de transmutações. Estando a alma plasmada no corpo, a linguagem na qual este corpo se expressa (e que define seu desenho a cada momento) deverá, potencialmente, sofrer transfigurações para dar corpo aos novos estados vitais.

Por ser assim é que, para os Guarani, alma e linguagem são inseparáveis. E se o são potencialmente, é porque sua junção pode não acontecer, o que tem para eles sérias consequências: todas as doenças decorrem da separação entre linguagem e alma. Isso vale tanto para as doenças físicas quanto espirituais (o que nós, brancos, chamamos de mentais, psíquicas ou emocionais). Em vista disso, para eles, todos os processos de cura consistem em reestabelecer esse elo: restaurar a palavra (e, mais amplamente, a linguagem) para devolver-lhe a alma que ela perdeu, de onde provém seu sentido vital; ou buscar para a alma a palavra que ainda não foi encontrada para dar corpo aos efeitos das forças do ambiente que a ela se incorporaram, de modo a produzir um sentido que permita à vida retomar o ritmo em seu fluxo (um sentido distinto daquele que resulta da separação entre alma e linguagem, origem da doença).

Pensada desta perspectiva, em que consiste a relação intrínseca entre a palavra enquanto forma, por um lado, e, por outro, a alma, qualidade da força vital que nela pulsa? Em que consiste o caráter potencial de sua inseparabilidade? Quais são as consequências, na vida individual e coletiva, do fato de se exercer ou não tal potencialidade? Trarei algumas pistas de resposta a estas perguntas, partindo de minhas sensações dos efeitos destes dois personagens (a aranha e o *ñe'ẽ*) e de suas composições com as marcas do pensamento dos Guattaris registradas na memória de meu corpo.

### Forma e força: as duas faces da linguagem, díspares e potencialmente inseparáveis

O que nos servirá de imagem-guia para pensar a relação entre forma e força é a fita de Moebius, modelo de superfície criado no final do século XIX, no âmbito das pesquisas em topologia.[9]

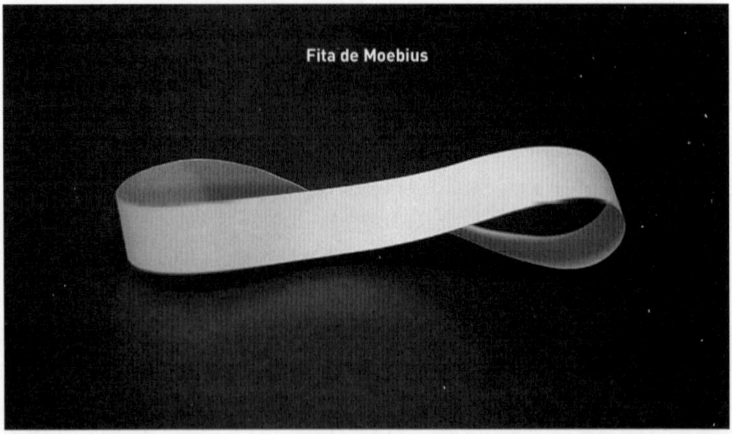


Figura 2

Para aqueles que desconhecem a fita de Moebius, proponho que imaginem uma tira de papel em que uma das extremidades esteja colada ao avesso da outra, formando uma superfície uniface. O que era seu avesso continua no direito e vice-versa: uma face se torna a outra, numa contínua reversibilidade, o que faz com que, embora distintas, suas faces se tornem indiscerníveis. Deste

9. A fita de Moebius é uma figura conhecida no universo intelectual da tradição moderna ocidental do século passado, por sua recorrente presença nas artes visuais, na literatura, no cinema, na arquitetura e em outros campos, inclusive, na psicanálise. O sucesso dessa figura, na época, resultou certamente do fato de ela trazer uma possibilidade de dar corpo de imagem às distintas ideias que germinavam no ar do tempo, que cada um estava elaborando em seu respectivo campo. É do mesmo modo que venho recorrendo à fita de Moebius, para diferentes fins, há quase cinco décadas. Vale assinalar que não foi pelos efeitos em meu corpo do que Lacan faz de tal figura que decidi recorrer a ela (o que se suporia de uma psicanalista), mas pelos efeitos de seu uso na obra de Lygia Clark, que encontrei no início dos anos 1970, antes de conhecer a obra de Lacan.

movimento de reversibilidade decorre que elas não possam ser determinadas, assim como tornam-se igualmente indetermináveis o dentro e o fora, o avesso e o direito, o de cima e o debaixo, o antes e o depois, o início e o fim.

Imaginem agora que as extremidades da fita não estejam mais coladas, de modo que ela tenha voltado a ser biface. Suas faces tornam-se novamente determináveis (como também o dentro e o fora, o avesso e o direito etc.); ambas se cristalizam, assim como se cristaliza sua relação, interrompendo o movimento decorrente de sua interferência mútua.

Tomo, aqui, a imagem da fita de Moebius para pensar a relação entre a forma da linguagem e sua alma (no sentido guarani) como correspondendo a cada uma de suas faces. Um tipo de relação na qual, embora distintas, elas se tornam potencialmente inextricáveis, o que faz com que a vida e as formas de linguagem em que ela se plasma se coloquem no mesmo plano, sendo sua mútua interferência o motor de um movimento contínuo de criação de linguagem, para dar corpo às mutações do diagrama de forças do ecossistema e seus efeitos na alma. Quando ambas se separam, o movimento da vida, necessário para manter sua potência ativa, se interrompe e a linguagem se cristaliza.

No sujeito humano, podemos chamar de "pulsão" esse caráter potencialmente indissociável entre vida e linguagem; um conceito proposto por Freud, redefinido em diferentes momentos de sua obra e ao longo da história da psicanálise. A concepção de pulsão aqui proposta é gerada pela interferência recíproca entre as marcas dos encontros acima mencionados e aquelas que compõem a memória de meu corpo (inclusive as marcas da própria psicanálise, lida da perspectiva de sua transfiguração por obra de Guattari, em seus textos e naqueles concebidos em sua parceria com Deleuze). Tal concepção não restringe a pulsão à espécie humana (como definida pela psicanálise), o que implica, obviamente, uma certa definição de vida e de linguagem e da dinâmica da relação entre elas, assim como uma certa definição de outros tantos conceitos, entre os quais o da própria noção de sujeito, que apresento a seguir.

### O Eu-mesmo e os trans-outros virtuais de si mesmo: as duas faces do sujeito, díspares e potencialmente inseparáveis (sua essência pulsional)

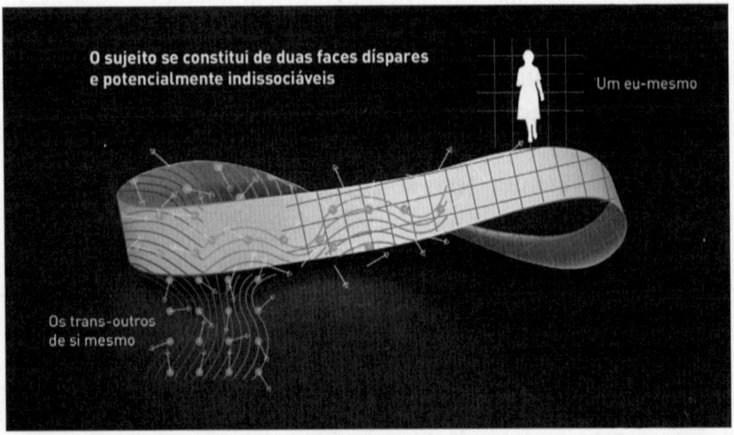


Figura 3

Pensado da perspectiva de sua natureza pulsional assim definida (natureza que abrange todos os demais viventes), o sujeito é um corpo constituído de forma e força (a forma da linguagem de seu corpo e a vida que nela se expressa). É com cada uma dessas faces, díspares e simultâneas, e potencialmente inseparáveis, de sua fita de Moebius pulsional que se dá a experiência do sujeito em sua relação com o mundo. E é cada uma delas que o sujeito interage com os demais corpos que compõem "um" mundo, respectivamente, como forma e força, as duas faces de tais corpos, igualmente díspares, simultâneas e potencialmente inseparáveis.

No caso do sujeito humano, chamarei de "eu-mesmo" a face do sujeito que corresponde a seu personagem na cartografia sociocultural de um mundo – ou seja, as formas em que a vida se expressa em seu corpo no espaço e no tempo, em interação com as formas em que a vida se expressa nos demais corpos, humanos e não humanos, que compõem um mundo (um exemplo é a forma da mulher, tal como representada na figura 3, com um tipo específico de postura e gestualidade, assim como da roupa que veste seu corpo). Tais formas são desenhadas segundo determinados códigos que definem o lugar e o modo de expressão (visual, gestual, verbal etc.) de cada corpo e as relações entre eles, bem como suas respectivas representações e sentidos (uma malha sociocultural representada na figura 3 por uma superfície quadriculada). É esse tipo de interação o que constitui o sujeito humano como um ser social entre os demais seres sociais e que lhe permite comunicar-se (o modo de relação com o outro nessa esfera) e, portanto, existir socialmente.

O que permite ao sujeito captar as formas é percepção. Esta não é uma tábula rasa: o sujeito associa automaticamente o que é captado pela percepção com representações (verbais, imagéticas etc.) que extrai do repertório de sua linguagem sociocultural para projetá-las sobre aquilo que percebe, de modo a atribuir-lhe sentido. Com isso, o sujeito situa o outro e a si mesmo frente a ele, no contexto da língua cultural que compartilham (língua que define, igualmente, o lugar do outro não humano e de todos os elementos que compõem o referido mundo). Nesta face, o sujeito concebe o outro como um objeto que se encontra fora dele, tendo ambos contornos individualizáveis.

Chamarei de "trans-outros virtuais de si mesmo" a outra face do sujeito, que corresponde à força vital que anima seu corpo em interação com as forças que animam os demais elementos que, como ele, integram o ecossistema ambiental, social e mental (representado na figura 3 por uma superfície com movimentos ondulatórios provocados pelas relações variadas e variáveis entre os vetores de força que a constituem, interagindo entre si). É essa interação o que constitui o sujeito humano como um ser vivo entre os demais seres vivos e que lhe permite existir nessa esfera.

O que permite ao sujeito captar as forças não é percepção, mas a afecção:[10] a sensação dos efeitos, no estado vital do sujeito, das forças que animam os componentes do ecossistema (sua alma, segundo os Guarani). As frequências de vibração de tais forças chegam em ondas a seu corpo, por meio de sua propagação na vida que nele se plasma que, tal como o fio vital das aranhas, se encontra por princípio imersa no ambiente em interação com as forças das vidas de seus demais componentes.

As afecções são intensidades de distintas qualidades, efeitos das forças do ambiente, as quais se integram à alma do sujeito, interferindo em seu estado atual. Assim como nas aranhas, nesse primeiro momento, tais intensidades são por ele sentidas corporalmente. Aqui, portanto, o outro não é um objeto que se encontra fora do sujeito, mas uma presença viva em seu corpo que se integra à sua alma e altera sua qualidade intensiva. Sendo assim, nessa face de nossa relação com o mundo não há contornos que individualizem os corpos nem separação entre eles.

Entre a face do sujeito que o constitui como eu-mesmo e a face que o constitui como trans-outros potenciais de si mesmo, há uma relação de imanência: uma interferência mútua que não segue uma causalidade unívoca. Como na fita de Moebius, uma face se torna a outra e vice-versa, numa contínua reversibilidade, o que faz com que, embora distintas, suas faces sejam indiscerníveis. É precisamente esse movimento decorrente de sua interferência mútua que define o sujeito humano em sua essência pulsional, essência de todos os viventes. Quando as duas faces do sujeito se separam, ocorre a doença: isto é o que nos ensinam os Guarani. A linguagem perde sua alma ou as novas qualidades intensivas da alma não encontram sua linguagem. Assim separadas, o movimento pulsional, acionado por sua mútua interferência,

10. O conceito de "afecção", tal como aqui tratado, assim como, mais adiante, o conceito de "afeto" e suas qualificações como "afetos tristes" e "afetos alegres", são fruto da reverberação (assinalada no início deste texto) dos efeitos dos referidos dois bons encontros, nas marcas que trago na memória de meu corpo da mencionada vertente de pensadores ocidentais (nesse caso, mais especificamente as marcas do pensamento de Spinoza e de sua leitura por Deleuze).

perde o ritmo em seu fluxo, trava-se o processo. O sujeito se vê, então, lançado numa cena de suspense em que algo já aconteceu, mas que ele ainda desconhece, pois não tem palavras, nem gestos, nem nada que as expresse; é pura sensação corporal, vivida passivamente. O sujeito se converte em um ponto de interrogação, tomado por um sentimento de estranheza em relação àquilo com o que está familiarizado, o que lhe gera inquietação.

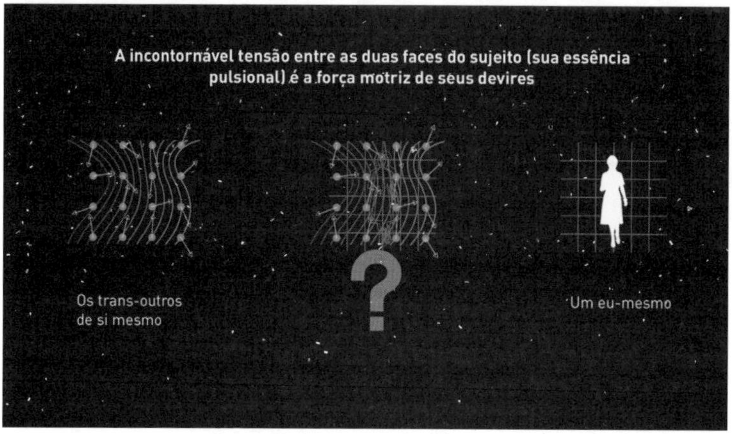


Figura 4

O mal-estar, mobilizado por essa inquietante estranheza, é um sinal de alarme que a vida aciona quando se vê sufocada nas formas atuais em que se encontra expressa no corpo do sujeito, asfixia que resulta do fato de que tais formas de expressão não abarcam as novas afecções, as quais precisam encontrar sua linguagem. É o desejo que responderá a esse chamado, sendo convocado a agir para resolver dois problemas distintos e indissociáveis: que a vida volte a respirar, podendo assim retomar seu movimento, e que o sujeito recobre sua processualidade pulsional, podendo assim se reencontrar num novo desenho de si. Tal objetivo será ou não atingido dependendo do tipo de resposta dada pelo desejo.

## Um segundo vocábulo do idioma guarani

Neste ponto, recorro novamente aos Guarani, introduzindo um segundo vocábulo de seu idioma: *ñe'raity*, vocábulo que designa a garganta, composto por *ñe* (palavralma) e *raity* (ninho); sua tradução literal é, pois, "ninho de palavralmas". Isso indica que para os Guarani as palavras começam como embriões (o que vale para a linguagem em geral). E se são embriões, é porque, na interação da força vital do corpo humano com as demais forças que animam o ecossistema, o corpo é por elas fecundado. Considerado sob essa perspectiva, o que o sinal de alarme anuncia é que há gérmens de futuro aninhados na garganta.

Partindo desse segundo aporte dos Guarani, e de suas ressonâncias nas marcas do pensamento daqueles Guattaris que integram a memória de meu corpo, a noção de afecção, tal como a defino aqui, ganha um contorno mais preciso. As afecções são almas de futuros em gérmen que se aninham no corpo do sujeito. É isto o que gera alterações em seu estado anímico.

Quando esse processo se intensifica, a essência pulsional do sujeito é tensionada pelo atrito entre as duas faces de sua experiência que o pressionam em direções díspares. Na face em que ele se constitui dos embriões de trans-outros de si mesmo aninhados em seu corpo, as almas de mundos embrionários o pressionam para que estes possam vir à existência, junto com o nascimento destes si-outros; já na face da experiência do sujeito como um eu-mesmo, a desestabilização das formas atuais de si e de seu mundo o pressiona para que assim permaneçam. Essa tensão é o propulsor de um movimento de criação visando dar corpo aos futuros larvares, expressá-los em linguagem; é nesse movimento que se geram alterações do sujeito e de seu mundo. No entanto nada garante que tal movimento ocorra: é que ele não está dado; é preciso exercê-lo. A partir daí também as definições de sujeito e de seu caráter pulsional, tal como as proponho aqui, ganham contornos mais precisos: o sujeito é um equilibrista que busca sustentar-se na corda bamba topológica de sua pulsão, tensionada entre forma e força.

Em outras palavras, o sujeito busca sustentar-se no movimento de sua pulsão, tensionado entre a forma de expressão de um mundo e de um si mesmo na qual se reconhece no presente (a face de sua experiência como um eu-mesmo) e as forças vitais de outros mundos e de si-outros, em estado embrionário, que pulsam em seu corpo (sua outra face). A vida plasmada em sua forma de expressão atual perde o ritmo em seu fluxo diante da pressão exercida pela pulsação desses mundos larvares. Essa tensão é a força motriz dos processos de subjetivação – ou seja, dos devires do sujeito. Tais devires, contudo, podem ou não acontecer, dependendo de como o sujeito se move em sua corda bamba pulsional.

Mas como avaliar se um mundo ainda faz sentido ou já o perdeu para outros mundos que estão por vir? De novo, é nos Guarani que encontro uma pista para responder a esta pergunta, contida em outros dois vocábulos de seu idioma.

## Mais dois vocábulos do idioma guarani

O primeiro é *tekoporã*, que foi traduzido como Bem Viver (tradução padronizada para vários termos com sentido similar existentes nos idiomas de outros povos indígenas das Américas). É com esta tradução que o vocábulo foi incorporado ao ideário dos movimentos desses povos e de outros movimentos sociais nas Américas do Sul e Central, a partir dos anos 1980, movimentos que tiveram participação ativa na vitória de governos de esquerda em países dessas regiões, na primeira década do século XXI, especialmente na Bolívia e no Equador, onde a expressão foi, inclusive, incorporada às suas respectivas constituições.

Mais recentemente, o termo foi incorporado pelos programas dos governos recém-eleitos no Chile e na Colômbia: um novo tipo de esquerda, cujo surgimento foi impulsionado pela expansão social dos referidos movimentos. O que diferencia esses governos é que a força micropolítica que o vocábulo carrega em sua origem indígena tendeu a ser neutralizada pelos governos dos anos 2000, que o associaram ao sentido macropolítico de bem-estar social, enquanto os programas dos governos dessa nova esquerda que surge duas décadas depois, ao que tudo indica, incorporam essa força micropolítica.[11]

Na Colômbia, no lugar de Bem Viver, o movimento adotou a expressão *Vivir Sabroso* (Viver Gostoso), proposto como eixo de seu programa de governo. A expressão, que tem um sentido semelhante a *tekoporã*, é originária das comunidades negras rurais do Pacífico colombiano, das quais provém Francia Marquéz, a vice-presidente recém-eleita. Viver gostoso aproxima-se muito

11. A ideia de bem-estar social refere-se ao direito civil dos povos indígenas e seus modos de existência (assim como dos afrodescendentes e demais grupos sociais marginalizados), direito a ser garantido por políticas públicas, através de um pluralismo jurídico. Se bem que este seja, sem dúvida, um importante avanço na esfera macropolítica, ele desconsidera a potência micropolítica do termo em questão. Esta interpretação do Bem Viver por tais governos é indissociável da ideia de multiculturalidade ou pluralismo cultural que estabelece uma horizontalidade na relação entre culturas diversas, que se contrapõe à verticalidade dessa relação estabelecida pelo colonialismo, mas que, no entanto, mantém a perspectiva identitária em sua relação com tais culturas, o que tende a essencializá-las, perpetuando o regime de inconsciente colonial-racial-patriarcal-capitalista. Uma perspectiva radicalmente distinta daquela que orienta o sentido do vocábulo indígena, que implica, entre vários aspectos, uma política de relação com o outro (não só humano), na qual os modos de existência se definem e redefinem em suas interações com os demais modos, afetando-se mutuamente, processo em que se engendram outros mundos. Em suma, a interpretação do Bem Viver por esses governos neutralizou a potência micropolítica de mobilização de linhas de fuga com poder de descolonização, inclusive da forma moderna eurocêntrica de governabilidade. Frustrados com o sentido que o termo adquiriu em sua incorporação por tais governos e, mais ainda, com o horizonte limitado do próprio estabelecimento de seus direitos civis na esfera macropolítica, os movimentos dos povos originários, dos afrodescendentes e dos demais grupos sociais marginalizados, que haviam contribuído para levar a esquerda ao poder nos referidos governos, distanciaram-se dos mesmos, assim como das esquerdas tradicionais (sobretudo as institucionalizadas). Retomando para si o conceito de Bem Viver em toda sua complexidade (especialmente, seu sentido micropolítico), tais movimentos e os mencionados levantes vêm se intensificando e se expandindo nas duas últimas décadas. Seu crescente protagonismo na cena pública levou à recente eleição de candidatos à Presidência, do Chile e da Colômbia, com programas mais avançados do que no Equador e na Bolívia, nos quais, ao que tudo indica, um novo tipo de esquerda está em vias de construção. Mesmo que seja imprevisível o quanto tais programas terão chances de ser bem-sucedidos diante da violência das forças reativas em jogo nestes contextos, eles já nos trazem um esboço de imagem de um futuro em gestação a nos guiar no trabalho coletivo para trazê-lo à existência. Um dos maiores desafios dessa tarefa é precisamente a construção de uma nova forma de governabilidade que implica no estabelecimento de uma relação entre tais movimentos e o Estado, que incorpore o deslocamento de perspectiva por eles operado, o que vai além de incorporar suas reivindicações fundamentais por direitos civis.

mais do que Bem Viver do sentido dessa expressão em sua origem nas diversas línguas indígenas; um sentido sutil e complexo que, por carregar consigo a alma de uma força micropolítica, tem um poder de contágio social. Para esclarecer esse sentido e sua potência micropolítica, examinemos o vocábulo *tekoporã*.

O vocábulo em guarani compõe-se de dois termos: *teko* e *porã*. *Teko* é o modo do estar de um corpo em sua composição com outros corpos em dada circunstância. *Porã* é o que qualifica este modo de estar como bom-e-belo, indissociavelmente ligados. Um outro vocábulo do idioma guarani, *tekovai*, designa a qualificação de um modo de estar no sentido oposto: *vai* significa que o *teko* em questão é mau-e-feio, indissociavelmente ligados.

"Bom", aqui, não se refere à bondade, à benevolência ou ao bem no sentido moral; assim como "belo" não se refere à beleza no sentido formal, ambas qualificações definidas segundo um sistema de valores adotado como critério de avaliação e, portanto, baseadas numa linguagem pré-estabelecida, reduzida à sua forma. Diferentemente disso, bom-e-belo (*tekoporã*) ou mau-e-feio (*tekovai*) são avaliações cujo critério é a qualidade do estado vital de um corpo e sua potência, em determinada situação: uma qualidade inseparável de sua linguagem, da qual emana a pulsação de sua alma. Em suma, o que conduz os Guarani em suas avaliações não é uma perspectiva moral, mas uma perspectiva ética: o ponto de vista da vida.

Tal critério de avaliação consiste, portanto, em considerar se os elementos com os quais o corpo (enquanto linguagem-alma) se compõe em determinada circunstância lhe permitem ou não que a vida se mantenha em sua potência ativa. Se seu modo de estar nessa composição é portador de alta potência pulsional, do ponto de vista da vida ele é bom e, por isso, é belo; do mesmo ponto de vista, se seu modo de estar nessa composição é portador de baixa potência, ele é mau e, por isso, é feio.

Esta é a resposta dos Guarani à pergunta sobre como avaliar se um mundo ainda tem sentido ou já o perdeu. Ela consiste em considerar o grau de pulsação vital do corpo do sujeito que avalia, por efeito de sua composição com os corpos que integram o mundo em questão. Isto lhe permite avaliar se a forma do referido mundo se mantém portadora de alma (e, sendo assim, permanece fecunda, produzindo sentido) ou se dela se separou parcial ou integralmente (e, sendo assim, tornou-se parcial ou integralmente estéril e sem sentido).

## Os afetos e seu poder avaliador

Partindo da mútua interferência, em meu corpo, entre os efeitos da perspectiva ética que os Guarani nos ensinam para avaliar se um mundo mantém seu sentido ou já o perdeu e as marcas daqueles pensadores europeus, que agrupei sob o nome de Guattaris, eu diria que tal perspectiva é a dos afetos. Numa primeira e breve definição, o afeto, aqui, corresponde à afecção, não mais apenas como sensação corporal dos efeitos das forças de um ecossistema em sua potência vital (que o sujeito vive passivamente), mas como avaliação ativa dessas sensações, a ideia de que ela é portadora.

Os afetos variam numa gama que vai dos mais alegres (aqueles portadores de *tekoporã*) aos mais tristes (aqueles portadores de *tekovai*). Tal variação se dá em função das composições daquele corpo com as frequências de vibração da vida que emana dos corpos que o afetam. Uma exploração mais detalhada desse conceito nos permitirá vislumbrar com maior precisão em que consiste a orientação das ações do desejo, segundo a perspectiva ética e suas consequências na existência individual e coletiva.

Como vimos, a presença das afecções faz com que a linguagem com que o corpo em questão se expressa no presente vacile, correndo o risco de esvaziar-se de alma e, portanto, de perder seu sentido vital, o que resulta da pressão exercida pelas afecções para plasmar-se em linguagem. Mas as afecções são apenas a sensação do ponto de vista do corpo, uma experiência passiva, ainda não constituindo uma ideia. É o afeto que nos permite avaliar os gérmens de futuro que se aninham em nossos corpos, dos quais as afecções são portadoras, para saber o que fazer diante de sua presença, tendo como critério a vida.

A avalição consistirá em ponderar se a germinação desses embriões deve acontecer, criando para eles um modo de expressão que os traga à existência (no caso de afetos alegres, decorrentes da avaliação de afecções de alta potência pulsional, geradoras de *tekoporã*) ou se o modo de expressão a ser criado é para impedir sua proliferação no ecossistema (no caso de afetos tristes, decorrentes da avaliação de afecções resultantes da avaliação de afecções de baixa potência pulsional, geradoras de *tekovai*). Que venham à existência esses mundos larvares (no primeiro caso) ou aquilo que evite sua proliferação (no segundo caso) é a condição para que a linguagem recupere sua alma e, portanto, seu sentido. Nesse acontecimento, operam-se uma transmutação da alma e, indissociavelmente, uma transfiguração da linguagem (do próprio sujeito e de seu campo relacional), o que implica uma transvaloração dos valores vigentes.

Em outros termos, o afeto é o avaliador da sensação das demandas da vida, geradas pelo impacto que o atrito entre as duas faces do sujeito (um eu-mesmo e os trans-outros de si em gestação) provoca em sua potência. Como já assinalado, a tensão gerada por esse impacto constitui a força motriz dos processos de subjetivação e que podem acontecer ou não, o que se define em função da resposta do desejo aos efeitos desse impacto no sujeito. Para que tais processos aconteçam, a resposta deve ser orientada pelo afeto, já que ele é, em si mesmo, a ideia da causa daquilo que nos acontece e é esta ideia que nos força a encontrar sua expressão para que os futuros em gestação ganhem existência.

## Afeto ou o espírito em seu exercício ativo

Se o afeto é aquilo que, em nós, avalia a causa daquilo que nos acontece e compõe uma ideia que lhe dê uma imagem (verbal ou outra), poderíamos considerá-lo como sendo o próprio espírito? Não necessariamente, pois o espírito se exerce de diferentes maneiras, das mais ativas às mais reativas. O afeto é o espírito em seu exercício ativo: é quando o espírito toca as afecções, tal como fazem as aranhas ao tocar com suas patas as sensações dos efeitos, na potência de seu corpo, da presença das vibrações do ambiente trazidas por seu fio de seda ali lançado, ou seja, a presença do espectro variado de frequências de vibração vital dos elementos que abrangem o ambiente em questão, que o fio, como vimos, tem a propriedade de sintonizar. Assim como acontece com as aranhas, o toque dessas sensações permite ao espírito captar a direção e o sentido das fontes de vibração, assim como as demandas vitais que os efeitos de suas qualidades intensivas mobilizam em nosso corpo-alma. É com esse saber que o espírito em seu exercício ativo (ou afeto) avaliará a causa daquilo que nos acontece e formulará uma ideia adequada sobre essa causa, para orientar o desejo em suas ações, de modo a recolocar a vida em movimento, preservando nossa potência pulsional.

Diferentemente disso, o espírito se exerce reativamente quando não toca as afecções, o que o leva a avaliar inadequadamente a causa daquilo que nos acontece, formulando ideias confusas ou equivocadas sobre elas. Tais ideias, ao orientar as ações do desejo, o fazem operar como um freio no movimento pulsional, o mantendo estagnado, ou pior, como numa marcha à ré, levando o movimento pulsional para formas de mundo anteriores.

O exercício do espírito na tradição moderna ocidental eurocêntrica tende a ser reativo, assim como a própria noção de espírito que nela prevalece, já que esta é indissociável da perspectiva da reatividade que rege seu exercício. Esta é a razão pela qual faço uso aqui da palavra espírito, propositalmente, na intenção de associá-la a seu exercício ativo, o diferenciando de seu exercício reativo, dominante nessa tradição (e, portanto, dominante em nós-mesmos), em busca de arrastá-lo para outro lugar. E o faço na esteira dos mencionados pensadores europeus que chamei de Guattaris, que, de diferentes maneiras, se dedicaram a promover um deslocamento das condições de produção do pensamento que imperam nessa tradição – ou seja, buscaram resistir micropoliticamente ao poder desse regime.

Com exceção de tais pensadores, na maioria das versões do

espírito nessa tradição, ao longo da história (cujos desenhos conceituais variam), este tende a ser concebido como o que dá acesso a uma essência transcendental, por princípio genérica, isto é, universal, valendo supostamente para toda a espécie humana. Tal redução implica a separação do espírito humano de seu acesso à pulsão (acesso de que depende seu exercício enquanto afeto), e é esta separação que o impede de avaliar a causa das afecções em determinado contexto, o que o leva a produzir, necessariamente, as tais ideias confusas ou inadequadas, exercendo-se reativamente. A separação, altamente corrosiva, entre o espírito e a pulsão, própria dessa tradição, alastra-se pelo mundo com o estabelecimento do sistema colonial-racial-patriarcal-capitalista – o que se agrava ainda mais em sua dobra atual, corporativa, financeirizada e neoliberal, na qual as novas tecnologias de comunicação criaram condições para o refinamento de sua máquina de produção de subjetividade (e, portanto, do exercício do espírito), o que contribuiu para sua tomada de poder globalitário.[12]

Ora, o espírito em sua potência ativa (seu exercício enquanto afeto) se exerce conectado com a vida, o que o leva a criar ideias sobre a causa daquilo que nos acontece da perspectiva da pulsão e suas demandas face às afecções, e é por isso que, neste caso, as ideias tendem a ser adequadas a tais causas. Sendo assim, o exercício do espírito em sua potência ativa constitui o saber primordial, para o qual, em se tratando das aranhas, propus vários nomes: saber-do-vivente, saber-ecológico ou saber-eco-etológico. Para a espécie humana, podemos agregar-lhe outros nomes mais: saber-do-afeto, saber-pulsional ou, simplesmente, intuição.

E se este é o saber primordial, é porque o que o guia é a vida em sua vontade de potência. É isso o que impõe ao sujeito a exigên-

12. Vale assinalar que o termo espiritualidade, tradução ocidental de termos usados nas tradições indígenas e africanas (entre outras tradições não eurocêntricas) para designar o exercício do espírito em sua potência ativa, é usado na cultura moderna ocidental no sentido religioso judaico-cristão, que remete a uma suposta essência transcendental que conduziria nossos atos, essência a ser reverenciada e à qual temos que nos submeter para merecer uma vida digna. Isso nos destitui da responsabilidade ética perante as exigências que a vida nos coloca, fazendo nossas escolhas orientados pela avaliação das afecções em nossos corpos.

cia de, orientado por esse saber, dar corpo aos futuros larvares, toda vez que isso se faz necessário – ou seja, trazê-los à existência por meio de palavras, imagens, gestos, um certo olhar, um timbre de voz, uma obra de arte, uma canção, um certo tipo de sexualidade etc. Atualizados no presente nessas linguagens, os mundos larvares compõem-se com suas distintas atualizações em outras linguagens, promovidas por outros sujeitos, em cujos corpos tais gérmens de mundos se aninham igualmente gerando outras sensações; nessas composições se produzem alterações contínuas da paisagem. É, portanto, com esse saber que se constrói a transição de um mundo que já não faz sentido para outro que está por vir.

Este é um tipo de saber distinto do saber-arquivo, guiado por conhecimentos e sistemas de valores pré-estabelecidos na cartografia sociocultural de determinado mundo, em suas variações segundo os lugares que, em sua existência como um eu-mesmo, cada sujeito ocupa em tal cartografia. Se, por um lado, o saber-arquivo é importante para que o sujeito se mova e se comunique nas condições socioculturais de seu mundo, por outro, ao exercê-lo desvinculado da intuição, o sujeito só reproduz os conhecimentos e sistemas de valores vigentes (e, indissociavelmente, as formas vigentes de si mesmo e do mundo em questão), sem levar em consideração se permitem ou não que a vida se afirme em sua potência ativa.

Em resumo, o saber-do-afeto é o que nos permite avaliar se um mundo ainda faz sentido ou se já o perdeu para outros mundos que estão por vir. É este saber que deve conduzir o desejo em suas respostas ao sinal de alarme vital para que a vida recobre seu fluxo. Quando guiado por este saber, suas ações buscarão reajustar as teias com as quais participa da arquitetura do mundo em questão (no caso de a presença desses futuros embrionários, no corpo, ter provocado uma separação parcial entre linguagem e alma); ou abandonar tais teias (no caso de essa presença ter levado a linguagem a perder sua alma integralmente) e até destruí-las, se necessário (no caso de essa presença ser geradora de violência contra a vida). Tais reajustes, abandonos ou destruições são necessários para que os embriões de futuro possam germinar.

Em outras palavras, se o afeto é o saber primordial, que precede o exercício do saber-arquivo, é porque, enquanto exercício do espírito em sua potência ativa, ele é orientado por uma bússola ética para promover devires da forma atual de um sujeito e seu mundo, quando sua alma se esvaziou, parcial ou integralmente. Em síntese, o afeto é o saber primordial por ser aquele que nos permite resgatar a processualidade pulsional do sujeito e devolver à vida sua potência.

O fato de isso acontecer ou não, como anteriormente mencionado, decorre do tipo de respostas do desejo, que variam das mais ativas às mais reativas, colocando a vida em movimento de transformação ou a mantendo paralisada em suas formas instituídas. Tais respostas dependem do grau com que o espírito logra exercer-se como saber-do-afeto em sua avaliação da causa daquilo que nos acontece. E se essas respostas não são neutras, é porque delas dependem, por sua vez, os destinos da vida individual, e dos embates entre elas dependem os destinos da vida coletiva.

## Esfera micropolítica: a fábrica de mundos e suas distintas gestões conforme os regimes de inconsciente dominantes

As distintas respostas do desejo ao sinal de alarme vital e as relações entre elas (marcadas por graus variados de afinidade ou discrepância) constituem a esfera micropolítica. Tais respostas são incentivadas ou desestimuladas dependendo do regime de inconsciente dominante em cada sistema político e sociocultural.

Um sistema político e sociocultural, seja ele qual for, não é uma abstração, mas se encarna em determinados modos de existência que resultam do regime de inconsciente que lhe é próprio. Tal regime é responsável pela produção de um certo tipo de subjetividade, de sua relação com o mundo e do tipo de sociedade que se trama nessa teia. É isto o que provê ao referido sistema sua consistência existencial, sem a qual não se concretizaria. É nessa esfera, micropolítica, que um sistema se produz e se reproduz; e é também nessa esfera que se operam suas transfigurações, resultantes de respostas ativas do desejo ao sinal de alarme que a vida aciona quando perde potência nas formas em que se existencializa no referido sistema. Em suma, a esfera micropolítica é a fábrica de mundos.

Regimes de inconsciente definem a gestão dessa fábrica de mundos; eles se distinguem segundo a distribuição entre micropolíticas ativas e reativas que os caracterizam. Tal distribuição se manifesta nos diferentes graus de presença e/ou ausência de reguladores sociais e culturais que incentivem o desejo em seus movimentos ativos e inibam a propagação de seus movimentos reativos. A gestão dessa fábrica de mundos a leva a produzir distintas formações no campo social e suas respectivas políticas de subjetivação e de relação com a alteridade, distinções que resultam dos regimes de inconsciente que a gerenciam.

As respostas ativas e reativas do desejo se definem em função de viabilizar ou não que a vida se expresse em novos modos de existência, quando se vê sufocada nas formas em que se encontra plasmada no presente. Ou seja, a atividade e a reatividade do sujeito dependem do grau em que seu espírito se exerce como afeto, a partir da relação imanente entre linguagem e alma – o sinal de saúde segundo os Guarani. E se dependem disso, é porque, insisto, este nexo não está dado: é preciso que o sujeito o exerça, condição para conquistar essa saúde vital.

Descreverei a seguir os sujeitos ativo e reativo. Trata-se, obviamente, de uma tipologia fictícia, pois nenhum sujeito é essencialmente ativo ou reativo. Suas posições oscilam entre esses dois extremos na gama variada de respostas do desejo aos efeitos, no corpo/alma do sujeito, de suas interações com os demais componentes do ecossistema em que se encontra inserido a cada momento de sua existência.

## Micropolíticas ativa e reativa na produção do sujeito

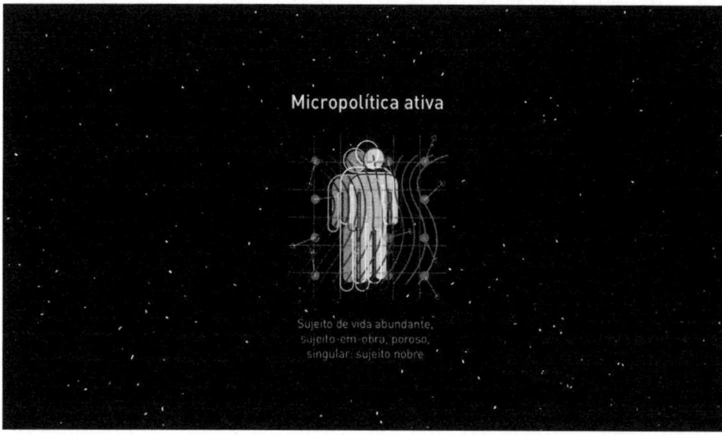


Figura 5

O sujeito torna-se um agente ativo do ecossistema ambiental, social e mental quando seu espírito toca as afecções, de modo a avaliá-las adequadamente (ou seja, quando seu espírito se exerce como saber-do-afeto). É um sujeito que logra sustentar-se no movimento pulsional de reversibilidade contínua entre suas duas faces, um eu-mesmo e os trans-outros latentes de si mesmo. Sendo assim, ele não se assusta quando esse movimento entrava e o desestabiliza, pois sabe que esse estado anímico indica que há embriões de futuro aninhados em seu corpo.

Neste caso, o sujeito sente a crise, porém não sucumbe à inquietação que esta lhe provoca, por saber que se trata de um sinal de alarme vital que convoca sua responsabilidade ética: assumir a exigência que a vida lhe impõe, o que implica em criar as condições para o nascimento dos futuros em gestação. É o fato de sabê-lo que lhe dá uma certa serenidade para escutar o alarme, entrar em modo-casulo e não atropelar a temporalidade própria do processo de incubação desses si-outros larvares e seus respectivos campos relacionais, permitindo que tal processo se complete.

É com isso que ele participa da teia coletiva que se tece para dar conta das demandas da vida em determinado ecossistema. É nisto que consiste a micropolítica ativa na condução de seu desejo.

Em outras palavras, trata-se de um sujeito que afirma a vida em sua potência ativa que o leva a transfigurar-se, o que envolve a transfiguração de seu campo relacional, toda vez que isso se faz necessário. Sendo os afetos (o exercício ativo do espírito) os guias desse processo de criação no qual essa potência se afirma, faz sentido dizer que "os afetos atravessam o corpo como flechas; são armas de guerra"[13] do desejo, em sua voz ativa, para promover devires que devolvam à vida o ritmo em seu fluxo; suas armas de combate na esfera micropolítica.

Vulnerável aos gérmens de trans-outros de si mesmo e ao embaçamento que estes produzem no desenho de sua existência como um eu-mesmo, o sujeito ativo não se concebe nem age como indivíduo que, como o próprio nome indica, consiste numa totalidade fechada em si mesma com contornos delimitados e separada do outro (humano e não humano), igualmente concebido como indivíduo. Ao invés disso, ele se concebe e age como resultado de processos contínuos de singularização, decorrentes da transfiguração que seus trans-outros produzem no personagem que performatiza como um eu-mesmo em sua forma atual. Tal personagem, portanto, deixa de ser o Eu-mesmo, com letra maiúscula, permanente e estável, para tornar-se uma sequência processual de singularidades; junto com isso, a trama sociocultural na qual ele se guia como um eu-mesmo deixa de ser ilusoriamente permanente e estável para tornar-se, ela também, o resultado de um processo contínuo de diferenciação, do qual ele participa ativamente com suas ações.

Em outras palavras, o sujeito ativo é aquele cujo espírito se dispõe ao exercício constante de manter linguagem e alma ligadas, colocando-se à altura da pulsão, leal a ela, o que torna esse tipo

13. Gilles Deleuze e Félix Guattari, "Micropolítica e Segmentaridade", *Mil Platôs: capitalismo e esquizofrenia*, v. 3. Trad. Aurélio Guerra Neto, Ana Lúcia de Oliveira, Lúcia Cláudia Leão e Suely Rolnik. São Paulo: Ed. 34, 1995. A primeira edição no original francês data de 1980.

de sujeito insurrecional por definição. Ele é um sujeito de vida abundante, um sujeito-em-obra, poroso, singular: um sujeito nobre. Um agente de transfigurações do ecossistema ambiental, social e mental (ou subjetivo), quando novos agenciamentos assim o exigem: em suas ações, a vida recobra seu movimento sempre que este vacila ou se interrompe.

O que dá ao sujeito a sensação de existir, neste caso, é justamente sua "participação" ativa nos processos de (re)criação de mundos para que a vida do ecossistema recupere o ritmo em seu fluxo; processos necessariamente coletivos, pois emergem das teias que se tecem entre os corpos em função dos efeitos das interações de cada corpo com as forças dos componentes variados e variáveis de um ecossistema.

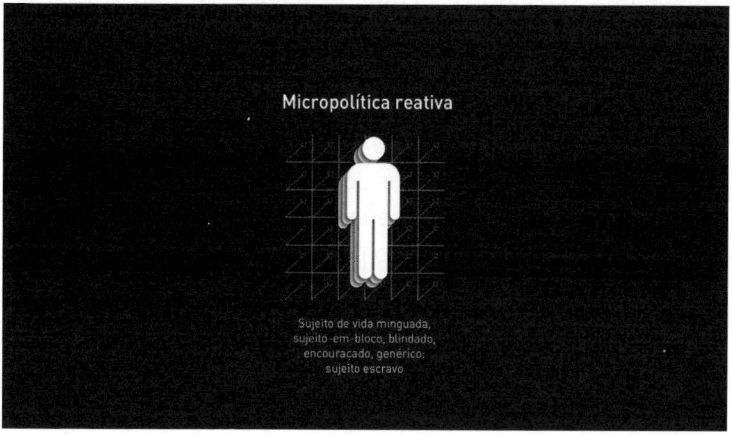


Figura 6

Diferentemente, um sujeito torna-se um agente reativo do ecossistema ambiental, social e mental (ou subjetivo) quando seu espírito não toca as afecções, isto é, não se exerce como saber-do-afeto, saber primordial que lhe permitiria avaliar a causa de tais efeitos para entender o que lhe acontece. A impossibilidade deste exercício se dá quando os trans-outros virtuais do sujeito se encontram sob recalque. Tal recalque faz com que ele veja a si mesmo e atue como indivíduo, assim como vê todos os outros (humanos e não humanos) como individualidades, cujas relações são ordenadas segundo a trama sociocultural na qual ele se guia em sua existência como "o" eu-mesmo, uma versão essencializada de si. O sujeito torna-se assim uma cápsula narcísica blindada à alteridade.

Reduzido a essa sua face e destituído do *know how* do saber-pulsional, o sujeito se assusta com a estranheza gerada pela crise resultante de seu tensionamento, provocado pela pulsação dos embriões de trans-outros de si mesmo que o desestabilizam. Ele sente essa experiência como a de um vazio, porque a interpreta da perspectiva exclusiva de sua experiência como "o" Eu-mesmo naturalizado e, portanto, da linguagem na qual reconhece conscientemente a si próprio e ao mundo, linguagem com a qual está familiarizado e cujo sentido, de fato, se esvaziou.

O que ele não sabe é que o que ele sente como um vazio de sentido no personagem no qual se reconhece decorre, ao contrário, de uma abundância que ele experimenta, sem saber, gerada pelos embriões de trans-outros de si mesmo. Ele não sabe que o tensionamento da forma de seu personagem resulta do fato de que ele se encontra atravessado por um cheio de intensidades de futuros larvares à espera de ganharem linguagem, e que é a pressão desses embriões o que esvazia de sentido a linguagem com que ele se expressa em seu personagem atual. Por estar assim dissociado, o sujeito entende o sinal de alarme vital como indicador de uma ameaça de falência de si mesmo e de seu mundo, que ele supõe serem "o" si mesmo e "o" mundo, os quais ele essencializa e naturaliza, por não saber que são formas provisórias de seu ser em constante variação, que resulta de sua natureza relacional, parte de um ecossistema, também ele, em constante variação.

Vivido como vazio, o mal-estar da tensão entre suas duas faces se converte assim em desamparo, carência, falta – sentimentos de angústia de seu ego com poder desmesurado (próprio de seu Eu-mesmo essencializado), que tomou as rédeas do exercício do espírito, o conduzindo a partir da perspectiva dessa sua face, à qual se reduz seu ser lesionado. Para que o sujeito se livre da angústia, seu desejo tenderá a responder impulsivamente ao estímulo provocado pelo referido atrito, sem que o espírito possa avaliar o que está em germe nesse atrito, formar uma ideia a seu respeito. Ele atuará, assim, precipitadamente, atropelando os embriões de futuro e impedindo que germinem.

É um sujeito hiperidentificado com as formas de expressão no espaço e no tempo estabelecidas na malha sociocultural de seu mundo, seus códigos e suas representações, colado a elas. É a tais códigos e representações que seu espírito separado da pulsão recorre, projetando-as sobre a causa daquilo que lhe acontece, para conduzir o desejo em suas respostas afobadas – respostas que visam produzir, apressadamente, um sentido que, por um breve momento, acalmará o sujeito por lhe trazer segurança, na ilusão de ter recuperado um equilíbrio.

Na verdade, o que o sujeito sente como um suposto equilíbrio, neste caso, é sua mera readaptação aos modos de existência reinantes, fruto de um agir que, diante do que estava por vir, o manteve no mesmo lugar ou o levou para lugares anteriores, com os quais se sente igualmente familiarizado: é a segurança da estabilidade eterna da morte. Esta é a condição para que o sujeito garanta um suposto bem-estar a seu ser reduzido à face em que se define como "o" Eu-mesmo absolutizado: miragem baseada na ideia inadequada de que haveria sujeitos que logram manter-se em equilíbrio estável, que ele toma como modelo ideal e meta a ser, ilusoriamente, alcançada para lhe garantir o equilíbrio. Diante dessa ideia inadequada, sua única resposta possível à desestabilização consiste em tentar aprimorar sua performance na cartografia vigente, cartografia que ele considera como a única existente, pelo fato de naturalizá-la.

O sujeito reativo possui, pois, uma baixa potência pulsional de criação. Suas formas são invariáveis; elas nunca materializam os efeitos em seu estado anímico da complexidade variável das frequências de vibrações do ecossistema que agitam seu corpo trans-outrado. São linguagens sem alma, próprias de uma vida debilitada, o que explica por que, para os Guarani, esta é a causa do adoecer. É um sujeito de vida minguada, um sujeito-em-bloco, blindado, encouraçado, hiperadaptado, genérico: um sujeito escravo, espécie de boneco mecânico de ventríloquos. Um sujeito desleal à vida em sua força ativa, dado que ele não exerce o movimento pulsional acionado pela interferência mútua entre linguagem e alma na direção de trazer à existência aquilo que, em seu corpo, pede passagem.

Em vista disso, o sujeito reativo é um agente de interrupção dos processos de criação de mundos que responderiam a novos agenciamentos que nele se operaram. Respostas que consistiriam em participar do trabalho coletivo, visando construir as condições para o nascimento desses mundos embrionários (quando geradores de afetos alegres) ou para criar mundos que coloquem barreiras à sua germinação (quando geradores de afetos tristes). Ou seja, o sujeito reativo não só deixa de participar do referido trabalho coletivo dedicado à preservação da vida, mas, pior que isso, ele atua na sua contracorrente. Conduzidas por uma micropolítica reativa, suas ações promovem a conservação das formas de si e do mundo que ele reproduz mimeticamente, com pequenas e anódinas variações. É só dessa perspectiva reativa que se sustentam tanto a noção de indivíduo (a suposta totalidade fechada sobre si mesma) quanto a suposta universalidade da trama sociocultural que o sujeito toma como guia, o ventríloquo que fala por ele.

O que dá ao sujeito a sensação de existir, nesse caso, não é sua "participação" ativa no trabalho coletivo de (re)criação de mundos em resposta às demandas da vida, mas sim seu "pertencimento" à maioria: nome que se atribui à massa homogênea, qualificada como "normal" exatamente por sua homogeneidade, que decorre do bloqueio dos processos de singularização, pela interrupção da germinação de embriões de futuros. Em outras palavras, o que lhe dá a ilusão de existir é sua identificação com a maioria integralmente submetida aos padrões pretensamente universais do modo de subjetivação dominante. Podemos atribuir essas características ao que, na França do pós-1968, a psicanalista neozelandesa Joyce MacDougall designou por "normopatia", termo que poderíamos definir, baseados nos Guarani, como a doença que resulta da separação entre linguagem e alma.

As ações dos sujeitos variam segundo os diferentes graus de micropolíticas ativa ou reativa que orientam a atuação do desejo ao longo de sua existência. A prevalência de uma ou de outra é favorecida ou desfavorecida pelo regime de inconsciente dominante em dada sociedade, em função da micropolítica que predomina em seu gerenciamento da fábrica de mundos. Tais diferenças têm consequências para o ecossistema, o que inclui os humanos e os demais entes que ele engloba. É que a energia propulsora dessa fábrica inconsciente de produção de mundos é a pulsão, potência de produção de formas de existência nas quais a vida toma corpo. Sendo assim, os produtos dessa fábrica variam em função do tipo de exercício pulsional suscitado pelo regime de inconsciente vigente em dado contexto (dos mais ativos aos mais reativos). É de distintas micropolíticas que conduzem o gerenciamento dessa fábrica que resulta a mencionada diferença entre os destinos da vida, tanto individual quanto coletiva, e não só a dos humanos. Uma diferença nada neutra do ponto de vista da vida.

## A fábrica de mundos sob a gestão do regime de inconsciente colonial-racial-patriarcal-capitalista

Vem de longe o tipo de micropolítica do regime de inconsciente que está no atual comando da gestão da fábrica de produção de mundos nas sociedades ocidentais e ocidentalizadas. Variam as interpretações sobre sua origem histórica, mas pode-se dizer que a consolidação de seu poder na vida de tais sociedades (que hoje engloba o conjunto do planeta) se dá no final do século xv, período do empreendimento colonial e escravocrata e início do sistema capitalista (daí eu propor qualificar este regime de inconsciente de colonial-racial-patriarcal-capitalista).

Desde então, só foram se modificando as tecnologias da gestão da fábrica de mundos sob o comando desse regime de inconsciente, de acordo com as mudanças do próprio sistema, mas sempre mantendo a mesma perspectiva a conduzir a referida gestão: uma micropolítica basicamente reativa. A maior parte de seus reguladores sociais e culturais tende a mobilizar e sustentar forças reativas e a dificultar a sustentação de forças ativas. Os obstáculos aos movimentos ativos do desejo na fábrica de mundos sob o poder desse regime de inconsciente são efetuados pelas engrenagens de seu maquinário que capturam tais movimentos em sua nascente para redirecioná-los a favor de seus desígnios.

Diante disso, impõe-se a urgência de investigarmos o funcionamento dessa fábrica de produção de mundos para desmontar suas engrenagens, de modo a introduzir uma outra perspectiva em seu comando. Esta é a tarefa que nos cabe para enfrentarmos os impasses do presente na esfera micropolítica. Com esta finalidade, esboçarei a seguir algumas pistas para um possível desenho conceitual das engrenagens centrais do maquinário dessa fábrica de mundos, pistas a serem revistas e transformadas na articulação com outros tantos desenhos que vêm sendo esboçados por teóricos de vários campos e, sobretudo (e com maior fôlego), pelos movimentos sociais aqui mencionados. As engrenagens que consigo detectar, por ora, são de duas ordens distintas e com funções complementares.

## Primeira engrenagem: o recalque dos trans-outros virtuais de si mesmo e o sequestro do espírito

A primeira engrenagem central deste maquinário tem por função executar duas operações indissociáveis. Uma delas consiste em separar o sujeito dos embriões de seus trans-outros virtuais, dissociação que, como vimos, caracteriza os sujeitos reativos. A outra consiste em sequestrar o espírito e mantê-lo em cativeiro, separado da pulsão, impedido assim de tocar as afecções para decifrá-las. Em poucas palavras, o espírito é impedido de exercer-se enquanto afeto, sua potência ativa.

Tal como o defini, aqui, o espírito é a potência de avaliação daquilo que nos acontece, avaliação que já é uma ideia a respeito e que orienta o desejo em suas ações para trazê-la à existência; tal potência pode exercer-se de várias maneiras, das mais ativas às mais reativas. Se a função do espírito em sua potência ativa é conduzir o desejo da perspectiva do saber-do-afeto, a função de seu sequestro é separá-lo desse saber, o impedindo de sintonizar a causa daquilo que nos acontece, por estar destituído da capacidade de avaliar seu impacto na potência pulsional do sujeito.

Como também referido anteriormente, quando separado da pulsão, o espírito toma conceitos da cartografia vigente (os quais variam segundo os sistemas socioculturais em curso) e os projeta sobre a causa daquilo que nos acontece para atribuir-lhe sentido, e é dessa perspectiva que conduzirá o desejo. É assim que o sujeito é produzido como um fantoche, boneco mecânico que parece emitir conceitos de sua própria voz, mas que, na verdade, são enunciados pela voz do ventríloquo.

No caso específico da fábrica de mundos sob o comando desse regime de inconsciente, o sequestro do espírito como engrenagem de seu maquinário tem o poder de aprisioná-lo na submissão a tais conceitos. Somado ao fato de que, sob esse regime, a face do sujeito em que este se autodefine numa versão naturalizada de seu eu-mesmo, impera na condução de seu movimento na corda bamba pulsional (devido ao recalque dos embriões de seus trans-outros), o desejo é levado a dar reiteradamente respostas reativas aos disparos do alarme vital, barrando assim os processos de germinação de futuros.

Diante disso, não é por acaso que, como já assinalado, o modo como é tratada a noção de espírito predominante na maioria das versões do pensamento ocidental reproduz esta separação entre o espírito e a pulsão, participando assim da produção de uma subjetividade dissociada dos embriões de seus trans-outros. Isso resulta numa despotencialização da vida nas formas em que esta se encontra plasmada no sujeito, em seu modo de relacionar-se com a alteridade e nas formações do campo social que disso decorrem. Como também já assinalado, as raras exceções desta tendência funesta inserem-se na tal vertente de pensadores que, desde a

Antiguidade Clássica, lograram libertar o espírito do cativeiro em que este foi colocado sob o domínio do regime de inconsciente que impera nesta tradição, contribuindo para desautomatizar seu exercício ao devolvê-lo à imanência.

## Segunda engrenagem: a sobrecodificação das afecções por axiomas

A segunda engrenagem central desse maquinário se constitui dos traços específicos, comuns a esses conceitos próprios da cartografia sociocultural sob o domínio do regime de inconsciente colonial-patriarcal, que servirão de guia para o espírito encarcerado, separado da pulsão. Os traços comuns a esses conceitos são de duas ordens, inextricavelmente articulados.

O primeiro traço é sua natureza axiomática: são conceitos que se apresentam como genéricos, enganosamente universais, essencializados como verdades inquestionáveis, transponíveis para qualquer situação e para todos os grupos humanos, do passado, do presente e do futuro. Essa característica reforça a naturalização da cartografia sociocultural vigente, já operada pela primeira engrenagem da fábrica sob gestão desse regime de inconsciente que, ao manter o espírito aprisionado em cativeiro, separado do saber-pulsional, o leva a submeter-se a tal cartografia, projetando seus conceitos sobre a causa daquilo que nos acontece. O reforço da naturalização dos conceitos próprios a esta cartografia aumenta ainda mais seu poder sobre o espírito, assim como o poder da face do sujeito em que este se autossitua numa versão congelada de si-mesmo em seu atrito com sua face habitada por embriões de si-outros, igualmente produzido pela primeira engrenagem.

E pouco importa que esses conceitos se multipliquem ou sejam substituídos por outros: isso não interfere na perspectiva que norteia esse regime de inconsciente, desde que tais conceitos mantenham seu caráter axiomático. Ou seja, o que importa é sua natureza supostamente universal, generalizável, que desconsidera a singularidade das culturas variadas que compõem o ecossistema social e mental e, mais grave ainda, impede os processos de singularização variada e variável que se dão na interação entre essas culturas, singularizações que o desejo, orientado pelo espírito em sua potência ativa, traria à existência se essa sua potência não estivesse sequestrada. No lugar da produção de sentidos singulares, a projeção pelo espírito desse código falsamente universal sobrecodifica a causa daquilo que nos acontece, levando o desejo a promover uma mera reprodução de sentido.

O segundo traço comum a esses conceitos, indissociável do primeiro, consiste na ideia inadequada que os sustenta: a trapaça naturalizada de que haveria uma suposta hierarquia de graus de aperfeiçoamento da espécie humana, entre as distintas comunidades que ela abrange. A base de tal classificação hierárquica é a ideia igualmente trapaceira de que haveria um desenvolvimento linear e progressivo dos seres humanos em direção àquilo que os inventores dessa hierarquia chamam de "civilização", o que implica em considerar todos os demais como estando em distintos estágios inferiores nessa suposta linha evolutiva.

O que eles entendem por civilização é seu próprio modo de ser antropo-falo-hetero-ego-logocêntrico, decretado como princípio ontológico pretensamente universal, o que justificaria a desqualificação de todos os grupos humanos que se diferenciam desse seu modo de existência. Esta ideia se apresenta como uma verdade universal que transcenderia os contextos: nesta categorização imaginária, o valor das distintas comunidades e seus respectivos modos de ser são avaliados em função de seu maior ou menor grau de semelhança com o assim chamado modo civilizado, o que define o lugar que lhes é atribuído nos diferentes patamares da dita hierarquia.

## O racismo como princípio que rege a ideia trapaceira de uma pretensa classificação hierárquica da espécie humana

Tal classificação hierárquica ganha força por meio de outra trapaça que naturaliza a ideia tóxica da classificação hierárquica da espécie humana: a noção de raça aplicada à espécie humana, inventada pela Europa Ocidental no final do século XV, ao mesmo tempo que empreendia a colonização, o comércio de escravos, a inquisição moderna e o início do capitalismo. Quatro fenômenos, intrinsecamente associados, do mundo que então se estabelecia e que, com sucessivas dobras, perdura até hoje.

Diante disso, podemos dizer que o racismo é o princípio que rege a suposta universalidade dos conceitos, própria do modo de existir e de pensar do homem branco pertencente às elites eurocêntricas (hoje transnacionais), e sua política de subjetivação antropo-falo-hetero-ego-logocêntrica, como modelo do ápice de um suposto desenvolvimento humano. Legitimam-se, assim, indissociavelmente, o posicionamento dos demais grupos em escalas inferiores e, portanto, o valor menor que se atribui aos mesmos. Nesse sentido, mais que estrutural, o racismo é estruturante.

Podemos, inclusive, dizer que o racismo é esse princípio estruturante desde que o referido regime de inconsciente se instalou na gestão da fábrica de mundos e, portanto, antes mesmo da invenção daninha da noção de raça aplicada à espécie humana, a qual só veio consolidar a ideia de superioridade do branco europeu, ao naturalizá-la. É isto o que me leva a acrescentar as designações de racial e capitalista ao regime de inconsciente colonial-patriarcal.

A naturalização da noção de raça se consolida a partir do final do século XVIII, quando esta recebe um certificado fraudulento de cientificidade. A ciência positivista da época lançou a *fake news* de que a suposta classificação racial dos humanos teria um lastro biológico que corresponderia a diferentes graus de desenvolvimento genético. Com esse argumento, o modo de existência dos agentes do colonialismo capitalista se auto-atribui, ainda mais enfaticamente, o lugar de modelo de um pretenso estágio superior do desenvolvimento humano supostamente universal e se impõe soberbamente a todos os demais grupos humanos como padrão de medida. É da perspectiva desse modelo que o colonialismo capitalista racializa seus outros em diferentes graus, sob o argumento de que seriam portadores da suposta inferioridade genética e cognitiva. Com isso, legitima-se ainda mais o próprio colonialismo capitalista e a exploração de seus outros (na época, em sua nascente dobra industrial e, hoje, em sua nova dobra, financeira e transnacional).

A pretensa cientificidade desse axioma segregacionista na esfera micropolítica constitui, pois, a base da desigualdade na distribuição de direitos de acesso a bens materiais e imateriais (e, no limite, do próprio direito de existir), desigualdade intrínseca ao sistema colonial-racial-patriarcal-capitalista, em sua esfera macropolítica: como diz Jurema Werneck numa entrevista, "a luta de direitos humanos nasceu branca".[14] Assim naturalizadas, a desigualdade e a cruel exploração dos racializados posicionados em supostas escalas inferiores tornam-se plenamente legítimas. Em síntese, a noção de raça naturaliza o poder imperial desse regime, justificando assim a violência que lhe é intrínseca, já que é por meio de tal violência que se produz a acumulação de capital.

Sendo o racismo estruturante o princípio em que se baseiam todos os conceitos genéricos com os quais o espírito, em seu exercício reativo, opera a sobrecodificação das afecções, é óbvio que o racismo estruturante não se aplica unicamente à cor da pele (não branca) dos sujeitos de determinados grupos sociais, usado como marcador de uma diferença essencializada, que permite posicioná-los nos escalões inferiores dessa hierarquia trapaceira.

Se o conceito de raça foi inventado para instituir a cor de pele como marcador de diferença, de modo a justificar a escravidão dos africanos e o genocídio dos indígenas, tal conceito se aplica igualmente aos conceitos genéricos que se sobrepõem aos modos de existir de todos os demais que se quer dominar e explorar. É o caso, por exemplo, do conceito de gênero que sustenta o machismo e a misoginia, que projetam sobre as mulheres imagens depreciativas que legitimam a discrepância de seu acesso aos direitos civis e de sua plena existência social e, no limite, sua anulação pelo feminicídio; assim como do conceito de classe, que

14. Jurema Werneck é médica, ativista feminista e do movimento negro, cofundadora da ONG Crioula e uma das membras da direção do Fundo Global para Mulheres. Desde 2017, ela assumiu o cargo de Diretora-Executiva da Anistia Internacional no Brasil.

sustenta o preconceito social que se projeta sobre aqueles posicionados nos escalões mais baixos da farsa tóxica da referida hierarquia entre os humanos, legitimando a restrição de seu direito a uma existência digna e sua exploração.

Se as ideias produzidas pelo espírito aprisionado no cativeiro sobre a causa daquilo que nos acontece tendem a ser inadequadas, porque separadas do saber-pulsional e, portanto, esvaziadas de alma, elas se tornam ainda mais inadequadas pela natureza axiomática dos referidos conceitos pretensamente universais e a classificação hierarquizada dos humanos que lhes é intrínseca. Baseada na noção ilusoriamente biológica de raça, esta classificação faz com que tais conceitos se imponham ao espírito como palavras de ordem inquestionáveis. Com isso, reforça-se ainda mais a tendência à sobrecodificação das afecções, o que bloqueia, mais poderosamente, os processos ativos de singularização, que resultariam da criação de linguagem orientada pelo saber-do-afeto, que o espírito teria exercido em sua potência ativa. Nessa dinâmica, a obstrução do acesso aos embriões de futuro que impede sua germinação, produto do cativeiro do espírito, passa a ser a norma (a referida normopatia).

Mas nunca é absoluto o poder de um regime de inconsciente no comando da fábrica de modos de existência próprio a um dado sistema político e sociocultural, seja ele qual for. Sempre surgem linhas de fuga pelo enfrentamento daquilo que sufoca a vida no mundo produzido em seu gerenciamento pelo regime de inconsciente em questão e que acabam por transformá-lo. Assim ocorre em relação aos mundos produzidos pelo regime de inconsciente colonial-racial-patriarcal-capitalista.

É por meio dos produtos da fábrica de mundo sob o comando do regime de inconsciente dominante e da composição entre eles que toma corpo o modo de existência próprio ao sistema colonial-racial-patriarcal-capitalista. Como vimos, é nesse modo de existência que tal sistema se encarna e é, também, esse modo que sustenta sua reprodução e a concretização de suas metas.

Para concluir esta cartografia em processo do maquinário dessa fábrica sob a gestão de tal regime, farei uma síntese do que já foi abordado acerca de tais produtos.

## Produtos da fábrica de mundos dirigida pelo regime de inconsciente colonial-racial-patriarcal-capitalista

**1º. Desejo predominantemente orientado por uma micropolítica reativa** Uma micropolítica exclusivamente reativa tende a orientar o desejo em suas escolhas e ações, sob o domínio desse regime de inconsciente. Sua principal característica é que, sendo conduzido por um espírito destituído da bússola ética do saber-pulsional, o desejo não tem como guiar-se para criar modos de expressão nos quais a vida viria a se plasmar, de modo a libertá-la de sua asfixia nas formas do presente, pelo fato de estas terem perdido sua alma e seu sentido. No lugar da bússola ética, para conduzir o desejo, o espírito se orienta segundo uma bússola moral que, nesse sistema, como vimos, baseia-se em axiomas, cujo estatuto de verdade absoluta tem no racismo o princípio que os estrutura. Isso faz com que o espírito passe ao largo dos mundos embrionários que se aninham no corpo e o desejo seja levado a reproduzir em suas ações a forma de existência vigente. Em outras palavras, suas ações são conduzidas por um imaginário submetido a tais axiomas, no lugar da imaginação criadora com a qual se dariam os processos de singularização, que resultariam em transformações do *status quo*.

**2º. Um sujeito refém do tráfico de axiomas, que ele projeta sobre as afecções** Um sujeito refém do (narco)tráfico de axiomas, hiperidentificado com tais conceitos entorpecentes, é o que essa máquina produz. Enfeitiçado por seu marketing, ele os consome como um toxicômano, o que o torna servil a seu estatuto de palavras de ordem. Um modo de subjetivação que Freud logrou identificar e decifrar, atribuindo-lhe o nome de “neurose”, criando inclusive um dispositivo clínico para tratá-lo, do qual Freud alimentava seu trabalho teórico a partir das flechas dos afetos que atravessavam seu corpo na relação com os pacientes (o que ele chamou de contratransferência). Um dispositivo ao modo de um ritual iniciático de cura do espírito, que visa conectá-lo com a pulsão, o mesmo que visam, de outras maneiras e com outras tecnologias, os rituais de cura dos Guarani.

Tal dispositivo tem a capacidade potencial de levar à produção de uma cultura subjetiva distinta da cultura da neurose, produzida pelo regime de inconsciente colonial-racial-patriarcal capitalista. Ou seja, uma capacidade potencial de produzir uma pragmática de resistência micropolítica ao regime de inconsciente dominante. Isso implica, indissociavelmente, a produção de uma outra cultura do espírito, uma filosofia que poderíamos qualificar como clínico-ético-estético-política (que Guattari chamou de "ecosofia").

Todavia Freud não pôde vislumbrar essa potência micropolítica de seu dispositivo. Tendo vivido na passagem do século XIX para o século XX, o fundador da psicanálise não teria como se dar conta de que a neurose não é uma política de subjetivação inerente a uma pretensa essência humana, mas produto do regime de inconsciente dominante, em sua versão naquele contexto (regime que, de distintas maneiras, permanece no comando da produção de subjetividade ainda hoje). Pela mesma razão, ele tampouco teria como se dar conta de que é face aos impasses gerados na subjetividade por esse regime que ele inventou a psicanálise como resposta. Isso faz com que parte dos conceitos que Freud propõe em sua cartografia teórica tenham sido criados a partir da própria perspectiva do regime de inconsciente dominante, o gerador de tais impasses, a começar pela ideia de que esse regime seria universal.

Hoje, com a sofisticação tecnológica desta máquina de produção de subjetividade do sistema colonial-racial-patriarcal-capitalista em sua nova dobra, financeirizada e globalitária, suas operações e a violência que lhes é intrínseca se intensificam a tal ponto que se tornam mais evidentes (evidência para a qual a obra de Guattari e também de sua parceria com Deleuze contribuem especialmente).

Isso me leva a sugerir que designemos este modo de subjetivação por "neurose estrutural", lembrando que o racismo é seu princípio estruturante. Não levar isso em conta, mantendo a ideia de que o regime de inconsciente colonial-racial-patriarcal-capitalista é universal, coloca sérios limites à(s) teoria(s) e prática(s) psicanalítica(s). Tais limites e suas consequências serão problematizados mais adiante.

**3º. Um espírito produtor de monocultura ambiental, social e mental** Uma monocultura nos campos não só agrícolas mas também subjetivos e sociais é o que o desejo produz, orientado pelo espírito sob o poder dos conceitos genéricos, pretensamente universais, que o separam da pulsão, conceitos e separação próprios do regime de inconsciente dominante. Do mesmo modo como acontece na monocultura agrícola, que destrói a rede por meio da qual todos os elementos de um ecossistema ambiental interagem entre si, numa orquestração comum, a monocultura produzida pelo espírito em cativeiro esgarça a teia de conexões variáveis entre os elementos (não só humanos) que compõem o ecossistema social, mental e cultural, interrompendo sua orquestração comum.

Em ambos os casos, tal orquestração visa zelar para que a vida se mantenha em sua potência ativa, por meio de uma composição entre instrumentos com distintas matérias, frequência de vibração, timbres e sonoridades, composição que se cria e recria num processo contínuo. Nesse processo, o ecossistema se recicla e se transforma e, junto com ele, transformam-se seus distintos componentes, numa pluralidade de processos de singularização. A destruição da rede de conexões que formam o ecossistema, em ambos os casos, interrompe o movimento de reciclagem da vida, bloqueando os processos de singularização que resultariam de suas interações, impedindo assim a gestação de outros mundos.

Como na monocultura agrícola, onde o que resulta dessa interrupção é o empobrecimento da vida que anima o ecossistema, seu esgotamento e, no limite, seu extermínio, a monocultura nos campos subjetivo e social produzida pelo espírito em cativeiro pode levar, devido à sua devastadora instrumentalização, ao esgotamento da vida.

Diante disso, não basta tomar consciência de que somos parte do ecossistema ambiental, na contracorrente do antropocentrismo que rege nosso pensamento e nosso modo de ser; é preciso resistir no âmbito de nossa própria subjetividade à falácia da episteme antropocêntrica inventada pela cultura ocidental, exercendo um trabalho que nos liberte do domínio da política de subjetivação dominante.

Isso implica reconhecer que a destruição inerente ao projeto colonial-racial-patriarcal-capitalista não se reduz à esfera macropolítica, sua forma manifesta; tal destruição lhe é igualmente inerente na esfera micropolítica na qual se produz sua paisagem na esfera macropolítica. Reconhecer que a obstrução do acesso do espírito aos gérmens de futuro que se aninham em nossos corpos está na origem da destruição na esfera macropolítica, obstrução que gera, inclusive, a peste do fascismo quando atinge seu limite extremo, correndo o risco de ultrapassar o limiar da possibilidade de haver restauração (tal como acontece a partir de certo grau de esgotamento da terra pela monocultura agrícola).

**4º. Formações homogêneas no campo social** O produto social da fábrica de mundos sob a gestão desse regime de inconsciente é uma paisagem homogênea (a mencionada monocultura que resulta das ações do desejo orientadas pelo espírito em cativeiro). A pulsão se vê impedida de exercer-se em sua potência ativa, cuja natureza é intrinsecamente heterogenética: a contínua produção de diferença. Como aqui reitero, obsessivamente, tal potência consiste num processo ilimitado de criação de territórios necessariamente singulares e transitórios, marcados pela finitude. A efetuação de tal processo é o destino ético da pulsão em sua potência ativa, e é desse destino que a pulsão é desviada pela fábrica de mundos comandada pelo regime de inconsciente dominante nesse contexto.

Mas qual é a razão que leva a gestão dessa fábrica de mundos a desviar a pulsão de seu destino ético? A serviço de que ela produz esse desvio?

### Meta da gestão dessa fábrica de mundos: cafetinar a vida em sua potência de transfiguração (base micropolítica da acumulação de capital)

O desvio do destino ético da potência pulsional de produção de formas de existência tem como meta levá-la a produzir, exclusivamente, formas que tragam oportunidades de acumulação de capital econômico e político. Isso implica, indissociavelmente, um sujeito voltado exclusivamente para a acumulação de capital social e narcísico, ideal estabelecido pela invenção daninha da hierarquia racial e sustentado na separação do sujeito dos embriões de seus trans-outros potenciais que o reduz a uma cápsula narcísica blindada ao outro, que o maquinário desse regime de inconsciente produz.

Dito de outro modo, a meta da gestão da fábrica de subjetividade e de sociedade, conduzida pelo regime de inconsciente colonial-racial-patriarcal-capitalista, consiste em cafetinar a vida em sua potência ativa de produção de formas de mundo para torná-la reativa, produzindo variações sobre o mesmo (ao invés de produzir diferença), de modo a operar a serviço de sua capitalização. É, portanto, intrínseco à lógica desse regime separar a força vital daquilo que ela pode, impedindo assim que a vida exerça sua potência de devir. Tal operação perversa se aplica à vida não só da espécie humana, mas à de todos os elementos da biosfera.

O abuso da vida constitui, pois, a meta que orienta o princípio micropolítico da gestão da fábrica de mundos sob o comando desse regime de inconsciente. É para atingir esse objetivo que tal gestão visa produzir reatividade, sustentada na separação entre alma e linguagem, a causa de todas as doenças, como nos ensinam os Guarani. A doença, no caso, é a mencionada normopatia, que decorre de uma intoxicação causada pela neurose estrutural.

O abuso da vida é o que define a violência do capitalismo na esfera micropolítica, que, como vimos, lhe é tão inerente quanto sua violência na esfera macropolítica. Há entre as violências nessas duas esferas uma relação de imanência: uma interferência mútua que não segue uma causalidade unívoca, que, tal como mencionado, caracteriza a relação entre essas duas esferas.

A violência desse sistema na esfera macropolítica, como sabemos, consiste na iniquidade de direitos de acesso a bens materiais e imateriais e na exploração da maior parte da humanidade, assim como de todos os demais componentes do ecossistema. O que nos é menos evidente, como também já mencionado, é que a violência da iniquidade e da exploração inerentes ao capitalismo se sustentam em sua violência na esfera micropolítica. Como vimos, é nessa esfera que, com base na suposta hierarquia racial, se naturaliza e se legitima e, consequentemente, se justifica a iniquidade de direitos, assim como a precarização da vida de uma parcela significativa da humanidade (a parcela destituída desses direitos, precarização que é a base e, também, a consequência de sua exploração por parte daqueles que se encontram no topo da tal hierarquia imaginária que eles mesmos estabeleceram como verdade inconteste).[15]

15. Podemos dizer que o maquinário da fábrica de mundos sob a gestão do regime de inconsciente colonial-patriarcal remonta à Antiguidade Clássica ou Ocidental (sobretudo com Platão). Suas tecnologias se aperfeiçoam ao longo da história do Ocidente europeu, especialmente em quatro períodos. O primeiro tem início em 27 a.C, quando se instala o Império Romano, no qual tal regime de inconsciente toma o comando da fábrica de mundos nos territórios em volta do mar Mediterrâneo na Europa, África e Ásia. O segundo período começa em 390 d.C, quando se funda a Igreja Católica Apostólica como religião oficial do Império Romano. O terceiro tem início no final do século XV, com o empreendimento da colonização, do comércio de africanos escravizados e o início o capitalismo. Nesse período, as categorias supostamente universais, com as quais o espírito sobrecodificava as afecções, eram ainda as da Igreja Católica Apostólica Romana. O quarto período tem início nos séculos XVII e XVIII com o Iluminismo, movimento que, embora

Diante desses dois tipos de violências, indissociáveis na lógica do sistema colonial-racial-patriarcal-capitalista, impõe-se a necessidade de afrontá-lo, indissociavelmente, em ambas as esferas, macro e micropolítca. Esta é uma tarefa indeclinável.

### Por que importa ativar o combate na esfera micropolítica e sua intrínseca relação com o combate na esfera macropolítica?

Se o combate macropolítico contra a iniquidade de direitos e a precarização da maioria é, sem dúvida, indispensável, ao nos limitarmos a resistir nessa esfera, tendemos a nos manter micropoliticamente sob o domínio do regime de inconsciente colonial-racial-patriarcal-capitalista que sustenta tais violências na esfera macropolítica. Lutamos para eliminar ou, pelo menos, diminuir o abismo entre os diversos escalões da nefasta hierarquia imaginária, inerente às noções de raça, gênero e classe, entre outras, colocando barreiras à exploração, mas nosso espírito tende a manter-se submetido a tais noções que, inconscientemente, seguem conduzindo nosso desejo e suas manifestações em todos os âmbitos da existência. E mesmo quando somos conscientes da toxicidade de tais noções e, inclusive, as problematizamos no plano teórico, tendemos a manter a hierarquia racial estruturando nosso imaginário, apenas substituindo o desprezo pelo outro por sua idealização, o que não muda nada já que ambos os sentimentos emanam de projeções de nosso espírito em cativeiro, que fazem de nossas teorias sedutoras retóricas destituídas de alma.

Em outros termos, ao não considerar a resistência necessária na esfera micropolítica, tendemos a permanecer aprisionados no cativeiro da neurose estrutural por obra de nosso próprio desejo, blindados aos efeitos do outro (humano e não humano) na potência vital de nossos corpos. Dissociados de nossos trans-outros

visasse problematizar a fé religiosa, deu à razão o lugar de bússola maior do espírito, o mantendo separado das afecções e as sobrecodificando com conceitos supostamente universais, agora muito mais credíveis, já que destituídos dos dogmas da fé.

latentes, seguimos mantendo o outro na condição de tela de nossas projeções sobrecodificadoras, não operando transformação alguma que incorpore os efeitos de sua presença viva em nossos corpos. Muda apenas o modo como fantasiamos nossa própria posição em relação às demais posições na hierarquia imaginária, o que pressupõe a denegação do abismo que nos separa concretamente, por obra da trapaça dessa hierarquia, permanecendo assim sob seu feitiço.

É isso o que tende a acontecer nas tradições de luta das esquerdas, especialmente as institucionalizadas, pela tendência de seus agentes (sobretudo os brancos e, entre eles, os homens) de se manterem majoritariamente sob o domínio desse mesmo regime de inconsciente, separados de sua condição de viventes. Separados, portanto, dos efeitos de suas interações com os demais viventes e ignorando a rede que forma o campo do comum. À raiz disso, tais militantes tendem a ignorar que é nessa rede que se realizam os processos coletivos de criação que transformam a realidade e a si mesmos, de modo que a vida do ecossistema ambiental, social e mental (ou subjetivo) retome um ritmo em seu fluxo. Não levar em consideração que essa é a fonte das mudanças efetivas das formações no campo social na esfera macropolítica os leva, muitas vezes, a conceber ideias e estratégias inadequadas para enfrentar os impasses do presente inclusive nessa esfera.

Provavelmente, esta é a razão pela qual as esquerdas se sintam, hoje, tão perdidas diante da sofisticação das estratégias micropolíticas do neoliberalismo; provável razão, também, de muitos de seus militantes se sentirem igualmente perdidos diante dos movimentos sociais da atualidade que agregam uma dimensão micropolítica a seu ativismo. Para defender-se de seu desconforto, alguns demonizam tais movimentos, considerando que sua atuação é da ordem da esfera privada, ideia que tem como base sua subjetividade dissociada de seus trans-outros virtuais, de cuja perspectiva definem tanto a comunidade quanto os sujeitos, considerando que tudo o que é da ordem da subjetividade teria a ver com o interesse individual, que, dessa perspectiva, se oporia irresponsavelmente ao interesse coletivo. Outros, mantendo-se nessa mesma perspectiva, tentam encontrar uma posição mais conciliadora, por exemplo, fazendo uma manobra teórica mirabolante para encaixar os grupos sociais protagonistas de tais movimentos na noção de classe (as classes dos negros, dos indígenas, das mulheres, dos LGBTQIA+ e assim por diante).

Diferentemente disso, os mencionados governos de uma nova esquerda, recém-eleitos no Chile e na Colômbia, que emergiram dos movimentos desses grupos sociais, traçaram um programa político que, tal como referido, leva em consideração as esferas macro e micropolítica de suas reivindicações – ou seja, um programa cujo foco vai além da tarefa essencial de enfrentar a inequidade dos direitos civis, programa do qual pode advir um novo tipo de governabilidade. São programas muito distintos daqueles dos governos da esquerda tradicional na região em suas diferentes versões,[16] os quais reproduzem o tipo de governabilidade das sociedades ocidentais e ocidentalizadas: seja o Estado democrático, como no caso da Bolívia (caso também dos governos de esquerda no Brasil e na Argentina), seja o totalitarismo, como no caso de Cuba e, mais recentemente, da Venezuela e do Equador.

Vale assinalar que, no seio desses próprios movimentos, há um confronto entre, de um lado, aqueles que articulam as dimensões macro e micropolítica em suas ideias e ações e, de outro, aqueles cujas ideias e ações são exclusivamente orientadas pela perspectiva macropolítica, limitando-se à reivindicação de direito à sua existência, direito que, embora essencial, é por eles entendido como direito à identidade civil (as chamadas lutas identitárias), o que apenas reajusta a cartografia vigente, mantendo tudo no mesmo lugar.

O desafio da insurreição micropolítica consiste em ocupar a fábrica de mundos e tomar o comando de sua gestão, imaginando e praticando modos de ser a partir das interações que se dão no comum, modos que libertem o desejo de sua colonização. Essa é

16. Ver nota 12.

a tarefa que se impõe a nós nessa esfera para lograrmos liberar a vida de sua capitalização cafetina, sem o que não há possibilidade de nos deslocarmos, efetivamente, do estado atual das coisas.

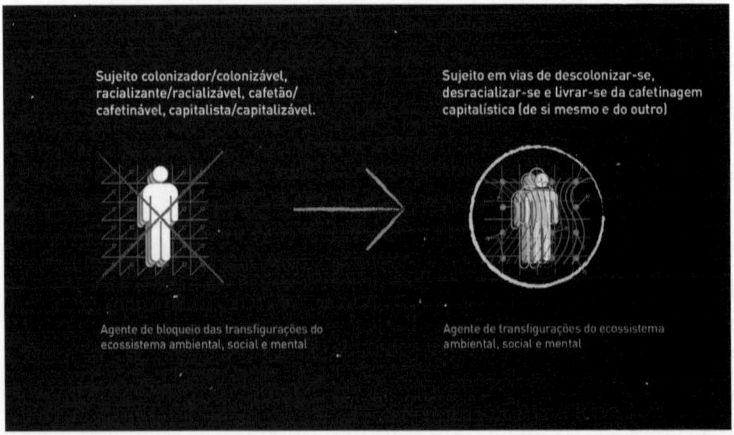


Figura 7

Nas Américas, as cosmovisões dos povos originários e afrodescendentes são portadoras de valiosos instrumentos para atuar na esfera micropolítica e enfrentar o desafio da tarefa em questão. É que tais culturas são guiadas por uma perspectiva de relação com a vida orientada por uma micropolítica ativa, com uma pluralidade de dispositivos socioculturais que incentivam o cultivo de micropolíticas ativas e de outros que interrompem a proliferação de micropolíticas reativas.

É verdade que aqueles entre nós, brancos das classes médias e altas, que não estão completamente blindados já começam a considerar os instrumentos que nos trazem esses povos, dado seu ativismo cada vez mais potente em nosso continente, com sua voz soando cada vez mais audível na cena pública. O problema é que não basta apenas ouvi-los: é fundamental atentarmos para os afetos (os avaliadores de seus efeitos em nosso estado vital) e agirmos a partir do que tais afetos nos indicam para que, juntos, possamos interferir na esfera micropolítica – com os instrumentos e linguagens próprios a cada grupo social e os distintos modos e graus em que o trauma da colonização do desejo age em suas respectivas subjetividades.

Entre nós, brancos das classes médias e altas de formação europeia, a psicanálise é um dos raros dispositivos socioculturais de que dispomos portadores de tais instrumentos. Entretanto, como aqui insisto quase obsessivamente, o não reconhecimento por parte da maioria dos analistas da relação intrínseca da neurose com o contexto histórico a que está atrelada coloca barreiras para que se ative a potência micropolítica do trabalho com o inconsciente.

### Por que importa reconhecer que a neurose é o modo de subjetivação dominante sob o regime de inconsciente colonial-racial-patriarcal-capitalista?

A neurose estrutural é singular em cada sujeito, pois é singular o leque de potências vitais de que cada corpo é portador – sua língua, sua história, a posição que ocupa na ficção tóxica da hierarquia racial etc. São igualmente singulares os traumas que abalam tais potências e, pelo fato de seu espírito estar destituído do acesso às afecções, sensações corporais desse abalo no estado vital do sujeito (obstrução que, como vimos, é uma das engrenagens centrais do maquinário de produção de mundos sob a gestão do regime de inconsciente colonial-racial-patriarcal-capitalista), as ideias que cada sujeito projeta sobre as causas desse abalo são inadequadas. Assim como são igualmente singulares as defesas que cada sujeito inventa, conduzido por estas ideias inadequadas, para fazer face a esses efeitos e, também, o personagem que ele constrói a partir de tais ideias e defesas, com o qual se autodefine em sua experiência como "um" eu-mesmo que ele considera como único e permanente. É com este personagem que o sujeito neurótico atua em seus campos relacionais, reproduzindo esta política de subjetivação e a arquitetura da teia social que se desenha em sua relação com o outro.

Contudo a causa da neurose em suas diferentes versões é comum a todas elas: ela decorre das caraterísticas próprias do tipo de sujeito produzido pelas referidas engrenagens da fábrica de mundos conduzida pelo regime de inconsciente dominante. Esta é a razão de ter proposto qualificar a neurose de estrutural. Tal como mencionado, é essa política de subjetivação que provê ao sistema colonial-capitalista a consistência existencial que o sustenta e na qual se concretiza.

O dispositivo psicanalítico constitui, em princípio, um território ritual de experimentação relacional que viabiliza a desobstrução do acesso do espírito às afecções, para exercer-se como afeto que as avalia, produzindo ideias adequadas acerca da sua causa. Nessa desobstrução vai se construindo no sujeito um lugar menos submetido ao cativeiro da neurose, permitindo que surjam ideias mais adequadas acerca de si mesmo em sua relação com o mundo, das potências próprias de seu corpo singular e das composições que lhe trazem afetos alegres e daquelas que lhe trazem afetos tristes. É isto o que servirá de guia do desejo em suas escolhas e ações. Tal construção se dá simultaneamente a uma certa desconstrução do lugar gerado pelas ideias inadequadas inerentes à neurose.

Há, contudo, um detalhe acerca dessa construção/desconstrução que faz toda a diferença: se o trabalho analítico não incorpora, em sua arquitetura conceitual e sua prática, o reconhecimento da colonização do desejo pelo regime de inconsciente dominante, tal construção não ultrapassa as fronteiras do mundo que este regime produz. Sendo assim, o dispositivo psicanalítico acaba atuando para melhor adaptar os sujeitos a esse mundo.

O não reconhecimento, por parte do analista, de que a neurose é o modo de subjetivação dominante na cultura moderna ocidental, sob a gestão do regime de inconsciente colonial-racial-patriarcal-capitalista, é sintoma de sua própria separação dos gérmens de seus trans-outros, o que o leva à identificação acrítica com a suposta universalidade desse regime (lembrando que tal separação, assim como a ideia inadequada de um modo de ser universal constituem engrenagens do maquinário da fábrica de si e do mundo sob o domínio desse regime em seu gerenciamento). Ao operar a partir desse ponto cego, o trabalho de análise corre o risco de contribuir para que aqueles que se dispõem a essa experiência se mantenham sob o poder do modo dominante de produção de si e do mundo em nossa cultura, como se fosse o destino incontornável da condição humana.

Dessa perspectiva, o que a análise pode lhes proporcionar é apenas o reconhecimento da dinâmica de sua neurose e a conquista de uma certa capacidade de administrá-la. É verdade que isso não é pouca coisa, pois lhes permite atenuar o poder de suas ideias inadequadas e suas defesas, no mínimo daquelas que mais empobrecem sua existência e o impregnam de angústia. Com isso, de fato, se potencializa, em certa medida, sua força pulsional, ampliando sua possibilidade de interagir no jogo social.

Contudo, a mera destreza para administrar sua neurose não lhe permite ir além do reconhecimento do Eu-mesmo e do mundo vigentes que lhes são familiares, com os quais possa assim ficar mais confortável. É precisamente a esta recognição que o sujeito está condenado por seu cativeiro na neurose estrutural, mesmo que atenuada em seus efeitos mais nefastos. É que essa destreza não lhe oferece uma chance de exercer o espírito em sua plena potência ativa, para estar à altura dos embriões de futuro de si e do mundo que se aninham em seu corpo. Em outros termos, uma chance efetiva de retomar em mãos as rédeas da pulsão, de modo a fazer escolhas orientadas pela perspectiva pulsional em suas interações no ecossistema, geradoras de tais embriões.

Só assim o sujeito tem uma chance de tornar-se um agente ativo do ecossistema, já que o movimento orientado pelas rédeas da pulsão se dá num campo relacional, e tomá-las em mão significa participar da criação coletiva de outros modos de existência, face aos impasses com que a vida se choca. Neste processo de criação, se produzem devires do sujeito e das cartografias socioculturais em curso e, aos poucos, um outro regime de inconsciente passa a governar a máquina de produção de si e do mundo.

Em resumo, para que o sujeito tenha essa chance, o trabalho com o inconsciente deve levá-lo a desfazer-se da neurose estrutural e não apenas à capacidade de geri-la melhor. Ora, o dispositivo analítico, tal como tende a ser entendido e praticado, não tem como lhe oferecer essa chance, pelo fato de seu horizonte estar restrito à própria neurose, tomada como modo de subjetivação supostamente universal da espécie humana. E se digo "uma chance", é porque embarcar nesse processo não é óbvio, precisamente pelo poder desse regime de inconsciente sobre o desejo de todos nós sujeitos das sociedades ocidentais e ocidentalizadas.

É por essa razão que faz toda a diferença saber que esse regime não é universal. Portanto, dispor-se a transformar o modo de subjetivação produzido pelo dito regime, inseparável de seus respectivos campos relacionais, é não só possível, mas necessário, desde que nos posicionemos da perspectiva da vida. Faz toda a diferença saber, sobretudo, que romper aspectos do pacto social que sufocam a vida não faz do sujeito um pária, fantasia decorrente da ideia inadequada da suposta universalidade de tal pacto, ideia cujo princípio organizador é a hierarquia racial, esta ficção tóxica que nos faz crer que o rompimento deste pacto traria o risco de estigmatização e exclusão e, no limite, de morte.

Se a estigmatização daqueles que se desviam desse regime tende, de fato, a ocorrer, faz diferença saber que a causa de tal julgamento não está em nós, mas na perspectiva que rege os sujeitos especialmente submetidos às categorias pretensamente universais do modo de existência dominante. Saber, sobretudo, que há uma outra comunidade, que atravessa os cinco séculos sob esse regime, especialmente ativa no presente (como em outros momentos ao longo destes séculos), que se constitui de uma multiplicidade de teias que se constroem, se desconstroem e se reconstroem com outras arquiteturas, produzindo diferenciações a partir dos afetos da diversidade que compõe o ecossistema ambiental, social e mental.

Os sujeitos que participam dessa comunidade empenham-se, de distintas maneiras, em quebrar o feitiço da suposta universalidade que se sobrepõe a esses processos de diferenciação (isto é, de singularização), quebrá-lo para conseguir colocar-se à altura da pulsão. Dito de outro modo, eles buscam deslocar-se o mais possível de seu papel de agente reativo do ecossistema (que reproduz, com seu próprio desejo, as formas de existência dominantes) para o papel de agente ativo (que participa de suas transformações, sempre que necessário).

Na multiplicidade de desvios que essa comunidade promove no regime de inconsciente em questão geram-se as condições para o estabelecimento de um novo pacto social. Para tal comunidade, a coragem de empenhar-se em quebrar o feitiço do pacto vigente não faz do sujeito um pária; pelo contrário, é precisamente isto o que lhe traz dignidade, nobreza e respeitabilidade, qualidades que se definem em função de sua participação ativa nesse esforço coletivo a serviço da vida.

Não seria fundamentalmente nesse empenho que residiria a ética do trabalho com o inconsciente? Não seria essa ética o que se pretende exercer no território ritual que se estabelece para esse fim? Afinal, não seria essa ética o que se almeja que possam exercer, o mais possível, aqueles que se dispõem a esse trabalho? Seria, então, essa a ética da psicanálise?

Se entendemos assim a ética da psicanálise, faz sentido pensar, como aqui sugerido, que uma potência de resistência micropolítica pulsa em sua fundação. Esta seria a contribuição fundamental de Freud. Porém tal potência encontra-se apenas virtualmente em sua obra; sinais dessa potência emergem em algumas de suas passagens, mas logo desaparecem nas passagens seguintes e reemergem mais adiante. Sendo um homem da transição entre os séculos XIX e o XX, há em seus textos uma oscilação entre, de um lado, conceitos criados a partir da perspectiva dessa potência micropolítica e, de outro, conceitos que, como aludido, foram gerados a partir da própria perspectiva do regime de inconsciente dominante e da ideia tóxica de que este regime seria universal, ideia central na definição dessa perspectiva. O problema é que a história da psicanálise privilegiou esta segunda tendência: com algumas e poderosas exceções, sua potência micropolítica é jamais considerada, permanecendo ainda hoje como uma força clandestina de seu dispositivo, soterrada sob recalque (o que decorre da mencionada identificação acrítica dos analistas com o regime de inconsciente dominante). Se isso faz sentido, cabe a nós separar o joio do trigo e ativar essa força no presente.

A ativação da força micropolítica não consiste em acrescentar consciência (macro)política ao saber psicanalítico. Embora tal consciência seja muito bem-vinda, e, mais do que isso, crucial, e que micro e macropolítica se interfiram mutuamente, elas correspondem a duas esferas distintas da realidade que requerem operações pragmáticas distintas, assim como ferramentas teóricas específicas. Diferentemente disso, a ativação dessa força consiste em exercer a potência micropolítica própria do trabalho com o inconsciente: desfazer o regime de inconsciente que conduz a política de desejo e de subjetivação que sustenta o sistema colonial-racial-patriarcal-capitalista. Desfazê-lo requer que se exerça esse trabalho com o inconsciente não só como ofício – seja na esfera privada do *setting* tradicional dos consultórios, das clínicas e dos hospitais, seja na esfera pública das instituições de saúde, ou mesmo em espaços abertos das cidades, como praças, comunidades marginalizadas e outros. Mas desfazê-lo também, e fundamentalmente, como perspectiva a orientar as escolhas e ações em todos os âmbitos da existência individual e coletiva (a começar por nossas próprias escolhas e ações).

É a partir dessa perspectiva que a psicanálise tem como abandonar seus dogmas oriundos da permanência do regime de inconsciente dominante em seus conceitos, para transfigurar-se, de modo a se constituir como uma ciência humana clínica que decifra a realidade individual e social, levando em conta a lógica inconsciente de sua produção e reprodução, assim como de suas transformações, criadas em resposta àquilo que a vida pede diante dos efeitos da interação dos sujeitos humanos com as forças variáveis dos demais componentes do ecossistema ambiental, social e mental.

No modo de operar dessa ciência não cientificista, a criação conceitual no trabalho com o inconsciente, indissociável de uma pragmática, deixa de encarnar-se em reajustes da neurose estrutural para melhor adaptar-se a ela, para se encarnar em linhas de fuga da realidade subjetiva e social vigente. Em outras palavras, a criação conceitual assim praticada participa da germinação dos embriões de futuro, concebidos nas interações no campo relacional. O fazer teórico torna-se, assim, indissociável de uma pragmática de transformação da realidade, o que envolve a transformação do regime de inconsciente dominante produtor da neurose estrutural, que bloqueia a germinação desses futuros larvares. Isso torna o modo de operar desse dispositivo, inseparavelmente, clínico, ético, estético e político.

Assim considerada e transfigurada, a psicanálise consiste num dispositivo valioso para atuar na esfera micropolítica do combate coletivo à violência intrínseca ao atual estado de coisas. Um dispositivo entre outros, e de igual valor, que atuam nessa esfera (sobretudo aqueles operados por epistemes não eurocêntricas, tais como as aqui evocadas) e que interagem, se complementam e se articulam com outros tantos dispositivos que atuam na esfera macropolítica.

Entretanto uma pergunta fundamental se coloca se adotamos a perspectiva da transfiguração desse dispositivo de trabalho com o inconsciente: faz sentido manter o termo "psicanálise" para nomeá-lo, tendo em vista o que prevalece sob este nome? Ou seria mais preciso – e, sobretudo, mais eficaz – substituí-lo por outro termo, como o fizeram Guattari e Deleuze ao lhe atribuir o nome de "esquizoanálise"?

Este seria um problema menor ou mesmo um falso problema se considerado como uma simples questão de nome, para se diferenciar de outro nome, pois o que importa não é o nome em si, mas a alma de que esse nome é portador (como nos ensinam os Guarani). Problema mais falso ainda se considerado do ponto de vista da disputa de poder entre escolas, sociedades ou disciplinas dedicadas ao trabalho com o inconsciente que competem pelo troféu de arautos de uma suposta verdade universal e, portanto, pelo poder soberano (ideia que emerge de uma das engrenagens da fábrica de mundos dirigida pelo regime de inconsciente dominante que o trabalho na esfera micropolítica visaria dissolver).

A esquizoanálise não é uma escola, tampouco uma sociedade ou uma nova disciplina; ela é um estado de espírito,[17] no qual ele busca exercer sua potência ativa na condução de nossa existência. Sendo assim, como em relação a qualquer decisão conceitual pensada dessa perspectiva, manter ou não o nome de psicanálise deve ser considerado estrategicamente em função de cada situação na qual tal nome se enuncia, avaliando as forças em jogo em sua esfera micropolítica: não só as forças em disputa no próprio campo institucional da psicanálise, da assim chamada "saúde mental" ou da universidade, mas, mais amplamente, as forças em disputa nos diferentes setores do campo social.

Desta perspectiva, a palavra que se escolhe para designar esse dispositivo deve ser aquela com maior poder de transmitir sua alma nesses diferentes âmbitos, com suas diferentes linguagens, o que aumenta seu poder de contágio. Além disso, criam-se assim as condições de uma aliança com as forças que atuam micropoliticamente em cada contexto (como é o caso dos movimentos sociais aqui referidos), o que gera uma potencialização recíproca e a criação de teias favoráveis à emergência de um novo cenário. A propósito, não seria esta a função primordial desse dispositivo?

Se a decisão se inclina pela substituição do nome na intenção de manter ativa a força micropolítica do trabalho com o inconsciente e seu poder de proliferação, convém lembrar que nada garante que isso ocorra. Basta tomar como exemplo os destinos do termo esquizoanálise, proposto por Guattari e Deleuze para dar nome ao território inaugurado com o vigoroso trabalho de problematização da psicanálise operado em sua obra conjunta. Uma problematização que já vinha se operando radicalmente na obra teórica de Guattari, indissociavelmente conectada com suas práticas clínicas e ativistas, desde sua juventude nos anos

17. Frase de Paul Bretecher, na série *A esquizoanálise para Guattari*.

1950. As imagens conceituais que ele havia criado até então para tal problematização ganharam, em sua parceria com Deleuze, uma língua mais decantada e, por isso, mais serena (como diz o próprio Deleuze em uma entrevista, ao que eu acrescentaria mais bem-humorada). Por ser assim, esta língua foi (e continua sendo) capaz de contaminar mais sujeitos (incluindo aqueles cujo espírito se expressa na língua da filosofia ocidental), o que ampliou o horizonte de sua proliferação. É importante lembrar que tais imagens conceituais e sua proliferação devem-se, igualmente, ao agenciamento coletivo de enunciação que deu origem ao movimento que agitou a França no final dos anos 1960, contexto em que aconteceu o encontro dessa dupla e o início de sua obra conjunta, que participou de tais agenciamentos com valiosos enunciados clínico-político-filosóficos.

Por um lado, é inegável o caráter certeiro dessa decisão da dupla G&D: o campo de enunciação na psicanálise encontrava-se a tal ponto cristalizado, como diz o próprio Guattari numa entrevista,[18] que, sem criar um outro nome para o dispositivo de trabalho com o inconsciente, a ativação de sua potência micropolítica não teria poder de contágio. Em outras palavras, o trabalho com o inconsciente permaneceria desprovido de sua potência de ato essencialmente herético que, orientado pela vida, visa produzir a transvaloração dos valores estabelecidos – exatamente o que define sua potência micropolítica.

Os enunciados produzidos pela ativação da potência micropolítica do dispositivo analítico correriam, assim, o risco de perder sua alma. Um risco decorrente da submissão gozosa dos sujeitos ao regime de inconsciente dominante (da qual os analistas não escapam), cuja blindagem narcísica, própria da política de subjetivação sob esse regime, não lhes permitiria o acesso aos efeitos desestabilizadores de tais enunciados. Para defender-se desses efeitos, a tendência seria a de demonizar tais enunciados

18. O *divã de Guattari* (1986), entrevista a Danielle Sivadon. Legendas em português por Anderson Santos e Peter Pál Pelbart. Disponível online.

ou de incorporá-los desprovidos de sua alma ao circuito fechado da cartografia teórico-pragmática da psicanálise, fantasiando que eles já estariam nela presentes.

Com essa ideia inadequada, não se reconheceria a urgência de redesenhar a arquitetura do dispositivo psicanalítico, de modo a colocar em seu centro o exercício de sua potência micropolítica. Esvaziado da alma do agenciamento de enunciação que deu origem aos enunciados que trazem o nome de psicanálise (ainda que misturados com ideias inadequadas para dar corpo à referida alma), manter este nome para designá-lo não teria a força de libertar de seu recalque a potência de que é portador. Libertar essa potência para que pudesse ser ativada no presente, criando-se outros enunciados a partir de novos agenciamentos de enunciação, de modo a avançar na desmontagem do regime de inconsciente dominante.

A prova de que os autores acertaram em sua decisão é que ela teve na época – e continua tendo ainda hoje – efeitos contundentes de ativação dessa potência em várias regiões do mundo (especialmente na América Latina) e não só no campo da psicanálise. Nesse campo específico, dita potência foi bastante ativada no Brasil, desde os anos 1980 das viagens de Guattari ao país; o que vem acontecendo cada vez mais intensa e apuradamente na última década, por grupos de jovens analistas, em iniciativas independentes das instituições oficiais, sejam elas psicanalíticas ou acadêmicas. Eles instauram clínicas coletivas nas zonas marginalizadas das cidades, dispondo-se a redesenhar teórica e pragmaticamente o dispositivo do trabalho com o inconsciente, em função dos afetos que resultam da trama relacional que se tece entre eles e seus interlocutores nessas zonas – na maioria dos casos, situados em posições distintas das assim chamadas classes, raças etc. na tal hierarquia enganosa e, portanto, portadores de outras frequências de vibração, outros tipos de eu-mesmo, outros mundos, outras línguas. É nesta trama que se traçam linhas de fuga da situação inicialmente compartilhada.

É essa disposição o que diferencia tais iniciativas, pois, como já mencionado, não basta levar o dispositivo psicanalítico para fora de seu exercício tradicional nos consultórios ou nas instituições de saúde mental se o trabalho não consistir em redesenhá-lo por efeito dos agenciamentos coletivos de enunciação que surgem dos encontros que acontecem nesses contextos. Em síntese, em tais iniciativas busca-se exercer a potência micropolítica recalcada na psicanálise, operando um trabalho de descolonização do inconsciente, não só dos próprios psicanalistas e seu dispositivo teórico-pragmático, mas também dos contextos em que atuam.

Entre estas iniciativas, destacam-se aquelas empreendidas por psicanalistas afro-brasileiros, que ativam a potência micropolítica da psicanálise, por meio de sua composição com a potência micropolítica de que são portadoras suas tradições ancestrais, que vêm sendo igualmente ativadas e atualizadas no presente. A isso se acresce sua consciência aguda do papel central que o racismo tem, no país, na estruturação da subjetividade e nas formações do inconsciente do campo social. Nesta composição entre a psicanálise e tais cosmologias se desenham novas cartografias conceituais, distintas de ambas tradições, as quais incorporam aportes de psicanalistas, antropólogos e historiadores afro-brasileiros de gerações anteriores (principalmente mulheres)[19] que já vinham trabalhando nessa direção, bem como de psicanalistas afrodescendentes de outros países (como é, especialmente, o caso de Franz Fanon, uma das referências fundamentais dessa nova geração de analistas).

Em alguns casos, são inclusive incorporados aportes da obra de Guattari e de sua parceria com Deleuze, bem como da mencionada vertente filosófica na qual se inscreve seu pensamento (sobretudo as obras de Espinoza e de Nietzsche). Mas, independentemente de essas iniciativas estabelecerem ou não um elo explícito com a obra de tais pensadores, esse elo existe virtualmente pela sintonia que há entre ambas, a qual reverbera nas marcas dos efeitos das repetidas vindas de Guattari ao país na

19. Lélia Gonzalez, Neusa Santos Souza e Beatriz Nascimento são exemplos, entre outros, dessas autoras e ativistas.

memória daqueles que com ele conviveram, nos diferentes encontros coletivos que tiveram lugar nessas viagens ou que leram o testemunho de parte destes encontros no livro *Micropolítica: cartografias do desejo*. [20]

Prova ainda maior do acerto da decisão de Guattari e Deleuze de atribuírem outro nome a esse dispositivo é o fato de que a ativação dessa potência de resistência ao regime de inconsciente dominante, como aqui já relatado, não tem acontecido apenas no âmbito da psicanálise; ela encontra fortes ressonâncias nos mencionados movimentos sociais de um novo tipo que agregam a esfera micropolítica a seu ativismo. Nesses movimentos, ganha fôlego a atualização de futuros virtuais que apenas começava a esboçar-se na época em que Guattari e Deleuze escreveram sua obra e que eles souberam captar e nomear à sua maneira, participando assim da construção deste futuro que já é nosso presente (embora em vias de construção e restrito a certos setores da sociedade). Evidentemente, tais movimentos não têm necessariamente estes autores entre suas referências, mas sem dúvida compartilham com eles uma exigência que o ar do tempo nos impõe (exigência para cujo enfrentamento são distintas as gramáticas, em função do lugar que se ocupa na cartografia social dominante).

Por outro lado, entretanto, é também inegável que o termo esquizoanálise teve um destino oposto, como acontece inevitavelmente com conceitos que trazem uma potência de transformação. Como já aqui abordado, é comum o termo esquizoanálise ser assumido por terapeutas como um novo conceito genérico, nome do discurso de um novo mestre que estes consomem como fetiche, na esperança de acumular capital social e narcísico. O termo ganha assim a função de um novo operador de sobrecodificação que o espírito adota, em substituição a outros, o que perpetua sua separação daquilo que a vida nos exige, por estar impedido de exercer-se

20. Félix Guattari e Suely Rolnik, *Micropolítica: cartografias do desejo*. Petrópolis: Vozes, 1986. Uma nova edição deste livro, revisada e acrescida do texto "De 1982 a 2021: uma carta a Guattari" (posfácio à sua edição japonesa), será publicada pela editora n-1, em 2023.

ativamente como saber-do-afeto na condução do desejo. Isso contribui para manter tais terapeutas (e, consequentemente, aqueles que chegam a seus consultórios) dissociados de seus trans-outros latentes, entregues à normopatia da neurose estrutural.

A fetichização da esquizoanálise mobiliza nesses indivíduos a sensação de pertencimento a uma Sociedade (para não dizer seita), portadora da verdade universal repaginada na Paris contemporânea (agora, aliás, já não tão contemporânea), que eles exibem como credencial que lhes daria acesso aos escalões superiores da hierarquia imaginária (neste caso, às castas tais como se apresentam nos terrenos clínico e acadêmico) que intoxica as relações sociais. O crachá lhes traz a esperança de aumentar o tal capital social e narcísico. Estabelecer este tipo de identificação acrítica com a esquizoanálise, esvaziada de sua alma, constitui mais uma das infinitas artimanhas para esquivar-se do trabalho complexo e sutil necessário para livrar-se da neurose estrutural, o que é próprio de sujeitos que se mantêm obstinadamente sob o domínio do regime de inconsciente colonial-racial-patriarcal-capitalista.

Pouco importa este triste destino do termo esquizoanálise, como de outros conceitos da dupla G&D, assim como dos conceitos de outros pensadores com igual força insurrecional, cuja alma se tenta igualmente descartar para neutralizá-los. Não se trata de agarrar-se a este nome como se dele dependesse a possibilidade de ativar a potência micropolítica do trabalho com o inconsciente, para o qual ele foi concebido nos anos 1970 e 1980. O que importa é seguir exercendo tal potência e, sempre e quando necessário, atribuir a esse exercício outros nomes que transmitam essa potência com poder de contágio (como acima referido, esta é uma decisão estratégica que se dá em função do contexto).

É com o propósito de contribuir para o exercício desta potência que compartilho, aqui, algumas sugestões nessa direção. Sugestões que possam somar-se a tantas outras advindas não só do campo específico da clínica, mas sobretudo dos movimentos sociais que agregam a dimensão micropolítica a seu ativismo no enfrentamento do sinistro estado de coisas do presente.

## Um último detalhe

Volto, por fim, ao título deste ensaio, para assinalar um curioso elo entre Guattari e os Guarani: seu nome. Não só os termos *guatary* e *guetari* existem no idioma guarani, mas o próprio sentido de cada um deles é portador de uma sintonia de frequência de vibração entre o mundo dos Guarani e o mundo que Guattari dedicou-se a construir, ao longo de sua vida, sempre junto com outros, em agenciamentos coletivos que variaram segundo diferentes momentos e contextos.

O primeiro vocábulo, *guatary*, é composto da conexão entre dois termos: *guata*, que significa "caminhar", e *ry*, que significa "fluxo". Trata-se da junção entre caminhar e fluxo, cuja tradução seria "o caminhar no fluxo", que podemos entender como o caminho que se traça no fluxo da fita de Moebius pulsional. O segundo vocábulo, *guetari*, significa "ainda". Juntando ambos, Guattari significa um caminhar que não se dá no espaço nem no tempo cronológico, mas no fluxo pulsional de mutação de si e do mundo, no qual há sempre um "ainda" – ou seja, o devir nunca se esgota.

Ora, isto descreve precisamente a perspectiva que conduziu o modo de viver daquele que recebeu este nome e, inextricavelmente, a invenção de seus conceitos e de tudo mais que criou no transcurso de sua existência. É isto o que o situa entre os tais ancestrais brancos europeus: outros tantos Guattaris que ousaram colocar-se fora do encosto da tradição moderna ocidental eurocêntrica e, dessa perspectiva, construíram ferramentas conceituais-pragmáticas para exorcizar esse feitiço, de modo a desativar o regime de inconsciente colonial-racial-patriarcal-capitalista próprio a essa tradição. Tal perspectiva, assumida como herança e reiteradamente defendida neste ensaio, poderia ser sinteticamente descrita como o ponto de vista da pulsão em seu exercício ativo: potência de transfiguração e criação de novos territórios. A potência que, como vimos, foi (e continua sendo) desviada de seu destino ético pelo regime de inconsciente dominante na referida tradição, para ser instrumentalizada a serviço da acumulação de capital.

É nessa perspectiva que Guattari se encontra com os Guarani, confluência que se apresenta curiosamente no significado de seu nome na língua desse povo indígena. Tal perspectiva é uma das camadas do agenciamento que se operou, em mim, entre as sensações dos efeitos de meu encontro com os vocábulos desse idioma e as marcas desse pensador inscritas na memória de meu corpo, apesar da diferença abissal entre seus (nossos) respectivos mundos. Uma diferença marcada pela violência da hierarquia colonial e racial que os (nos) separa e que naturaliza o privilégio desse branco europeu (privilégio que é também de nós brancos das não tão "ex" colônias) e a precarização dos Guarani (assim como a de todos os povos indígenas e dos demais setores sociais colocados pelo regime de inconsciente dominante nos níveis inferiores dessa suposta hierarquia, fruto de um imaginário tóxico, que com ele se instaurou).

Tecer teias nesse abismo entre mundos, de modo que a confluência entre eles se faça presente e outros mundos possam emergir desse encontro, não é nem um pouco evidente, sobretudo para quem se situa no topo ou próximo a ele na tal hierarquia trapaceira. É muito fácil para nós brancos nos mantermos neste lugar privilegiado numa farsa politicamente correta, legitimada pela retórica acadêmica ou pelo sistema da arte e outras tantas instituições de nossa cultura, abordando até a exaustão as "questões" do chamado decolonial, bem como do racismo, da misoginia, da transfobia etc. Ora, questões, como o próprio nome indica, situam-se no logos e nada garante que elas sejam portadoras de alma, o que depende do espírito que as enuncia estar conectado à pulsão. Tais questões podem estar confinadas na torre de nosso logocentrismo, que nos mantém blindados ao outro, contemplando do alto de suas janelas o abismo que nos separa. E tudo permanece no mesmo lugar, com a vantagem de nos aboletarmos no conforto da boa consciência.

O caminho para construir mundos, a partir das reverberações que transpõem o tal abismo, é cheio de idas e vindas, equívocos de rota, tropeços em pontos cegos e outros tantos riscos. Mas dispor-se a percorrê-lo é a exigência ética que só pode ser enfrentada coletivamente, embora isso dependa de que ela seja exercida singularmente por cada sujeito. Tal enfrentamento se dá num processo experimental de criação, orientado por aquilo que emerge das teias que vão sendo tecidas entre potências e epistemes singulares que, de distintos modos e com diferentes linguagens, colaboram para realizar o descarrego colonial[21] de modo a devolver à vida sua força ativa.

21. A ideia de que tais movimentos operam um "descarrego colonial" me ocorreu numa conversa com Richard Santos, na qual ele usou a expressão "estar fora do carrego colonial", referindo-se àqueles que logram quebrar o feitiço que o regime de inconsciente colonial-racial-patriarcal-capitalista exerce sobre os sujeitos.

## Sobre os autores

**Ana Carolina Minozzo** é pesquisadora no *PhD Psychosocial Studies. Birkbeck, University of London,* clinical trainee no *The Site for Contemporary Psychoanalysis* e psicanalista do *Psychosis Therapy Project* em Londres, Reino Unido.

**Anderson Santos** é psicanalista, membro do Coletivo de Psicanálise na Praça Roosevelt, graduado em Psicologia, especialista em "Saúde Mental, Imigração e Interculturalidade" pela Universidade Federal de São Paulo (UNIFESP) e mestrando no Programa de Pós-Graduação "Interdisciplinar em Ciências da Saúde", no Departamento de "Saúde, Clínica e Instituições" da UNIFESP, campus baixada santista. Foi organizador do livro *Guattari/Kogawa. Rádios livres. Autonomia. Japão* (2020, sobinfluencia edições). É fundador do site *http://www.clinicand.com* (uma midiateca repleta de materiais que se orientam por levantar diálogos entre psicanálise e esquizoanálise). E-mail: contato.clinicand@gmail.com.

**Daniel Bristow** é psicanalista, completou sua formação na Philadelphia Association em Londres, Reino Unido. Ele é membro da Academy of Psychoanalysis; trabalha com os serviços: Freedom from Fear to Love e Outcome, que oferecem terapia gratuita para pessoas em busca de abrigo e refugiados LGBTQ+; o Psychosis Therapy Project; e está assumindo um cargo na Red Clinic. É autor de *Joyce and Lacan: Reading, Writing, and Psychoanalysis* (2016), *2001: A Space Odyssey and Lacanian Psychoanalytic Theory* (2018), e *Schizostructuralism: Divisions in Structure, Surface, Temporality, Class* (2021). Co-dirige a editora radical *1968 Press.*

**Florent Gabarron-Garcia** é psicanalista, psicólogo, professor da Universidade Paris 8 e membro da revista *Chimères*. Autor dos livros *L'héritage politique de la psychanalyse. Pour une clinique du réel* (ed. La Lenteur, 2018) e *Histoire Populaire de la Psychanalyse* (ed. La fabrique, 2021).

**Hélia Borges** é psicanalista, membro do Grupo Brasileiro Sandor Ferenczi; doutora IMS/UERJ; professora da graduação e da pós-graduação da Faculdade de Dança Angel Vianna. Livros publicados: *O movimento, o corpo e a clínica*. São Paulo: e-book, 2016. *A clínica contemporânea e o abismo do sentido*. Rio de Janeiro: 7 letras Editora, 2019. *Sopros da pele, murmúrio do mundo*. Rio de Janeiro: 7 letras Editora, 2019.

**João Pentagna** é escritor, esquizoanalista e psicólogo clínico com mestrado na Pontífice Universidade de São Paulo, realizado no Núcleo de Estudos da Subjetividade. E-mail: joaopentagnap@hotmail.com.

**João Perci Schiavon** é psicanalista, professor no Programa de Estudos Pós-Graduados em Psicologia Clínica, Núcleo de Estudos da Subjetividade, na PUC-SP, São Paulo/SP, Brasil; e autor dos livros *Pragmatismo pulsional – Clínica psicanalítica*. 1. ed. São Paulo: n-1 edições, 2019; *A lógica da vida desejante*. 1. ed. Curitiba: Criar Edições, 2003; e *O caminho do campo analítico*. 1. ed. Curitiba: Travessa dos Editores, 2002.

**Kwame Yonatan Poli dos Santos** é psicanalista, doutor pela PUC-SP e membro do coletivo Margens Clínicas.

**Larissa Drigo Agostinho** é analista, doutora em Letras pela Universidade de Paris IV, autora de *A linguagem se refletindo* (Annablume, 2020) e de *Desejos ingovernáveis* (n-1 edições, 2021). Tem Pós-doutorado em Filosofia pela Universidade de São Paulo (FAPESP) e atualmente é professora da UNESP/Ibilce.

**Michelle Menezes Wendling** é psicóloga pela Universidade Federal de Sergipe (UFS) e doutora em Teoria Psicanalítica pela Universidade Federal do Rio de Janeiro (UFRJ). Professora adjunta do Departamento de Psicanálise da Universidade do Estado do Rio de Janeiro (UERJ).

**Sérgio D. Ragonese** é graduado em Psicologia pela Universidade de Buenos Aires (UBA), professor de nível médio e superior (Universidad Abierta Interamericana, Argentina). Especializado em *clínica esquizoanalítica* (Centro Félix Guattari, Montevidéu, Uruguai). Mestre em *Saúde Mental Comunitária* (Universidade Nacional de Lanús, Argentina. Tese em andamento). Docente da disciplina *Teoria e Técnica de Grupos* do Bacharelado em Psicologia da UBA, desde 2011. Foi co-organizador do IV *Encontro Internacional de Esquizoanálise*, realizado em agosto de 2019 pelo Centro Félix Guattari – Buenos Aires.

**Suely Rolnik** é professora titular da PUC-SP, psicanalista e, às vezes, curadora. Doutora em Psicologia Social (PUC-SP), doutora e mestra em Ciências Humanas Clínicas (Université Paris-8, Sorbonne), graduada em Sociologia e em Filosofia (Université Paris 8-Sorbonne). Atua na esfera micropolítica, a partir de uma perpectiva teórica transdisciplinar, indissociável de uma pragmática. Seu foco é o regime de inconsciente colonial-racial-patriarcal--capitalista, suas políticas de produção da subjetividade e as formações no campo social, bem como os dispositivos de resistência a este regime nesta esfera. Seus livros mais recentes são *Antropofagia zumbi* (n-1 edições, 2021) *e Esferas da insurreição: notas para uma vida não cafetinada* (n-1 edições, 2018). Coautora com Félix Guattari de *Micropolítica: cartografias do desejo* (Vozes, 1986).

**Dados Internacionais de Catalogação na Publicação (CIP) de acordo com ISBD**

P974 Psicanálise e esquizoanálise / vários autores ; organizado por
Anderson Santos. - São Paulo : n-1 edições, 2022.
344 p. ; 14cm x 21cm.

Inclui índice.
ISBN: 978-65-81097-39-4

1. Psicanálise. 2. Esquizoanálise. 3. Guattari. 4. Clínica.
I. Santos, Anderson. II. Título.

CDD 150.195
2022-3620 CDU 159.964.2

**Elaborado por Vagner Rodolfo da Silva - CRB-8/9410**

**Índice para catálogo sistemático:**

Psicanálise 150.195
Psicanálise 159.964.2

## n-1

O livro como imagem do mundo é de toda maneira uma ideia insípida. Na verdade não basta dizer Viva o múltiplo, grito de resto difícil de emitir. Nenhuma habilidade tipográfica, lexical ou mesmo sintática será suficiente para fazê-lo ouvir. É preciso fazer o múltiplo, não acrescentando sempre uma dimensão superior, mas, ao contrário, da maneira mais simples, com força de sobriedade, no nível das dimensões de que se dispõe, sempre n-1 (é somente assim que o uno faz parte do múltiplo, estando sempre subtraído dele). Subtrair o único da multiplicidade a ser constituída; escrever a n-1.

Gilles Deleuze e Félix Guattari

icoes.org

db6c45c